Haushalt-Kältemaschinen und kleingewerbliche Kühlanlagen

Von

Dr.-Ing. R. Plank und Dr.-Ing. J. Kuprianoff

o. Professor und Direktor des Kältetechn. Instituts in Karlsruhe

Wissenschaftl. Mitarbeiter am Kältetechn. Institut in Karlsruhe

Zweite, vollkommen neu bearbeitete Auflage

Mit 141 Textabbildungen

Berlin
Verlag von Julius Springer
1934

ISBN-13: 978-3-642-89357-5 e-ISBN-13: 978-3-642-91213-9
DOI: 10.1007/978-3-642-91213-9

Softcover reprint of the hardcover 2nd edition 1934

Vorwort.

Von der ersten Auflage dieses Buches, die ich im Jahre 1928, angeregt durch eine Studienreise nach den Vereinigten Staaten von Nordamerika, verfaßte, erschien 2 Jahre später ein unveränderter Manuldruck. Obgleich sich das Gebiet in ständiger und rascher Entwicklung befand, konnte ich mich zu einer völligen Umarbeitung erst entschließen, als sich mir von neuem Gelegenheit bot, im Ursprungslande dieses Industriezweiges — den Vereinigten Staaten — das Gewordene und Werdende zu studieren. Auf dieser Reise begleitete mich mein langjähriger Mitarbeiter, Dr.-Ing. J. Kuprianoff, mit dem ich nun gemeinsam an die Sichtung und Verarbeitung des reichen Materials herangegangen bin. Bei der zweiten Studienreise wurden alte und neue Beziehungen so fest geknüpft, daß sich seither ein ständiger, freundschaftlicher Meinungsaustausch eingestellt hat.

Mit Genugtuung können wir feststellen, daß auch in Europa, und in Sonderheit in Deutschland, die Bemühungen um die Entwicklung der Haushalt-Kältemaschinen nicht erfolglos geblieben sind, und daß verschiedene hochwertige Bauarten auf den Markt gebracht werden konnten. Diese Bauarten tragen dem europäischen Geschmack und den europäischen Bedürfnissen Rechnung und weichen daher von den amerikanischen Typen in mancher Beziehung ab. Wir haben uns bemüht, auch diese Entwicklung in ihren Tendenzen und Formen zum Ausdruck zu bringen.

Parallel zu den Haushaltmaschinen haben sich auch die Kältemaschinen für das Kleingewerbe entwickelt; sie gehören in konstruktiver und betriebstechnischer Hinsicht zur gleichen Gattung und werden von den gleichen Firmen hergestellt. Ihre Einbeziehung in den Kreis unserer Betrachtungen schien uns daher einem Bedürfnis zu entsprechen.

Von der ersten Auflage konnten wir fast nichts übernehmen und haben es daher vorgezogen, das Buch in allen Teilen neu zu verfassen. Obgleich das deutsche Schrifttum seit dem Erscheinen der ersten Auflage dieses Buches um einige Spezialwerke über das gleiche Thema bereichert wurde, scheint uns unsere Arbeit dadurch berechtigt, daß diese Werke im wesentlichen beschreibender Art sind, während wir uns bemüht haben, eine systematische und kritische Behandlung des Stoffes zu bieten. Auf die Wiedergabe von Photographien und äußeren Ansichten ausgeführter Maschinen haben wir verzichtet, dafür aber, soweit es uns möglich und gestattet war, Schnittzeichnungen gegeben. Auch die Heranziehung der im Kältetechnischen Institut der Karlsruher Hochschule gewonnenen Erfahrungen hat zu unserer Urteilsbildung beigetragen.

Der Schwerpunkt des Buches liegt bei der Behandlung der eigentlichen Kältemaschinen. Der Kühlschrank und die sonstigen Anwendungsgebiete konnten nur kurz gestreift werden. Ebenso mußten wir uns bei der Automatik auf das Grundsätzliche beschränken, da eine ausführliche Behandlung dieses Gebietes uns nur noch in einem Sonderwerk möglich scheint. Der Umfang dieses Buches hat sich ohnehin, gegen unseren Wunsch, fast verdoppelt.

Das Buch richtet sich in erster Linie an die Fachwelt und setzt die Kenntnis der Grundlagen der Kälteerzeugung voraus. Möge es in diesen Kreisen die gleiche freundliche Aufnahme finden, die der ersten Auflage beschieden war.

Karlsruhe, den 1. Dezember 1933.

R. Plank.

Inhaltsverzeichnis.

Einleitung.

Neben den Großkältemaschinen, deren Leistungen heute bis zu mehreren Millionen Kalorien in der Stunde reichen, haben sich in den letzten Jahrzehnten auch die Kleinkältemaschinen entwickelt, deren Leistungen etwa zwischen 500 und 10000 kcal/h liegen, und die im Lebensmittelgewerbe in steigendem Maße Verwendung finden (Schlächtereien, Molkereien, Konditoreien, Bierhandlungen, Hotels u. a.). Sie werden fast ausschließlich nach dem Kompressionssystem gebaut und lehnten sich ursprünglich an die klassischen Formen des Großkältemaschinenbaues weitgehend an. Allmählich entwickelten sich aber auch selbständige Typen, die den besonderen Anforderungen der Kleinbetriebe in bezug auf hohe Betriebssicherheit, Einfachheit der Bedienung, geräuschlosen Gang, geringen Platzbedarf und niedrige Anschaffungskosten besser entsprachen.

Die kleinsten Kältemaschinen, die in den Haushaltungen und Kleinbetrieben die bisher verwendeten Eisschränke ersetzen sollen, sind eine Schöpfung der letzten Jahre; es handelt sich hier um den Leistungsbereich von 20 bis etwa 500 kcal/h und um die Erfüllung folgender Forderungen:

1. Weitgehende Betriebssicherheit und geringste Abnutzung.
2. Unbedingte Unfallverhütung.
3. Einfachste Bedienung (Vollautomatik).
4. Völlig geräuschloser Gang.
5. Geringer Platzbedarf.
6. Niedrige Anschaffungskosten.

Neben diesen Forderungen tritt die Wirtschaftlichkeit etwas zurück, doch gibt es natürlich Grenzen, die nicht überschritten werden dürfen. Wenn auch die gleichzeitige Erfüllung aller dieser Forderungen heute noch nicht in vollem Maße gelungen ist, so sind doch sehr wesentliche Fortschritte erzielt. An der Spitze dieser Entwicklung marschieren die Vereinigten Staaten von Nordamerika, in denen die Jahresproduktion an kleinsten Kältemaschinen fast 1 Million erreicht hat. Die Wirtschaftskrise vermochte dort auf diesem Gebiet nur die Preise zu drücken, nicht aber den Absatz nennenswert zu senken. Zwar sind mehrere weniger leistungsfähige Firmen ausgeschieden, doch haben dafür andere namhafte Unternehmungen den Bau und Vertrieb kleinster Kältemaschinen neu aufgenommen, so daß ein scharfer Konkurrenzkampf ausgefochten wird.

Auch den auf diesem Gebiet führenden deutschen Firmen muß uneingeschränkt Anerkennung gezollt werden. Sie haben sich die amerikanischen Erfahrungen zunutze gemacht, sind aber dann vielfach eigene Wege gegangen und haben dem teilweise abweichenden Geschmack und Bedürfnis des deutschen und europäischen Verbrauchers Rechnung getragen. Als wichtigstes Ziel gilt die Schaffung eines billigen aber gediegenen Volkskühlschrankes, der so preiswert sein muß, daß ein Massenabsatz möglich wird. Entsprechend dem geringeren Wohlstand gegenüber Amerika kommen für Europa kleinere Kühlschränke in Betracht. Den erzielten Fortschritt der letzten Jahre kann man am besten durch die Feststellung kennzeichnen, daß es bei gleicher Qualität gelungen ist, die Preise um nahezu 50% zu senken.

Neben dem gewöhnlichen Eisschrank, der mit Wassereis gekühlt wird und dessen Bauweisen sich ebenfalls fortschrittlich entwickelt haben, ist den maschinellen Kühlschränken noch ein neuer Konkurrent erwachsen, nämlich der mit fester Kohlensäure (Trockeneis) gekühlte Schrank. Vorerst ist der Preis des Trockeneises allerdings noch so hoch, daß sich dieses System nicht sehr stark ausbreiten kann; es besitzt jedoch einige unbestreitbare Vorzüge und ist im gegenwärtigen Zeitpunkt durchaus in Mode. Es läßt sich schwer voraussagen, welchen Platz es auf die Dauer einnehmen wird, doch möchten wir vor übertriebenen Hoffnungen warnen.

Für Kältemaschinen mit Kälteleistungen von 1000 bis 5000 kcal/h versucht man jetzt ein neues Absatzgebiet zu erkämpfen — die Kühlung von Wohnräumen in der heißen Jahreszeit. Sollte dieser Feldzug erfolgreich sein, und gewisse Anzeichen berechtigen zu dieser Annahme, so würde sich der Kältetechnik ein Betätigungsgebiet von bisher noch nicht dagewesenem Umfang eröffnen. Was heute noch vielfach als Luxus gilt, kann bald zu einer selbstverständlichen hygienischen Forderung erhoben werden, die sich wirtschaftlich dadurch rechtfertigen läßt, daß sich die Arbeitsfähigkeit der Menschen durch künstliche Schaffung und Aufrechterhaltung eines geeigneten „Klimas" bedeutend steigern läßt. Hier liegen wichtige Zukunftsaufgaben.

I. Der Kühlraum.

1. Die Anwendungsgebiete.

Die Anwendungsgebiete der kleinen und kleinsten Kältemaschinen liegen im Haushalt und im Kleingewerbe. In erster Linie handelt es sich dabei um die Frischhaltung von Lebensmitteln aller Art. Im Haushalt bedient man sich maschineller Kühlschränke, die als Ersatz für die bisher benutzten und immer noch stark verbreiteten Eisschränke dienen sollen. Diese Kühlschränke haben einen Inhalt von etwa 30 bis 200 Liter. Größere Schränke und Schaukästen bis zu einem Inhalt von etwa 4 m^3 findet man in Gastwirtschaften, Hotels, Krankenhäusern, Lebensmittelgeschäften und in verschiedenen kleingewerblichen Betrieben. Die nächste Stufe bilden die kleinen begehbaren Kühlräume in den gleichen Betrieben, etwa bis zu einer Größe von 40 m^3.

Ein weiteres wichtiges Anwendungsgebiet sind die Speiseeisbereiter und Konservatoren, sowie die kleinsten Roheiserzeuger. Zahlreich sind ferner in den Vereinigten Staaten die mit Kleinkältemaschinen versehenen Trinkwasserkühler.

Ein modernes Gebiet, das aber noch in den ersten Stufen der Entwicklung steht, ist die Kühlung bewohnter Räume. Theater, Versammlungsräume, Fabriken, Büroräume und große Gebäudekomplexe scheiden hier natürlich aus, weil zu ihrer Kühlung Großkältemaschinen benötigt werden. Dagegen fällt die Luftkonditionierung einzelner Wohn- und Arbeitsräume durchaus in den Bereich der vollautomatischen Kleinkältemaschinen. Die Firmen, die solche Maschinen vertreiben, haben auf diesem Gebiet in den letzten Jahren eine sehr rege Tätigkeit entwickelt und versprechen sich dadurch eine wesentliche Steigerung des Absatzes. Der Einschluß dieses Gebietes verwischt allerdings die bisher ziemlich scharfe Leistungsgrenze zwischen den kleinen und den größeren Kühlanlagen. Diese Grenze lag bisher bei Leistungen der Antriebsmotoren von etwa 1 PS für jede Einheit. Neuerdings haben aber zahlreiche Kleinkältemaschinen-Firmen vollautomatische Einheiten mit Antriebsleistungen von 2 PS und mehr herausgebracht[1]. Auf der anderen Seite haben einige Firmen, die bisher nur große und mittlere Kältemaschinen

[1] Frigidaire zeigte auf der Weltausstellung in Chicago (1933) sogar eine vollautomatische Maschine mit einer Kälteleistung von 10 tons (etwa 30000 kcal/h). Eine Maschine von gleicher Kälteleistung hat auch General Electric herausgebracht.

vertrieben haben, neue Serien herausgebracht, deren Antriebsleistung bis auf $^1/_4$ PS heruntergeht. Ob diese gegenseitige Durchdringung fabrikatorisch und vertriebstechnisch zweckmäßig ist, scheint uns zweifelhaft, doch muß sie zunächst als Tatsache hingenommen werden.

2. Der Kühlschrank.

a) Für den Haushalt.

Bei den einfachsten Ausführungen, die den gewöhnlichen Eisschränken nachgebildet sind, besteht der Schrank aus 2 oder mehreren ineinander gesteckten Holzkästen mit dazwischen liegenden Isolierschichten. Als bestgeeignete Holzart gilt Esche, daneben verwendet man Eiche und Fichte. Die Innenwände werden mit verzinktem Eisenblech verkleidet und die Außenwände mit weißer geruchloser Ölfarbe gestrichen. Bei allen besseren Ausführungen wird jedoch sowohl der äußere wie auch der innere Mantel aus Stahlblech hergestellt, wobei die notwendige Festigkeit und Steifigkeit entweder durch entsprechende Wandstärken oder durch ein Holzgerüst sichergestellt wird. Man kommt in der Regel mit einer Tür aus, die vollkommen dicht schließen muß, was durch Einlage eines dünnen Gummischlauches in den Spalt und durch besonders ausgebildete Verriegelung erreicht wird. Die Innenwände erhalten einen Überzug aus Porzellanemaille, die Außenwände sind meist weiß gestrichen und lackiert. Nur in den Luxusausführungen erhalten auch die Außenwände eine Porzellanverkleidung.

Sehr wichtig ist selbstverständlich eine gute Isolierung, doch wird diese Forderung nicht immer genügend beachtet. Eindeutige Vorschriften lassen sich hier nicht machen, da die wirtschaftliche Isolierstärke von der Wahl des Kältemaschinensystems und von den Energiekosten abhängt. Die Nutzkälteleistung für die Abkühlung des Kühlgutes und für Eiserzeugung tritt in der Regel hinter die Kälteverluste zurück, die vom Wärmedurchgang durch die Wände und vom Öffnen der Türen herrühren. In gewöhnlichen Eisschränken beträgt die Nutzkälteleistung kaum mehr als 20%, in maschinellen Schränken bestenfalls 40% der gesamten Kälteleistung. Allgemein gilt die Regel, daß Schränke mit Kompressionsmaschinen schwächer isoliert werden als solche mit Absorptionsmaschinen, besonders wenn diese elektrisch beheizt werden oder periodisch wirken. Schwächer isolierte Schränke haben ein gefälligeres Aussehen und verursachen wegen der geringeren Raummaße niedrigere Frachtkosten. Als gute Durchschnittswerte der Wärmedurchgangszahl der Schrankwände kann man bei Kompressionsmaschinen $k = 0{,}5$ und bei Absorptionsmaschinen $k = 0{,}3$ kcal/m^2 °Ch empfehlen. Es ist darauf zu achten, daß in den Wänden keine Wärmebrücken entstehen und die Isolierschicht nirgends unterbrochen wird, wie das z. B. in Abb. 1 für den Kühlschrank der General Electric Co. gezeigt ist.

Als Isoliermaterial verwendet man imprägnierte Korksteinplatten, Korkschrott, gepreßte Torfplatten, gepreßte Pflanzenfasern, Mineralwolle und Aluminiumfolie. Die Amerikaner verwenden in erheblichem Umfang folgende Isolierstoffe:

Celotex, ein aus Zuckerrohrfasern hergestelltes Produkt, das in Plattenform gepreßt wird.

Rock Cork, bei dem als Ausgangsmaterial Kalksandstein dient und

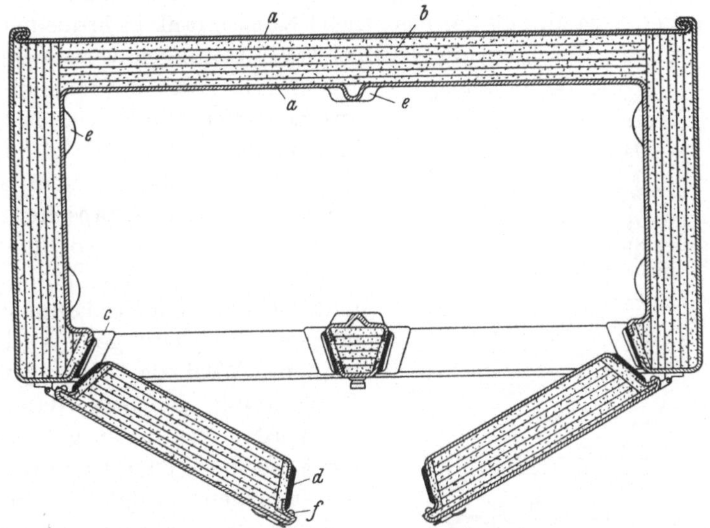

Abb. 1. Isolierung eines Kühlschrankes (General Electric).
a Stahlblech, *b* Isolierung, *c* Monelmetall, *d* Isolierstreifen, *e* Roststützen, *f* Gummidichtung.

der durch Einwirkung eines Dampfstrahls und durch Zusatz eines Bindemittels in einen faserigen Zustand versetzt und in Platten gepreßt wird.

Dry Zero, eine flockige Pflanzenfaser (ähnlich dem Kapok), die in feuchtigkeitsdichte Pappschachteln verpackt wird, welche wie Ziegelsteine aneinander gelegt werden.

Die spezifischen Gewichte und Wärmeleitzahlen der gebräuchlichsten Isolierstoffe sind in Tabelle 1 zusammengestellt.

Wenn das Isoliermaterial nicht feuchtigkeitsabweisend ist, dann muß das Eindringen von Feuchtigkeit durch Lagen von Asphaltpappe oder ähnlicher Stoffe verhindert werden. Ist die zu isolierende Wand allseitig hermetisch verschlossen, dann kann man darin als Isoliermaterial sogar Wellpappe verwenden.

Das Maschinenaggregat (mit Ausnahme des Verdampfers) kann entweder unterhalb des Kühlschrankes oder auf dessen Decke aufgestellt

Tabelle 1.

Material	Spez. Gewicht kg/m³	Wärmeleitzahl kcal/m °C h
Rock Cork	270	0,048
Celotex	210	0,042
Torfoleum	190	0,040
Korksteinplatten	150	0,038
Korkschrott, dicht geschüttet	85	0,038
Dry Zero	16	0,03
Aluminiumfolie[1]	3	0,035

werden. Die untere Aufstellung nach Abb. 2 findet man sehr häufig; sie hat den Vorteil, daß der eigentliche Kühlschrank in bequemer Höhe liegt und die Maschine nur geringe Erschütterungen verursacht. Die Rückführung des mitgerissenen Öles aus dem Verdampfer in das Kompressorgehäuse ist hier leicht möglich. Diese Aufstellung wird bei den nicht hermetisch gekapselten Kompressionsmaschinen bevorzugt.

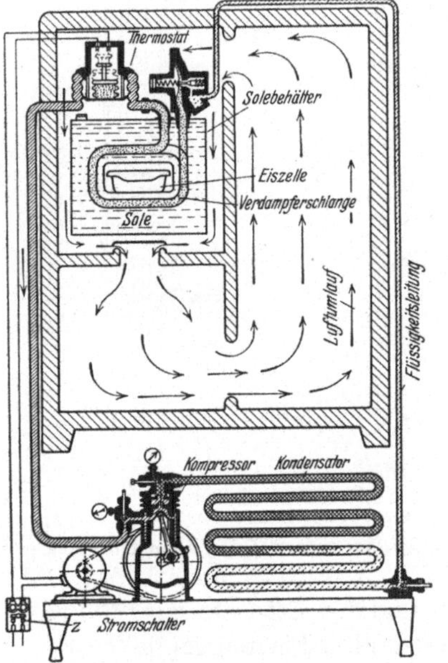

Abb. 2. Allgemeine Anordnung eines maschinellen Kühlschranks.

Steht die Maschine unten, dann muß sie mit dem Verdampfer durch längere Rohrleitungen verbunden werden. Wird das Aggregat ohne Kühlschrank geliefert, dann wird der Verdampfer meist getrennt von der Maschine versandt und die Rohrverbindungen werden erst am Aufstellungsort hergestellt, was mit Rücksicht auf mögliche Kältemittelverluste und die Gefahr des Eindringens feuchter Luft nur von geübtem Personal geschehen kann. Will man diese Montagearbeiten vermeiden, so muß man bei unterer Aufstellung die Maschine und den Verdampfer auf ein Gerüst montieren (vgl. Abb. 86), was ein recht sperriges Frachtstück liefert.

Die Unterbringung der Maschine auf der Decke (Abb. 3 und 4) bietet viele Vorteile: der durch die Wärmeabgabe des luftgekühlten Kondensators erzeugte Strom warmer Luft bespült nicht den Kühlschrank. Das Maschinenaggregat liegt hier nahe beim Verdampfer, der immer im Oberteil des Kühlschrankes angeordnet wird; das ganze Aggregat kann

[1] Parallele, in Rahmen gefaßte Folien von 0,015 mm Stärke mit Luftspalten von etwa 10 mm.

daher leicht von oben eingesetzt werden und läßt sich bequem verpacken (vgl. z. B. Abb. 68). Diese Anordnung wird bei den hermetisch gekapselten Kompressionsmaschinen und den periodisch wirkenden Absorptionsmaschinen bevorzugt.

Abb. 3. Haushaltkühlschrank mit Kompressionsmaschine (Westinghouse).

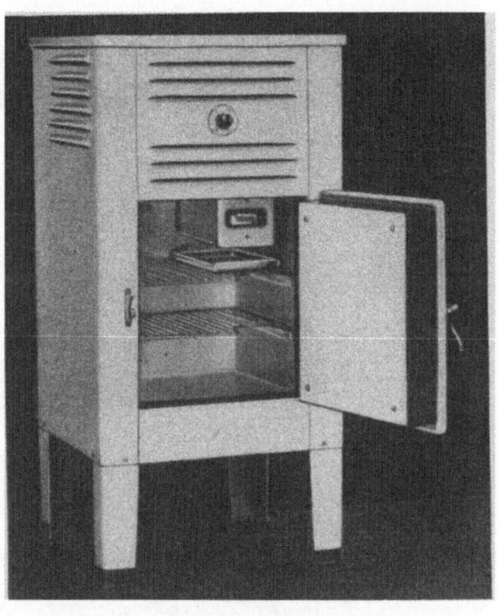

Abb. 4. Haushaltkühlschrank mit Absorptionsmaschine, Protos-Frigor (S. S. W.).

Die Firma Elektrolux ordnet die einzelnen Apparate ihrer kontinuierlich wirkenden Absorptionsmaschine teils seitlich, teils an der

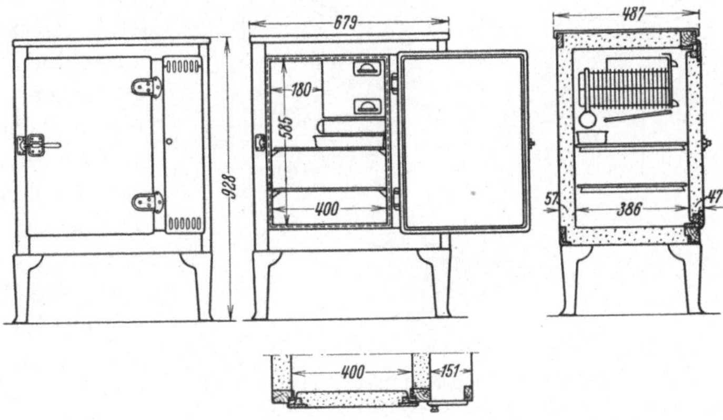

Abb. 5. Kühlschrank von Elektrolux.

Rückseite des Kühlschrankes an. Als Beispiel ist in Abb. 5 der Kühlschrank von 70 l Nutzinhalt dargestellt. Auch in dem von allen sonstigen Bauarten stark abweichenden tonnenförmigen Kühlschrank der Robert

Bosch AG. in Stuttgart ist die hermetisch gekapselte Kompressionsmaschine unterhalb und der Kondensator an der Rückseite des Kühlschrankes angeordnet (Abb. 93).

Die mittlere Temperatur im Kühlschrank soll etwa + 5° betragen. Die Temperaturschwankungen sollen sich in möglichst engen Grenzen halten. Besondere automatische Vorrichtungen (Thermostaten oder Pressostaten), auf die im folgenden Abschnitt (S. 28) näher eingegangen wird, sorgen dafür, daß die Kälteerzeugung sich stets dem Kältebedarf anpaßt, so daß die zeitlichen Temperaturschwankungen ± 2° C nicht übersteigen. Nur bei periodisch wirkenden Absorptionsmaschinen und schwacher Kühlschrankbelastung muß man etwas größere Schwankungen in Kauf nehmen.

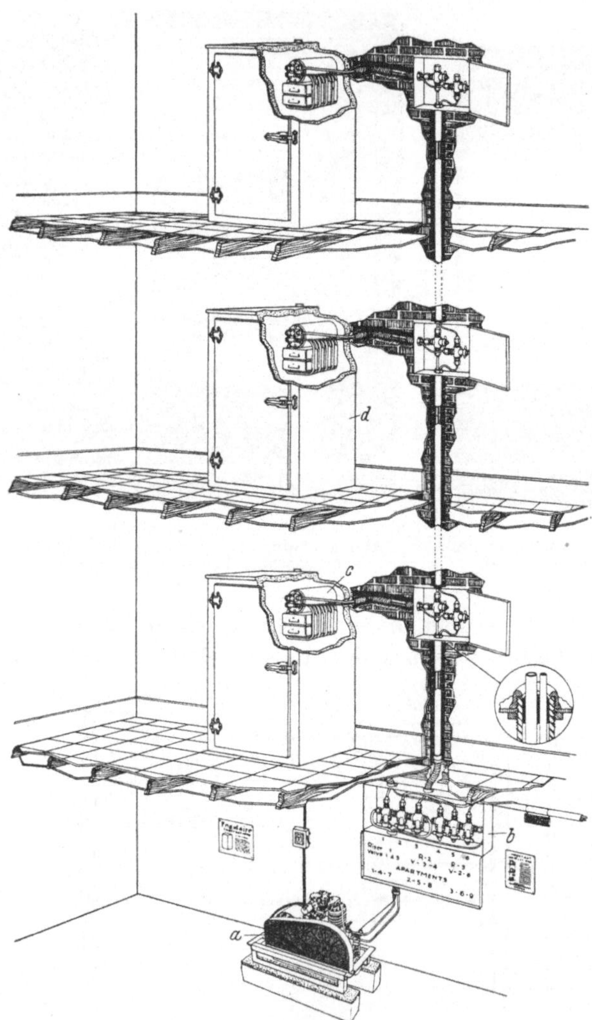

Abb. 6. Zentralkühlanlage in einem Mietshaus (Frigidaire). *a* Maschinenaggregat, *b* Verteilstelle, *c* Verdampfer, *d* Kühlschrank.

Da die Luftbewegung im Kühlschrank nur durch freie Konvektion (natürlicher Zug) erfolgt, sind gewisse örtliche Temperaturunterschiede unvermeidlich. In Abb. 2 ist die Richtung des Luftumlaufs durch Pfeile angedeutet. Die Form, Lage und Anordnung des Verdampfers im Oberteil des Schrankes ist für die räumliche Temperaturverteilung bestimmend. Eingehende Untersuchungen von R. R. Young[1] haben gezeigt, daß bei symmetrischer Anordnung des Verdampfers in der Mitte des Schrankoberteils die örtlichen Temperaturunterschiede auf 0,5 bis 1° herabgedrückt werden können, während bei seitlicher Anordnung

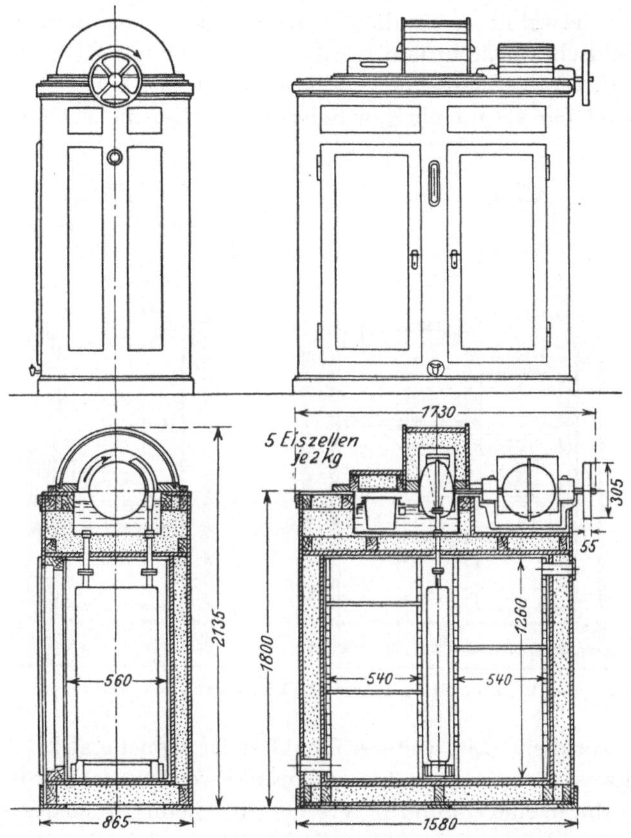

Abb. 7 und 8. A-S Kleingewerbe-Kühlschrank von Brown-Boveri.

(Abb. 2) 2 bis 4° auftreten. Solche Temperaturunterschiede braucht man aber nicht als Nachteil aufzufassen; man kann sie sogar geschickt ausnutzen, indem man die verschiedenen Lebensmittel so verteilt, daß jedes in der günstigsten Temperaturzone liegt. So wird man z. B. Fleisch gerne etwas kälter lagern als Butter oder Getränke. Manchmal wird sogar der untere Teil des Kühlschrankes durch eine horizontale Wand abgetrennt, um künstlich einen Raum von höherer Temperatur (+ 10°) zu erhalten. Andererseits muß unmittelbar am Verdampfer ein kleiner Raum vorhanden sein, in dem die Temperatur etwas unter 0° sinkt,

[1] Young, R. R.: Electric Light Assoc. New York, Publication Nr. 25—48 (1925), S. 34 und Nr. 256—12 (1926).

damit darin Eiswürfel erzeugt werden können. Eine besonders gleichmäßige räumliche Temperaturverteilung wird beim Kühlschrank von R. Bosch (Abb. 93) dadurch erreicht, daß der ganze Mantel des zylindrischen Kühlschrankes als Kühlfläche dient.

Von sonstigen Zubehörteilen einzelner Schränke sei noch der sog. „Hydrator“ erwähnt — ein dicht verschließbarer emaillierter Behälter, der im Kühlschrank steht und zur Aufbewahrung von Obst und Gemüse dient. In diesem geschlossenen Behälter stellt sich eine höhere relative Feuchtigkeit ein als im übrigen Schrank, so daß die Früchte nicht so

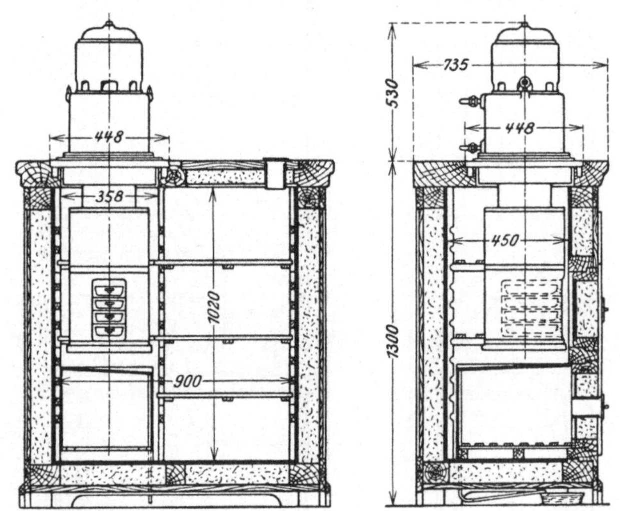

Abb. 9 und 10. Autofrigor Kleingewerbe-Kühlschrank von Escher-Wyss.

rasch austrocknen. Ein weiterer Behälter ist manchmal zur Aufnahme von Trinkwasser vorgesehen. Luxusschränke werden auch mit innerer Beleuchtung durch eine Glühbirne versehen, die beim Öffnen des Schrankes aufleuchtet und beim Schließen erlischt. Man hat auch daran gedacht, durch Einbringung kleiner Patronen mit aktiven Substanzen unerwünschte Gerüche zu beseitigen (Purodor Mfg. Corp., Madison, Wis.); solche Patronen sollen ein volles Jahr wirksam bleiben.

In großen Mietshäusern, in denen jede Wohnung einen Kühlschrank erhält, kann man entweder jeden Kühlschrank durch eine eigene kleine Maschine betreiben, oder man ordnet im Kellergeschoß eine größere zentrale Kühlanlage an, von der sämtliche Wohnungen mit dem Kältemittel versorgt werden (Abb. 6). In solchen Fällen empfiehlt es sich, als Kältemittel nur Sole zu verwenden, weil bei direkter Verdampfung die große Füllung solcher Zentralanlagen ernste Gefahren bei einer Undichtigkeit birgt.

b) Für das Kleingewerbe.

Die für Haushaltschränke entwickelten Gesichtspunkte gelten sinngemäß auch für die größeren Schränke, die oft zwei- und mehrtürig gebaut werden. Ausführungsbeispiele sind in den Abb 7 und 8 (A-S-Kühlschrank von Brown Boveri & Co.) und in den Abb. 9 und 10 (Autofrigor-Kühlschrank von Escher Wyss) dargestellt. Die Kältemaschine wird manchmal neben dem Schrank oder auch in einem benachbarten Raum untergebracht. Neben den großen Schränken findet man im Kleingewerbe auch begehbare Kühlkammern nach Abb. 11. Der Verdampfer ist hier auf einer falschen Decke aufgebaut, und die Pfeile deuten den sich ausbildenden natürlichen Luftumlauf an. Vielfach findet man aber in solchen Kammern auch eine Kühlung mit künstlichem Luftumlauf durch einen kleinen Ventilator. Zur Regelung der Luftfeuchtigkeit werden an der Kühlfläche Jalousiebleche angeordnet, bei deren Verstellung die Kühlfläche teilweise abgedeckt und die umgewälzte Luftmenge verringert wird. Die Verstellung kann automatisch gesteuert werden.

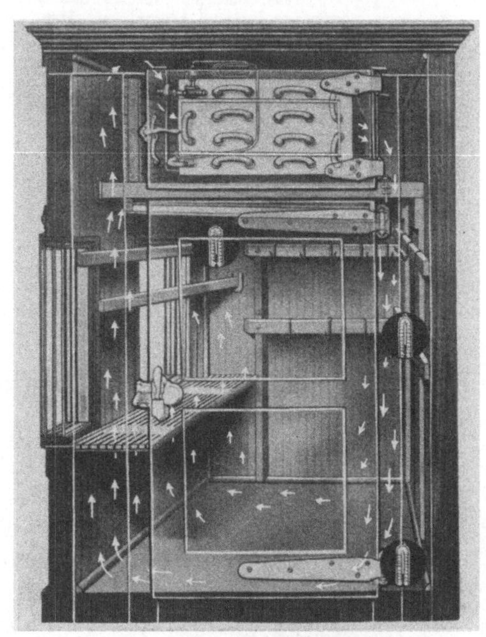

Abb. 11. Begehbare Kühlkammer.

Eine wichtige Spezialbauart der Kühlschränke sind die Schaukästen (Theken), die in Läden und Restaurationen Aufstellung finden. Eine Ausführungsform ist in Abb. 12 dargestellt. Der sorgfältig isolierte Kühlschrank ist hier in 2 Abteilungen unterteilt, von denen nur die obere als Schaukasten ausgebildet ist, während die untere als gekühlter Vorratsschrank verwendet wird. Im Oberteil ist die Vorderwand doppelt oder dreifach verglast; zwischen den Glasscheiben werden häufig Patronen mit Silikagel oder Chlorkalzium gelegt, um die Feuchtigkeit zu absorbieren und ein Beschlagen der Fenster zu verhindern. Die Rückwand erhält isolierte Klapp- oder Schiebetüren, durch welche die Lebensmittel eingebracht und auf den Tellern verteilt werden. Die Kühlelemente werden an der Decke eines jeden Abteils in der Mitte oder seitlich angeordnet; unter den Kühlelementen sind Tropfschalen angeordnet. Jedes Element besitzt ein thermostatisches Regulierventil.

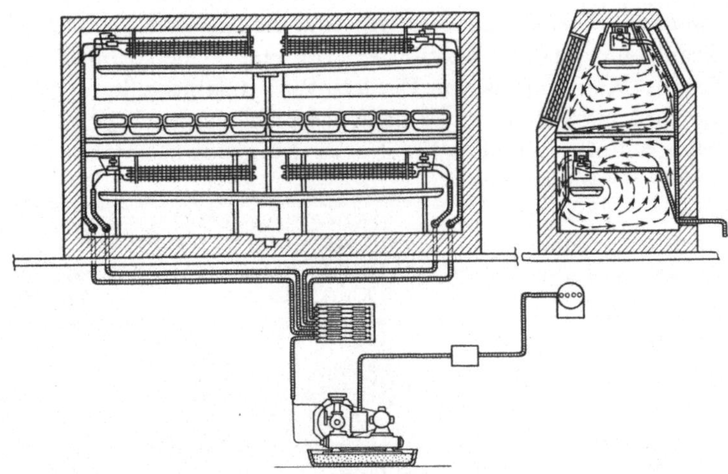

Abb. 12. Schaukasten (Theke).

3. Kleine Roheiserzeuger.

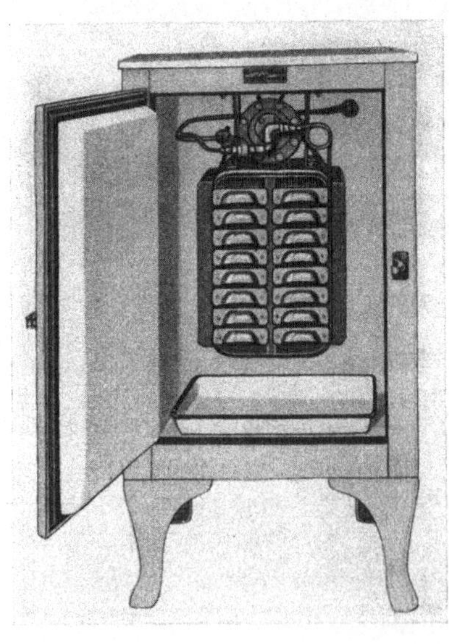

Abb. 13. Kleineiserzeuger (Servel).

In Restaurationen, Konditoreien und ähnlichen Betrieben werden oft etwas größere Eismengen besonders für die rasche Kühlung von Getränken verlangt. Das Eis wird entweder in Blöcken von 4 bis 7 kg in kleinen Zelleneis-Generatoren erzeugt oder in Form kleiner Würfel in den von Verdampferschlangen umgebenen Schubkästen hergestellt, von denen eine geringe Anzahl fast in jedem Haushaltkühlschrank enthalten ist. Abb. 13 zeigt einen solchen Eiswürfelerzeuger in besonders guter Ausführung (Servel Sales Inc.).

4. Speiseeis-Konservatoren und Sodafontänen.

Diese haben in den Vereinigten Staaten eine sehr große Verbreitung gefunden und beginnen sich auch in Europa einzuführen. In Abb. 14 ist eine typische Ausführung dargestellt, die den vielseitigen Verwendungszweck klar erkennen läßt[1]. Da für die verschiedenen Zwecke sehr verschiedene Temperaturen, etwa von +10 bis —20° verlangt werden, ist ein Hochdruckverdampfer *a* und ein Niederdruckverdampfer *b* mit Verdampfungstemperaturen von 0° bzw. —25° vorgesehen. Der Hochdruckverdampfer *a* ist in einen Süßwasserbehälter *r* versenkt, in den außerdem eine Kühlschlange *g* für gewöhnliches Trinkwasser und eine zweite Kühlschlange *h* für Mineralwasser eintaucht. Durch die Stirnwand kühlt der Behälter *r* noch einen Raum *i* (rechter Seitenriß), in dem Getränke in Flaschen aufbewahrt werden, während seine Decke zur Aufnahme kalter Speisen dient. Der Niederdruckverdampfer *b* und die Speiseeiskonservatoren *n* sind in einen Solebehälter eingesetzt, dessen Seitenwand das angrenzende Abteil *o* kühlt, in welchem Speiseeis in Packungen aufbewahrt wird. Auf der Decke dieser Kühleinrichtung sind auf der ganzen Länge der Rückenwand zahlreiche Behälter für Säfte und eingemachte Früchte geneigt aufgestellt, die durch einen Röhrenkühler *d* gekühlt werden.

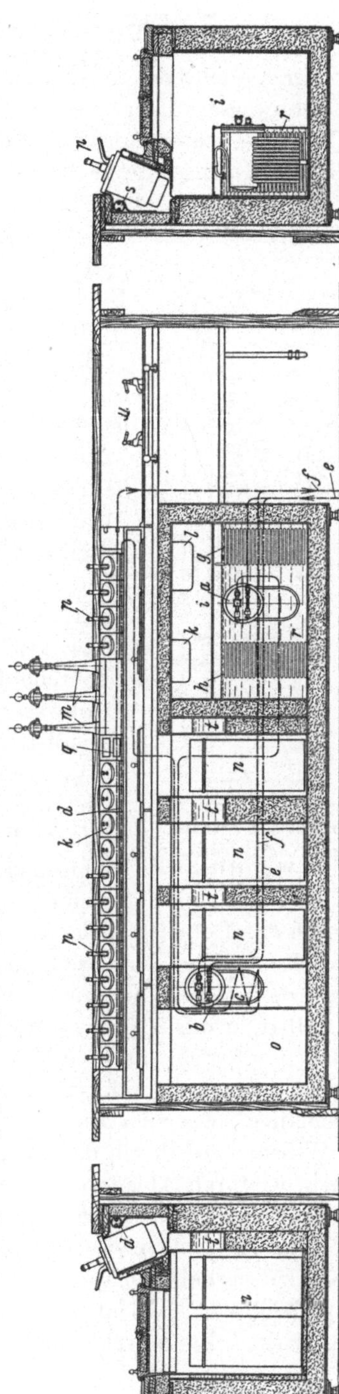

Abb. 14. Speiseeis-Konservator und Sodafontäne (Knight).

a, *b* Hoch- und Niederdruckverdampfer, *c* Zwischenverflüssiger, *d* Röhrenkühler, *e* Flüssigkeitsleitung, *f* Saugleitung, *g* Trinkwasser-Kühlschlange *h* Mineralwasser-Kühlschlange, *i* Kühlraum, *k* Konservatoren für Früchte, *l* Eispfannen, *m* Zapfhähne, *n* Konservatoren für Speiseeis, *o* Tiefkühlkammer für Speiseeis, *p* Konservatoren für Säfte, *q* Löffelhalter, *r* Süßwasserbehälter, *s* Alkoholbad, *t* Solebad, *u* Spülabteil.

[1] Diese Abbildung ist dem Werk von M. Hirsch, Die Kältemaschine, 2. Aufl., Berlin: Julius Springer 1932, entnommen.

5. Trinkwasserkühler.

Ein weiteres wichtiges Anwendungsgebiet der Kleinkältemaschinen sind die Trinkwasserkühler, die man in zahlreichen Wohn- und Bürohäusern, Hotels, Theatern und öffentlichen Gebäuden in den Vereinigten Staaten findet. Ebenso wie bei den Haushalt-Kühlschränken kann man entweder jeden Trinkwasserkühler mit einer eigenen kleinsten Kältemaschine ausrüsten oder zahlreiche Kühler eines Häuserblocks an eine größere zentrale Kühlanlage anschließen. Die Trinkwassertemperatur wird bei etwa $+10^\circ$ C gehalten.

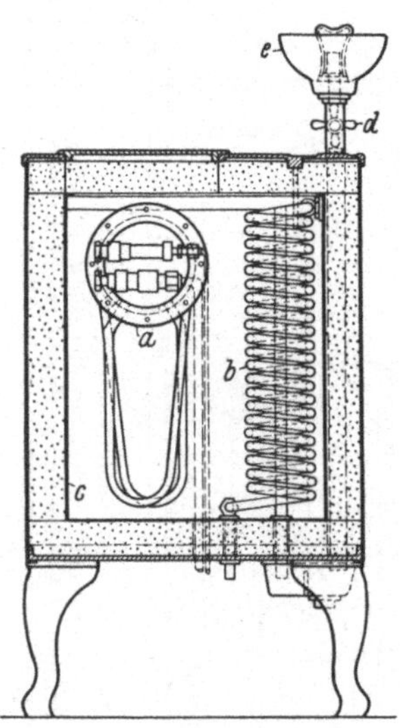

Abb. 15. Trinkwasserkühler (Williams Ice-O-Matic). *a* Verdampfer, *b* Trinkwasserschlange, *c* Wasserbehälter, *d* Hahn, *e* Schale.

Die Ausführungsformen sind sehr zahlreich: In Abb. 15 (Williams Ice-O-Matic) ist der überflutete Verdampfer *a* neben der Trinkwasserschlange *b* in einen mit Süßwasser gefüllten isolierten Behälter *c* versenkt. Das Trinkwasser tritt aus der städtischen Wasserleitung unten in die Schlange *b* ein und sprudelt bei geöffnetem Hahn *d* oben in der Schale *e* heraus. Die Zwischenschaltung von Süßwasser hat wärmetechnisch gewisse Nachteile, bietet aber die Sicherheit, daß das Trinkwasser durch das Kältemittel nicht ungenießbar gemacht werden kann.

Von verschiedenen Firmen wird der in Abb. 16 dargestellte Trinkwasserkühler verwendet. Er besteht aus einem isolierten geschlossenen zylindrischen Behälter *a* aus verzinntem Kupferblech, in den das Trinkwasser durch das Rohr *b* eingelassen wird, wobei es die darüber liegende Luft verdichtet. Der Luftdruck kann durch den Luftablaßhahn *c* geregelt werden. Das Kältemittel tritt durch das Regulierventil *d* in die unmittelbar in das Trinkwasser versenkte Verdampferschlange aus verzinntem Kupferrohr und verläßt sie durch das zum Kompressor führende Saugrohr *e*, in welches ein Sieb *f* eingebaut ist. An der Verdampferschlange setzt sich Eis an, das als Kältespeicher wirkt. Das gekühlte Wasser wird durch das Steigrohr *g* vom Boden des Behälters entnommen, wodurch Ablagerungen am Boden vermieden werden. Im Steigrohr ist ein Thermostat *h* angeordnet.

Der Wärmeübergang zwischen Kältemittel und Trinkwasser ist in diesem Kühler verhältnismäßig schlecht, weil das Wasser im breiten Behälterquerschnitt nur langsam strömt und die Eiskruste als Isolierung wirkt. Es besteht auch eine gewisse Gefahr, daß bei Undichtigkeiten der Verdampferschlange Kältemittel in das Trinkwasser übergeht.

Bei dem in Amerika stark verbreiteten „Temprite"-Trinkwasserkühler der Liquid Cooler Corp. in Detroit (Abb. 17) ist die Trinkwasser-Kühlschlange *a* aus verzinntem Kupferrohr unmittelbar in das verdampfende Kältemittel (SO_2 oder CH_3Cl) versenkt. Die Temperaturdifferenz zwischen Kältemittel und Wasser beträgt nur etwa 2° C. Der Querschnitt des Schlangenrohres ist 8förmig, wodurch eine große Kühlfläche und eine genügende Elastizität im Falle des Gefrierens geboten wird. Der verzinnte Behälter *b* ist durch einen Messingdeckel *c* dicht verschlossen, durch den alle Verbindungsleitungen hindurchgehen. Die Zufuhr des flüssigen Kältemittels durch den Stutzen *d* wird durch das Ventil *e* geregelt, das durch einen offenen Schwimmer *f* betätigt wird (vgl. S. 105). Der auf der Oberfläche des Kältemittels liegende Ölschaum fließt in den Schwimmer über und wird mit den Kältemitteldämpfen durch das bis an den Boden des Schwimmers reichende Rohr *g* abgesaugt.

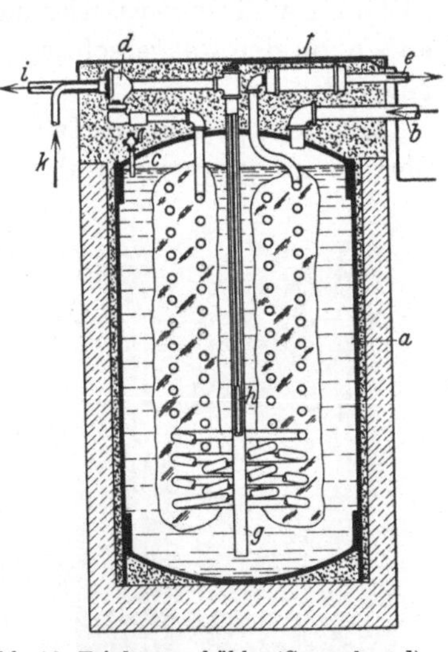

Abb. 16. Trinkwasserkühler (Copeland).
a Wasserbehälter, *b* Wassereintritt, *c* Entlüftungshahn, *d* Expansionsventil, *e* Saugleitung, *f* Sieb, *g* Wassersteigrohr, *h* Thermostatfühler, *i* Wasseraustritt, *k* Einspritzleitung.

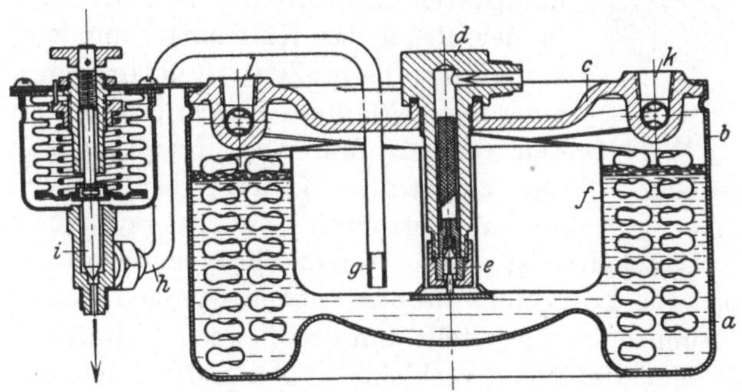

Abb. 17. Trinkwasserkühler (Liquid Cooler).
a Wasserschlange, *b* Verdampfer-Behälter, *c* Deckel, *d* Einspritzstutzen, *e* Regulierventil, *f* Schwimmer, *g*, *h* Saugrohr, *i* automatisches Ventil, *k*, *l* Wassereintritt und Austritt.

Die Saugleitung *h* führt über das Ventil *i* mit federbelastetem Metallbalg, dessen Öffnung oder Schließung unmittelbar durch den Verdampferdruck im Kühler bewirkt wird. Dieses Ventil ermöglicht jeden einzelnen Trinkwasserkühler automatisch zu betreiben, auch wenn mehrere Kühler an das gleiche Maschinenaggregat angeschlossen sind.

Sehr einfach sind die von der Servel-Sales Inc. vertriebenen „Filtrine"-Trinkwasserkühler, bei denen die Verdampferschlange außen um den waagerechten zylindrischen Wasserbehälter eng anliegend gewunden ist.

Mit dem gekühlten Trinkwasser wird in Amerika sehr verschwenderisch umgegangen, wobei ein großer Teil stets ungenutzt abfließt. Die Kühler werden in Hotels und Bürohäusern so bemessen, daß auf jede Person 3 bis 4 Liter je Tag entfallen. In den Trinkwasserkühlern der Frigidaire Corp. ist daher eine besondere Doppelrohrschlange vorgesehen, in der das neu hinzutretende Wasser erst durch das nutzlos abfließende Wasser vorgekühlt wird; dadurch wird eine nicht unwesentliche Ersparnis an Betriebskosten erreicht.

Nach Aufhebung der Prohibition werden jetzt in den Vereinigten Staaten zahlreiche Bierkühler entwickelt.

Abb. 18. Wohnraum-Luftkühler (Frigidaire).
a Verdampfer, *b* Ventilator.

6. Wohnraum-Kühlung
(Klimatisierung, Luftkonditionierung).

Die Luftkühler, Abb. 18, bestehen aus kompakten Rippenrohrsystemen, in denen in der Regel das Kältemittel unmittelbar verdampft, die bei Zentralkühlanlagen aber auch mit gekühltem Wasser beschickt werden können. Manchmal findet man auch eine zweistufige Kühlung, bei der vor den Verdampferrohren ein Rohrsystem mit Leitungswasser vorgeschaltet ist. Das Wasser fließt dann weiter in den Kondensator. Die Luftkühler werden entweder in eine Wand eingebaut oder im Raum selbst aufgestellt und durch einen schrankartigen Kasten aus Holz oder Stahlblech verkleidet. Den Luftumlauf besorgt ein kleiner Ventilator, der entweder waagerecht in den Raum oder senkrecht an die Decke bläst; die Luftmenge und Ausströmungsrichtung werden durch Jalousien geregelt.

Es ist selbstverständlich, daß die Kältemaschine außerhalb des gekühlten Raumes aufgestellt werden muß, da die vom Maschinenaggregat abgegebene Wärme sonst die Kälteleistung vernichten würde. Als

Kältemittel verwendet Frigidaire ausschließlich CF_2Cl_2, da die Unschädlichkeit bei solchen Anlagen naturgemäß besonders wichtig ist.

Für einen großen Wohnraum von 200 m³ Inhalt braucht man z. B. eine Kälteleistung von etwa 3500 kcal/h bei einer Verdampfungstemperatur von +5°, die bei Wasserkühlung einen Stromverbrauch von etwa 1 kW erfordert. Der Ventilator muß die Raumluft etwa sechsmal in der Stunde umwälzen und hat einen Stromverbrauch von etwa 60 Watt. Die Kühlfläche des Rippenrohr-Luftkühlers muß dabei etwa 10 m² betragen.

7. Gekühlte Lastautos.

Schnellverderbliche Lebensmittel werden in den Vereinigten Staaten in steigendem Maße auf Lastautos transportiert. Für die Kühlung verwendet man neben gewöhnlichem Eis auch kleine Kältemaschinen. Für den Transport gefrorener Waren, besonders von Speiseeis wird neuerdings oft von fester Kohlensäure Gebrauch gemacht.

Abb. 19. Maschinenanlage eines gekühlten Lastautos (Frigidaire). *a* Viertaktmotor, *b* Zahnradvorgelege, *c* Kältekompressor, *d* Kondensator, *e* Motorkühler.

Die Kältemaschine wird entweder von einer besonderen kleinen Brennkraftmaschine oder auch von der Hauptmaschine über einen Gleichstromgenerator und -motor angetrieben. Im letzten Fall wird meist noch ein Hilfswechselstrommotor für den Kompressor vorgesehen, um auch beim Stillstand des Wagens Kälte durch Anschluß an ein Netz erzeugen zu können.

In Abb. 19 ist der Zusammenbau einer Maschinenanlage mit besonderem kleinem Benzinmotor gezeigt (Frigidaire). Der zweizylindrige Viertaktmotor *a* treibt durch ein Zahnradvorgelege *b* mit der Übersetzung 3:1 den Kompressor *c* an, dessen Kälteleistung 2000 bis 2500 kcal/h beträgt. Der Kondensator *d* ist zwischen dem Motor und dem Kompressor angeordnet; er wird von einem kräftigen, durch Keilriemen angetriebenen Ventilator angeblasen. Ein zweiter Ventilator auf der anderen Seite des Motors bedient den Kühler *e* des Benzinmotors.

II. Automatische Sicherheits- und Reguliervorrichtungen.

Die Automatisierung der Kältemaschinen wurde zuerst bei den kleinsten Einheiten vollständig durchgeführt. Die hier gesammelten Erfahrungen und geleisteten Entwicklungsarbeiten wurden dann später auch auf Maschinen mit größeren Leistungen übertragen.

Wie bereits in der Einleitung erwähnt wurde, ist bei den kleinsten Maschinen die Einfachheit der Bedienung eine der wichtigsten Forderungen. Geschultes Personal kann hier in keinem Fall vorausgesetzt werden. Infolgedessen müssen alle bewegten Teile selbsttätig geschmiert werden, und es darf höchstens verlangt werden, daß die Lager des Elektromotors in größeren Zeitabständen, etwa alle 6 Monate, ein wenig Öl erhalten. Selbstverständlich muß auch die Einstellung des Regulierventils bei allen Betriebszuständen automatisch erfolgen. Die gewünschte Temperatur des Kühlraums muß mit geringen Schwankungen dauernd selbsttätig aufrecht erhalten werden. In manchen Fällen wird außerdem auch noch die Einhaltung einer bestimmten Luftfeuchtigkeit verlangt.

Im Interesse eines sparsamen Betriebes werden automatische Vorrichtungen, z. B. bei wassergekühlten Maschinen vorgesehen, die den Wasserverbrauch bei sinkendem Kondensatordruck verringern. Bei gasbeheizten Absorptionsmaschinen findet man besondere automatische Vorrichtungen für einen möglichst sparsamen Gasverbrauch.

Die wichtigste Forderung ist selbstverständlich eine unbedingte Unfallverhütung; die dazu notwendigen automatischen Vorrichtungen müssen so durchgebildet sein, daß sie einen vollkommenen Schutz bieten. In den Vereinigten Staaten sind bereits Sicherheitsvorschriften von den maßgebenden Verbänden herausgegeben worden und es wäre zu wünschen, daß solche Vorschriften, die die berechtigten Interessen der Hersteller und Verbraucher wahren, auch in Deutschland und den anderen Ländern ausgearbeitet werden.

Von dem zuverlässigen Funktionieren der Automatik hängt die Betriebssicherheit der Maschine in hohem Maße ab. Auf die sorgfältige Herstellung aller Teile der Automatik muß daher größter Wert gelegt werden. In den letzten Jahren haben zahlreiche in- und ausländische Firmen den Bau automatischer Sicherheits- und Reguliervorrichtungen aufgenommen und sehr beachtliche Fortschritte erzielt. Die Zahl der Systeme ist sehr groß, doch beschränken wir uns im folgenden auf einige wenige typische Beispiele.

1. Sicherheitsvorrichtungen.

a) Überdruckschalter.

Diesen Vorrichtungen fällt die Aufgabe zu, eine unzulässige Drucksteigerung in der Maschine zu verhindern. Diese Gefahr kann z. B. bei wassergekühlten Maschinen bei plötzlichem Ausbleiben oder starker Verringerung des Wasserzuflusses eintreten; bei luftgekühlten Maschinen, deren Ventilator von einem besonderen kleinen Motor angetrieben wird, kann im Fall eines Defektes an diesem Motor der Druck auch gefährlich ansteigen. Bei nicht hermetisch gekapselten Kompressionsmaschinen kann der Ventilator stets auf der Welle des Motors oder des Kompressors angeordnet werden, so daß bei laufender Maschine kein unzulässig hoher Kondensatordruck zu erwarten ist. Die größte Sicherheit erhält man dann, wenn der Kondensator so reichlich dimensioniert wird, daß man ganz ohne Ventilator auskommt (vgl. S. 97).

Die Verwendung einer Bruchplatte oder eines Sicherheitsventils, die aus dem Großkältemaschinenbau bekannt sind, scheidet hier aus naheliegenden Gründen aus. Eine in der Konstruktion der Maschine verankerte Vorrichtung gegen unzulässige Drucksteigerung findet sich bei dem A-S-Kühlautomaten (S. 69) und neuerdings auch bei der Maschine von Klimsch (S. 80). Hier wird ein am drehbar gelagerten Zylinderblock angreifendes Gegengewicht so bemessen, daß es bei normalem Kondensatordruck die Drehung des Zylinderblocks verhindert; bei Überschreitung eines Grenzdrucks wird der Zylinderblock mit dem Gegengewicht mitgenommen, wodurch die Hubbewegung des Kolbens unterbrochen wird.

Bei der Whitehead-Maschine (S. 85) wird durch ein vorgeschaltetes Planetengetriebe die Mitnahme des Kompressors bei sehr hohen Drücken verhindert.

In der Regel werden jedoch bei Haushalt- und Kleingewerbemaschinen besondere Sicherheitsvorrichtungen vorgesehen, die bei zu hohen Drücken die Energiezufuhr abstellen. Diese Vorrichtungen können entweder so gebaut werden, daß nach Beseitigung der Gefahr die Energiezufuhr automatisch wieder eingeschaltet wird oder daß eine Einschaltung von Hand erfolgen muß.

Bei wassergekühlten Maschinen wird bei Inbetriebsetzung die Energiequelle und das Kühlwasser durch den gleichen Handgriff angeschlossen. Bleibt das Kühlwasser während des Betriebes plötzlich aus, dann muß ein besonderer Schalter die Energiezufuhr (elektrischer Strom oder Gas) sofort unterbrechen. Eine Ausführung des Schalters von F. Sauter in Basel und der Cumulus-Werke in Freiburg für Drehstrom zeigt Abb. 20. Die Schaltbewegung erfolgt dabei durch die Senkung eines durch eine Feder a hochgehaltenen Durchflußwasserbechers b unter der Schwerewirkung des sich darin ansammelnden Wassers; die Senkbewegung wird durch ein Hebelsystem *c, d, e* auf einen elektrischen Schalter *f* mit Quecksilberröhren übertragen. Bleibt das Wasser aus, dann kippen die Röhren *f* unter der Wirkung der Feder *a* zurück, wodurch der Strom ausgeschaltet wird. Dieser Schalter wird in die Wasserleitung hinter dem Kondensator eingesetzt und ist nur dann am Platze, wenn das Wasser nicht mehr weiter unter Druck verwendet werden soll.

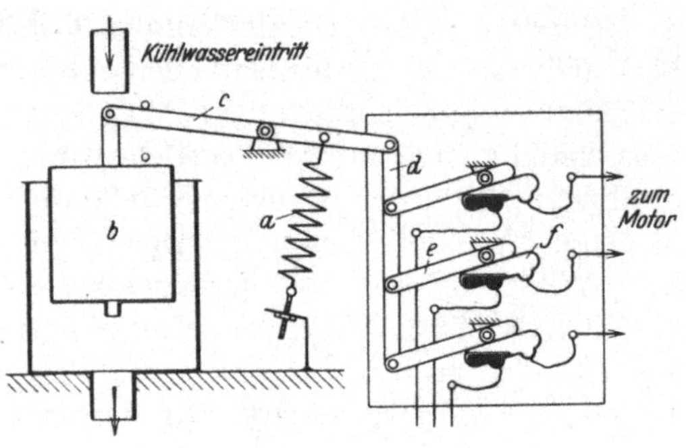

Abb. 20. Kühlwasserschalter. (F. Sauter, Basel, und Cumulus-Werke, Freiburg).
a Feder, *b* Durchflußwasserbecher, *c, d, e* Hebel, *f* Quecksilber-Kippröhren.

Die beim Schalter nach Abb. 20 und in vielen anderen Schaltern benutzten Quecksilber-Kippröhren (Mercoide) werden bis zu Belastungen von etwa 1,5 kW verwendet. Sie können bei Haushaltmaschinen unmittelbar in den Stromkreis des Motors geschaltet werden (Abb. 21b). Bei größeren Leistungen muß ein Relais nach Abb. 21a benutzt werden, wobei die Quecksilberröhre im Nebenschluß liegt. Solche Quecksilberschalter werden neuerdings in Deutschland von der Firma Muth & Co. in Nürnberg auch für höhere Belastungen hergestellt, wobei ein Spezialhartglas oder ein besonders widerstandsfähiges keramisches Material verwendet wird. Mit diesen Schaltern lassen sich auch Motoren von höherer Leistung abschalten. Das Anlassen solcher Motoren ist jedoch natürlich nur über einen abschaltbaren Widerstand zulässig. Diese Röhren besitzen gegenüber den offenen Metallkontakten den Vorteil, daß sie nicht verschmutzen oder oxydieren, und daß die Funkenbildung vermieden wird. Ihre Verwendung bleibt jedoch auf stationäre Kühlanlagen beschränkt, da sie keine Erschütterungen vertragen.

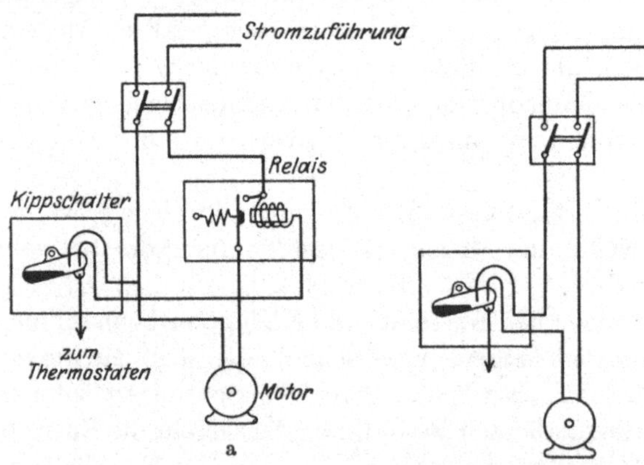

Abb. 21. Leitungsschemata für automatischen Schalter.

Es kann auch eine Membran unmittelbar durch den Wasserdruck derart beeinflußt werden, daß sie den elektrischen Strom ausschaltet oder das Gasventil schließt, wenn der Wasserdruck sinkt. Eine solche Sicherheitsvorrichtung ist in Abb. 119 *n* bis *q* für eine gasbeheizte Absorptionsmaschine gezeigt (S. 142). Ein elektrischer Schalter dieser Art, dessen Wirkungsweise ohne weiteres verständlich ist, ist in Abb. 22 dargestellt. Durch Einstellung der Feder *d* kann man sich dem vorhandenen Wasserdruck anpassen.

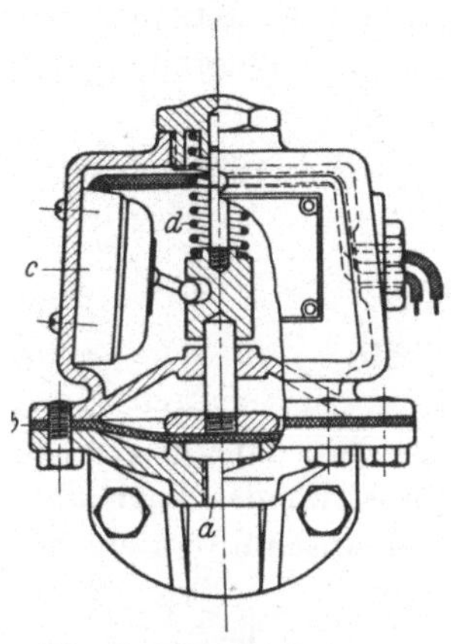

Abb. 22. Kühlwasserschalter. *a* Wasseranschluß, *b* Membran, *c* Stromschalter, *d* Feder.

Abb. 23. Überdruckschalter. *a* Stift, *b* Gabel, *c* Bourdon-Röhre, *d* Quecksilber-Kipppröhre.

Schließlich ist es möglich, die Unterbrechung der Energiezufuhr auch durch den Kondensatordruck direkt zu erreichen, wobei man von den Druckschwankungen in der Wasserleitung unabhängig ist. Solche Sicherheitsschalter können natürlich auch bei luftgekühlten Maschinen verwendet werden. Die Schaltbewegung kann beispielsweise durch eine an die Druckleitung angeschlossene Bourdon-Röhre auf ein Mercoid Abb. 23 (Federal Gauge Comp., Chicago) übertragen werden, wobei gleichzeitig eine Alarmvorrichtung betätigt werden kann. Der Schaltbereich kann durch Verstellung des Stiftes *a* in der Gabel *b* verändert werden.

Während der Schalter nach Abb. 23 die Energiequelle bei sinkendem Druck wieder selbsttätig einschaltet, so daß er bei Fortbestehen der Störungsursache dauernde Schaltbewegungen ausführt, kann bei dem in Abb. 24 dargestellten Maximalschalter die Energiequelle nur von Hand wieder eingeschaltet werden. Der obere Stutzen ist an die Druckleitung angeschlossen, und der Kondensatordruck wirkt über die Stahlmembran *a* auf den federbelasteten Teller *b*. Bei übermäßiger Drucksteigerung wird

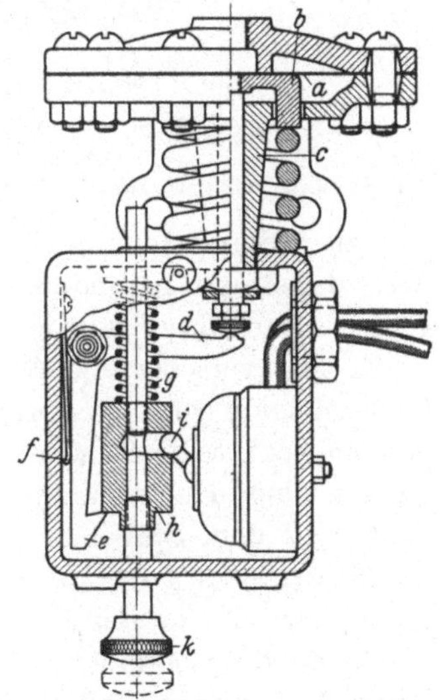

Abb. 24. Überdruckschalter. *a* Membran, *b* Teller, *c* Gehäuse, *d* Hebel, *e* Sperrklinke, *f* Blattfeder, *g* Feder, *h* Kupplung, *i* Schalthebel, *k* Knopf.

die Federspannung überwunden und die im Gehäuse *c* geführte Spindel drückt auf den Hebel *d*, wodurch die Sperrklinke *e* gegen den Druck der Blattfeder *f* ausgelöst wird. Die Feder *g* betätigt dann durch die Kupplung *h* den Schalthebel *i*. Die Wiedereinschaltung des Stromes kann nur von Hand durch Eindrücken des Knopfes *k* erfolgen, doch wird die Sperrklinke *e* erst dann wieder eingreifen, wenn der Kondensatordruck gesunken ist.

Solche Sicherheitsschalter werden häufig mit den übrigen Teilen der Vollautomatik organisch verbunden.

b) Überstromschalter
(bei Kompressionsmaschinen).

Unzulässige Drucksteigerungen bilden nicht nur ein Gefahrenmoment für die Kältemaschine, sondern bedeuten auch eine Überlastung des Elektromotors. Weitere Schädigungen des Motors können auch durch plötzlichen Spannungsabfall im Netz oder durch Anschluß an ein Netz

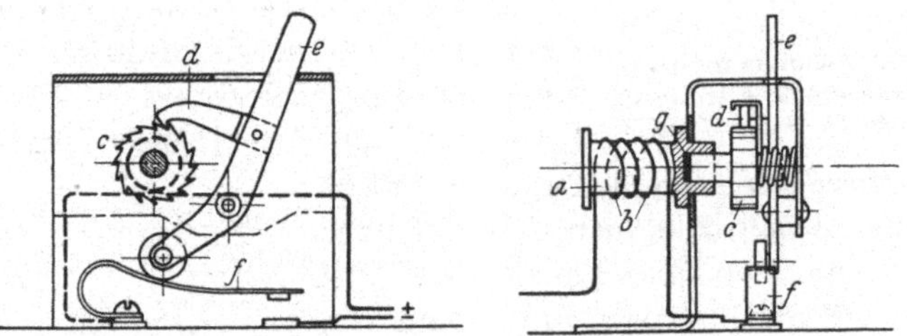

Abb. 25. Schema eines Überstromschalters.
a Kupferstab, *b* Heizwicklung, *c* Sperrad, *d* Sperrklinke, *e* Schalthebel, *f* Kontaktfeder, *g* Lot.

mit zu kleiner Spannung eintreten. Bei vielen Kleinkältemaschinen wird daher ein besonderer Überstromschalter vorgesehen. In vielen Fällen kann dieser sogar den Überdruckschalter entbehrlich machen.

Es sind verschiedene Ausführungsformen solcher Überstromschalter bekannt, so wird z. B. von Allen Bradley in Milwaukee ein Schalter gebaut, der in Abb. 25 schematisch dargestellt ist. Ein Kupferstäbchen *a* ist von einer Heizwicklung *b* umgeben, die im Stromkreis des Stators liegt. Mit dem Stäbchen ist ein kleines Sperrad *c* verlötet, in welches die Sperrklinke *d* des doppelarmigen Hebels *e* eingreift. Durch diesen Hebel wird der an der Feder *f* angebrachte Kontakt betätigt. Im normalen Zustand befindet sich der Hebel *e* in einer Stellung, in der er die Feder *f* so spannt, daß sich die Kontakte berühren. Steigt die Stromstärke übermäßig an, dann wird das Kupferstäbchen so heiß, daß das Lot *g* schmilzt und das Sperrad freigibt. Dieses wird dann durch die Spannung der Feder *f* verdreht und der Kontakt öffnet sich. Nach Unterbrechung des Stromes kühlt sich das Kupferstäbchen *a* wieder ab, das geschmolzene Lot erstarrt und das Sperrad ist mit dem Stäbchen wieder fest verbunden. Dieser Überstromschalter hat vor den Schmelzsicherungen den Vorteil, daß er beliebig oft in Tätigkeit treten kann, ohne daß Teile auszuwechseln sind.

Für den gleichen Zweck kann man auch von einem Bimetallstreifen Gebrauch machen, der von einer im Stromkreis des Stators liegenden Heizwicklung erwärmt wird und sich bei zu hohen Stromstärken so stark deformiert, daß er dabei den Strom ausschaltet. Ein solcher Schalter findet sich z. B. bei den „Majestic“-Haushaltmaschinen (S. 79): die Ausschaltung und Wiedereinschaltung des Stromes wird hier dreimal wiederholt in der Annahme, daß es sich um eine vorübergehende Störung handeln kann (z. B. Spannungsabfall im Netz); erst nach der dritten Ausschaltung bleibt der Stromkreis dauernd unterbrochen, was durch das Aufleuchten einer Signallampe angezeigt wird. Die Wiedereinschaltung muß dann von Hand erfolgen.

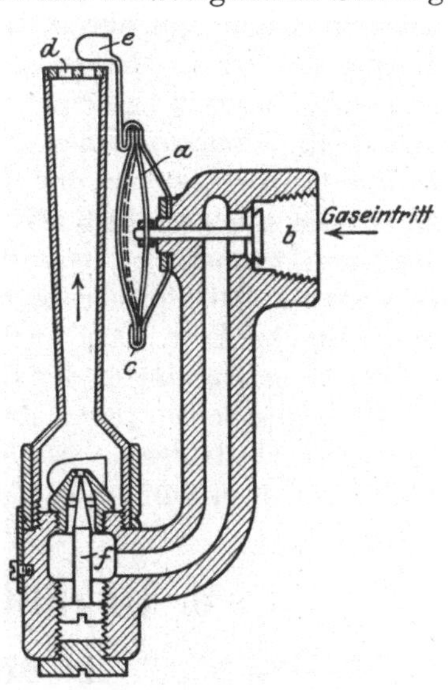

Abb. 26. Sicherheitsbrenner (Spencer Thermostate Co.). *a* bimetallische Platte, *b* Gasventil, *c* Gehäuse, *d* Gasaustritt, *e* Zunge, *f* Regulierschraube.

In der Regel wird neben den hier beschriebenen Überstromschaltern noch eine Schmelzsicherung eingesetzt, die jedoch für etwas höhere Stromstärken bemessen wird.

Gelegentlich findet man auch besondere Thermostaten, deren Fühler am Gehäuse des Motors anliegt und bei übermäßiger Erwärmung den Strom ausschaltet; ein solcher Thermostat ist z. B. in der Westinghouse-Maschine (S. 76) vorgesehen, wobei hier der Strom nach erfolgter Abkühlung des Motors selbsttätig wieder eingeschaltet wird.

c) Sonstige Sicherheitsvorrichtungen.

Eine besondere Aufgabe entsteht bei den gasgeheizten Absorptionsmaschinen durch die Möglichkeit einer unbeabsichtigten Unterbrechung der Gaszufuhr. Diese Maschinen besitzen neben der Hauptbetriebsflamme noch eine kleine Zündflamme, die ununterbrochen brennen soll. Tritt nun eine unbeabsichtigte Unterbrechung der Gaszufuhr ein, so erlischt sowohl die Betriebsflamme wie auch die Zündflamme. Bei erneuter Gaszufuhr wird dann das Gas ohne Zündung in den Raum, in welchem die Maschine steht, ausströmen, was bei längerer Dauer (z. B. nachts) leicht zu Unglücksfällen führen kann. Das macht es notwendig, einen Sicherheitsbrenner vorzusehen, der bei Unterbrechung der Gaszufuhr die Gasleitung automatisch schließt. Die Wirkungsweise eines solchen Sicherheitsbrenners ist aus Abb. 26 ersichtlich: das wesentliche Element ist die Ausklinkscheibe *a*, eine dünne, kreisrunde, bimetallische Platte, die auf der einen Seite aus Messing und auf der anderen Seite aus Invarstahl besteht. Während Messing einen hohen Wärmeausdehnungskoeffizienten besitzt, ist er beim Invarstahl sehr gering. Die Platte *a* befindet sich in kaltem Zustand in der punktierten Lage, die wir als konkav bezeichnen wollen (die Invarstahlseite liegt dabei links); das Gasventil *b* ist dann geschlossen. Wird nun die Scheibe *a* bei Inbetriebsetzung der Kältemaschine erwärmt, indem man unter das Gehäuse *c* ein Streichholz hält, so tritt durch die Ausdehnung der Messingseite ein Ausklinken in die ausgezogene konvexe Lage ein, wodurch das Gasventil *b* geöffnet wird und das Gas bei *d* angezündet werden kann. Der Öffnungshub des Gasventils beträgt nur rund 1 mm. Durch die Wärmeleitung der in der Gasflamme liegenden Kupferzunge *e* wird die Scheibe *a* solange heiß gehalten wie die Flamme bei *d* brennt. Tritt eine Unterbrechung der Gaszufuhr ein, so kühlt sich in wenigen Minuten die Zunge *e* und die Scheibe *a* so weit ab, daß letztere wieder in die punktierte konkave Lage ausklinkt und das Gasventil schließt. Die Stellschraube *f* gestattet die Durchflußmenge des Gases zu regulieren. Die Bimetallscheiben (unter der Bezeichnung „Klixon-Disc“) und auch ganze Sicherheitsbrenner werden in Amerika von der Spencer Thermostate Co. in Cambridge, Mass., geliefert.

2. Reguliervorrichtungen.

a) Regulierventile

(Drosselventile).

Diese Organe haben die Aufgabe, das verflüssigte Kältemittel vom Kondensatordruck auf den Verdampferdruck zu entspannen und dem Verdampfer stets die notwendige Flüssigkeitsmenge zuzuführen. An Stelle von Regulierventilen werden zu diesem Zweck manchmal auch Kapillarrohre verwendet, z. B. in den hermetisch gekapselten Maschinen von Servel (S. 76), Bosch (Abb. 93) und im A-S-Kühlaggregat (Abb. 62); die Gefahr einer Vereisung oder Verstopfung der Kapillarrohre ist bei diesen Typen infolge der luft- und feuchtigkeitsdichten Einkapselung gering. In den meisten Fällen wird jedoch ein Regulierventil verwendet. Man unterscheidet dabei zwei Ausführungen:

Schwimmerventile und
Expansionsventile.

Die Schwimmerventile regulieren auf eine konstante Füllung des Verdampfers, ermöglichen also die dauernde Aufrechterhaltung des überfluteten Betriebes, vorausgesetzt, daß sich die gesamte Füllung der Anlage nicht ändert.

Das Expansionsventil dagegen wird meist in Verbindung mit der trockenen Arbeitsweise des Verdampfers verwendet und entweder vom Verdampferdruck allein oder von diesem in Verbindung mit dem Grade der Überhitzung in der Saugleitung gesteuert.

Die Steuerung des Regulierventils muß in allen Fällen sinngemäß mit den übrigen automatischen Reguliervorrichtungen zusammenarbeiten.

α) Schwimmerventile.

Eine ausführliche Beschreibung der Wirkungsweise und der Bauarten ist im Zusammenhang mit den Verdampfern gegeben (vgl. S. 104 und Abb. 95). Die Füllung des Verdampfers ist hierbei von der Verdampfungstemperatur unabhängig und die gesamte Kühlfläche bleibt dauernd wirksam. Gleichzeitig wird auch erreicht, daß der Kondensator frei von Flüssigkeit ist und die ganze flüssige Füllung verteilt sich auf den Flüssigkeitssammler und den Verdampfer.

β) Expansionsventile.

1. Vom Verdampferdruck allein gesteuerte Ventile. Diese Ventile, die unmittelbar am Verdampfer angeordnet werden, sind so ausgeführt, daß die Nadel bei sinkendem Verdampferdruck öffnet und bei steigendem Druck schließt. Eine einfache Ausführungsform zeigt Abb. 27 (Isko Co., Chicago). Der Ventilkegel *a* ist mit einer Membran *b* verbunden, die auf der einen Seite durch eine Feder *c* belastet wird, deren Vorspannung durch die Schraube *d* auf das gewünschte Maß gebracht werden kann; auf der anderen Seite der Membran wirkt der Verdampferdruck, bei dessen Ansteigen der Durchgangsquerschnitt des Regulierventils stärker gedrosselt wird. Die Füllung des Verdampfers wird hier vom Regulierventil nicht beeinflußt, so daß bei stark wechselnden Betriebsverhältnissen sowohl eine Überfüllung mit der damit verbundenen Gefahr von Flüssigkeitsschlägen als auch eine zu weitgehende Entleerung, begleitet von hohen Überhitzungen in der Saugleitung, eintreten kann. Diese Nachteile müssen hier durch andere Regelvorrichtungen vermieden werden.

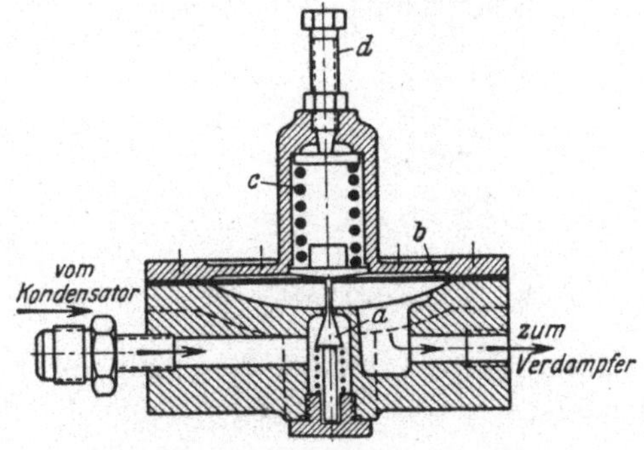

Abb. 27. Expansionsventil von Isko Co.
a Ventilkegel, *b* Membran, *c* Feder, *d* Einstellschraube.

Neuere Bauarten solcher Expansionsventile wurden von der Detroit

Lubricator Co. und von der Fedders Manufacturing Co. in Buffalo entwickelt. In Deutschland werden solche Ventile z. B. von A. Teves in Frankfurt a. M. gebaut (Abb. 28). Auch hier ist ein Metallbalg *a* der Wirkung des Verdampferdrucks ausgesetzt; seine Ausdehnungen oder Zusammenziehungen werden von dem Distanzbolzen *b* auf die Ventilnadel *c* übertragen. Das flüssige Kältemittel tritt beim Stutzen *d* in den Ventilkörper ein und wird durch die Leitung *e* in den Verdampfer eingespritzt. Der gewünschte Verdampferdruck wird durch entsprechende Vorspannung der Feder *f* eingestellt.

Um das Eindringen von Luftfeuchtigkeit zu verhindern, die sich an den kalten Flächen des Ventilkörpers niederschlagen und Vereisungen in dem Metallbalg verursachen könnte, setzt man auf den Flansch des Metallbalgs *a* eine Schutzkappe *g* aus Gummi.

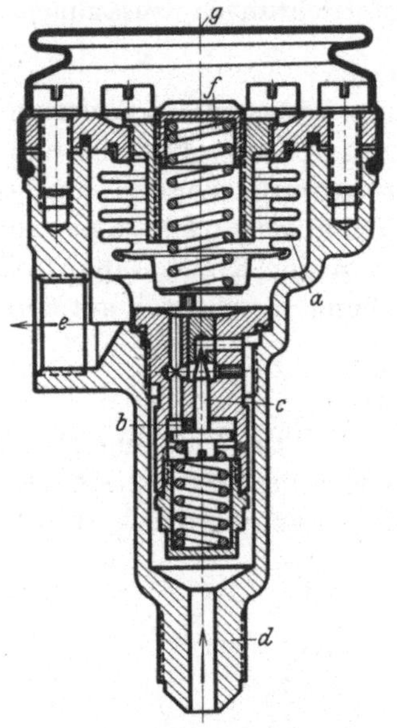

Abb. 28.
Expansionsventil von A. Teves.
a Metallbalg, *b* Distanzbolzen, *c* Ventilnadel, *d* Eintrittsstutzen, *e* Einspritzleitung, *f* Feder, *g* Schutzkappe.

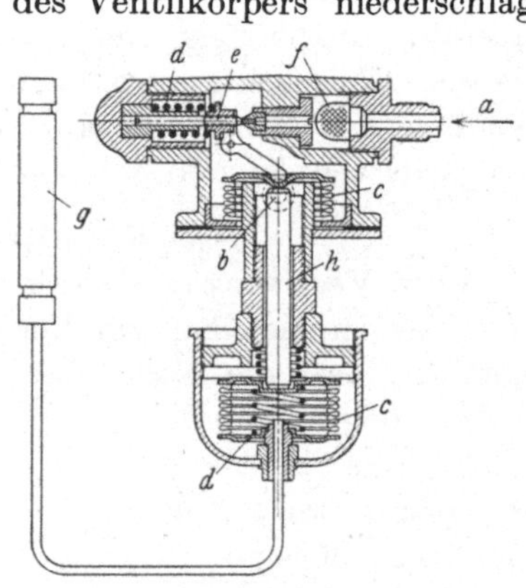

Abb. 29. Expansionsventil von Detroit Lubricator Co.
a Flüssigkeitsleitung, *b* Einspritzstutzen, *c* Metallbälge, *d* Federn, *e* Ventilspindel, *f* Sieb, *g* Fühler, *h* Abstandsbolzen.

Eine andere, weiter unten beschriebene Ausführungsform (Detroit Lubricator Co.) zeigt Abb. 29, bei der die Ventilspindel nicht durch Abstandsbolzen, sondern durch einen Hebel betätigt wird.

Um ein Vereisen der Ventilnadel zu vermeiden, wird diese manchmal auf der Hochdruckseite angeordnet, wo sie von warmer Flüssigkeit umspült wird, z. B. in Abb. 27. Die Nadelspitze wird aber bei dieser Anordnung nicht von der Flüssigkeit angeströmt; dieses Anströmen hätte den Vorteil, daß kleine Verunreinigungen leichter weggespült werden und ein Flattern eher vermieden wird.

2. Vom Verdampferdruck und von der Temperatur in der Saugleitung gesteuerte Ventile. In Abb. 29 ist das Expansions-

ventil der Detroit Lubricator Co. dargestellt. Das verflüssigte Kältemittel tritt bei *a* durch ein Sieb *f* an die Drosselstelle heran und wird nach seiner Entspannung durch den Rohrstutzen *b* in den Verdampfer geleitet. Der obere Metallbalg *c* steht unter dem Einfluß des Verdampferdrucks und seine Wirkung ist die gleiche wie bei den bisher beschriebenen Expansionsventilen. Außerdem ist aber hier noch ein mit einer leicht flüchtigen Flüssigkeit gefüllter Fühler *g* an der Saugleitung bzw. an den letzten Verdampferwindungen leitend befestigt; dieser Fühler ist durch ein Röhrchen mit einem zweiten (unteren) Metallbalg *c* verbunden, dessen Ausdehnung durch die Temperatur der Saugleitung beeinflußt wird und durch den Abstandsbolzen *h* auf den oberen Metallbalg und von diesem über den Winkelhebel auf die Ventilspindel *e* übertragen wird. Die Vorspannung der unteren Feder *d*, die den gewünschten Verdampferdruck bestimmt, kann durch die Verdrehung der den unteren Metallbalg umgebenden Kappe verändert werden. Bei diesem Ventil kann weder eine Überfüllung noch eine zu weitgehende Entleerung des Verdampfers eintreten, da die dadurch hervorgerufenen Schwankungen der Temperatur in der Saugleitung auf die geschilderte Weise unterbunden werden.

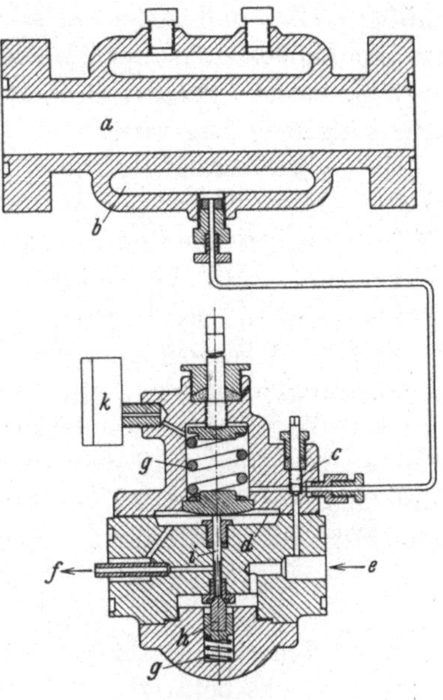

Abb. 30.
Expansionsventil von Alco Valve Co.
a Saugleitung, *b* Mantel, *c* Füllventil, *d* Membran, *e* Flüssigkeitsleitung, *f* Einspritzleitung, *g* Federn, *h*, *i* Ventilspindel, *k* Manometer.

Ähnlich ist auch die Wirkung des neuen Expansionsventils der Alco Valve Co. in St. Louis, Abb. 30. Als leicht flüchtiger Stoff wird aber hier das Kältemittel selbst benutzt. An Stelle des Fühlers ist ein Mantel *b* um die Saugleitung *a* gelegt. Der Mantelraum wird durch das Ventil *c* von der Flüssigkeitsleitung *e* mit flüssigem Kältemittel gefüllt; die Membran *d* steht daher unter dem Druck des Kältemittels im Mantelraum, der durch die Temperatur in der Saugleitung bestimmt ist. Die andere Seite der Membran steht mit der Einspritzleitung *f* in Verbindung und wird somit vom Verdampferdruck beeinflußt.

Auf dem gleichen Gedanken beruht auch die Wirkung des Expansionsventils von G. Hilger[1], das sich durch besonders gedrungenen Zusammenbau aller Teile auszeichnet.

[1] Refr. Eng. Bd. 16 (1928) S. 99.

b) Temperaturregler[1].

Die eigentliche Aufgabe der Automatik besteht meist in der dauernden Aufrechterhaltung einer bestimmten Temperatur in dem zu kühlenden Raum, unabhängig von der Belastung und von den äußeren Luftbedingungen. Man erreicht das am einfachsten durch Veränderung der Betriebszeit der Maschine (S. 88). Eine gewisse Schwankung der Raumtemperatur wird man allerdings stets zulassen müssen, um einerseits genügend große Verstellkräfte auszulösen und anderseits kein zu häufiges Ein- und Ausschalten der Energiequelle zu erhalten, durch die die Lebensdauer der Maschine und der Automatik beeinträchtigt werden würde. Praktisch kommt man mit 12 bis 24 Ein- und Ausschaltungen je Tag aus.

Die Schaltbewegung wird entweder vom Verdampferdruck oder von der Raum- bzw. der Verdampfertemperatur gesteuert. Im ersten Fall bezeichnet man den Regler als Pressostaten, im zweiten Fall als Thermostaten. Viel seltener werden Zeitschalter mit Uhrwerk verwendet, z. B. in periodischen Absorptionsmaschinen (S. 153).

Bei allen Temperaturreglern ist eine von Hand zu betätigende Einrichtung vorgesehen, die gestattet, den Kühlraum auf verschiedene mittlere Temperaturen innerhalb gewisser Grenzen einzustellen. Der Temperaturregler wird mit dem Überdruck- oder Überstromschalter und dem von Hand zu betätigenden Hauptschalter häufig in einem gemeinsamen Schalterkasten zusammengebaut (vgl. z. B. Abb. 31 u. 34).

α) Pressostaten.

Diese Schalter werden unmittelbar durch die Änderungen des Verdampferdrucks betätigt. Sie lassen sich leicht im Herstellungswerk an der Maschine anbringen und einregulieren; Voraussetzung für ihre Verwendung sind genügend dicht abschließende Kompressorrückschlag- und Regulierventile, die einen Druckausgleich in den Betriebspausen verhindern. Pressostaten werden meist in Verbindung mit überfluteten Verdampfern verwendet, deren Füllung genügend groß ist (vgl. Tab. 9), weil dann eine gewisse Speicherwirkung vorhanden ist und die Schaltbewegungen nicht so oft erfolgen. Bei Anwendung von Pressostaten muß man etwas größere Schwankungen der Raumtemperatur und zwar mindestens $\pm$ 1,5° zulassen.

In Abb. 31 ist der Pressostat von Kelvinator dargestellt, der mit einem Überdruckausschalter konstruktiv verbunden ist. Die rechte Hälfte ist durch den Rohrstutzen 1 an die Verdampferseite und die linke Hälfte durch den Stutzen 2 an die Kondensatorseite angeschlossen. Die Längenänderungen der federbelasteten Metallbälge *a* werden durch

[1] Vgl. z. B. Jung, S.: Z. ges. Kälteind. Bd. 39 (1932) S. 149.

Spindeln und ein System von Hebelarmen auf den Schnappschalter *b* übertragen, der die Kontaktbrücke schließt und öffnet.

Der Pressostat der Penn Electric Machine Co. in Des Moines, Jowa, ist in Abb. 32 gezeigt. Der Verdampferdruck wirkt auf den Metallbalg *a*, dessen Längenänderungen durch eine Spindel auf den in *b* gelagerten Schwinghebel *c* übertragen werden. Die Rolle *d* bewegt sich dabei auf dem spitzwinklig ausgebildeten Ende des Armes *e*, der in das Loch *f* im Kontakthebel *g* lose eingreift und durch die Feder *h* angezogen wird. Der Kontakthebel *g* ist bei *i* drehbar gelagert; er trägt an seinem oberen Ende die Kontaktbrücke *k*. Steigt der Druck im Verdampfer, so wird der Metallbalg zusammengedrückt und der Schwinghebel *c* nach rechts bewegt, bis die Rolle *d* über die Spitze des Armes *e* hinwegkommt. In diesem Augenblick schnappt der Arm *e* unter der Wirkung der Federn *h* und *l* nach links und der Stift in der Öffnung *f* reißt den Hebel *g* schlagartig herum, wodurch der Kontakt geschlossen wird. In genau gleicher Weise öffnet dieser Schnappschalter bei sinkendem Verdampferdruck plötzlich den Kontakt ohne nennenswerte Funkenbildung. Die Einstellung auf einen gewünschten Mittelwert des Verdampferdrucks erfolgt durch Änderung der Vorspannung der Feder *m*, während die Amplitude der zugelassenen Druckschwankung zwischen dem Ein- und Ausschalten durch entsprechende Vorspannung

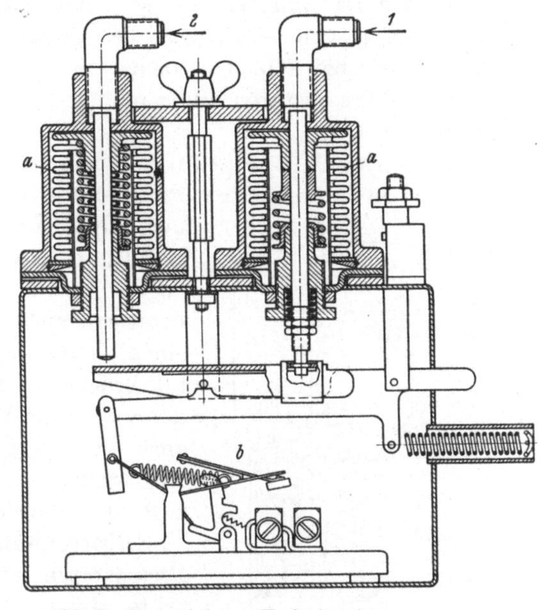

Abb. 31. Pressostat von Kelvinator.
a Metallbälge, *b* Schnappschalter, *1* vom Verdampfer, *2* vom Kondensator.

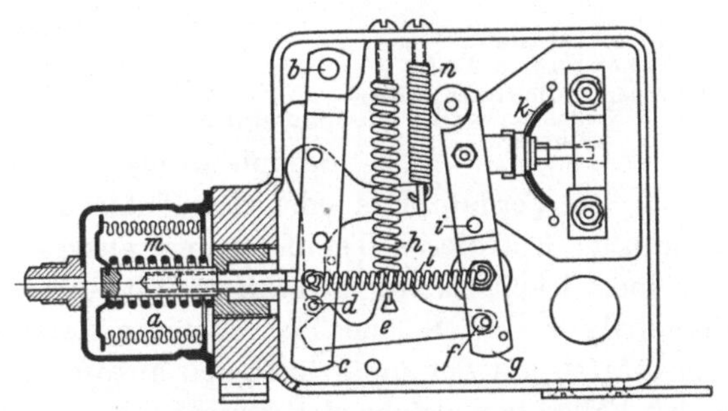

Abb. 32. Pressostat der Penn Electric Machine Co.
a Metallbalg, *b* fester Drehpunkt, *c* Schwinghebel, *d* Rolle, *e* Arm, *f* Loch, *g* Kontakthebel, *h* Feder, *i* fester Drehpunkt, *k* Kontaktbrücke, *l*, *m*, *n* Federn.

der Feder *n* eingestellt wird. Die zulässige Druckschwankung für eine vorgeschriebene Schwankung der Verdampfungstemperatur hängt von der Dampfdruckkurve des Kältemittels ab; sie ist um so größer, je höher der Dampfdruck ist; so erhält man z. B. für die Temperaturschwankung von $-10 \pm 2°$ bei CH_3Cl eine Druckschwankung von 0,28 at und bei SO_2 eine solche von 0,18 at.

Solche Pressostaten findet man in Deutschland z. B. bei den DKW-Maschinen (Abb. 55).

Die Firma Metzenauer & Jung in Wuppertal-Elberfeld hat den in Abb. 33 dargestellten Pressostaten entwickelt. Der Metallbalg *a* und der Schaltkasten *b* sind hier mit Öl gefüllt, so daß auch die Kontakte *c* im Öl liegen. Die Längenänderungen des Balges betätigen auch hier durch ein Hebelsystem einen Schnappmechanismus mit der Kontaktbrücke *d*. Durch Verdrehung der Spindel *a* wird die Vorspannung der Feder geändert und der gewünschte Verdampferdruck eingestellt. Solche Pressostaten verwendet z. B. die Maschinenfabrik Sürth (Linde).

Selbstverständlich können bei den Pressostaten an Stelle der offenen Kontakte auch Quecksilber-Kippröhren verwendet werden. Ein Ausführungsbeispiel in Verbindung mit einem Thermostaten findet sich weiter unten (Abb. 35).

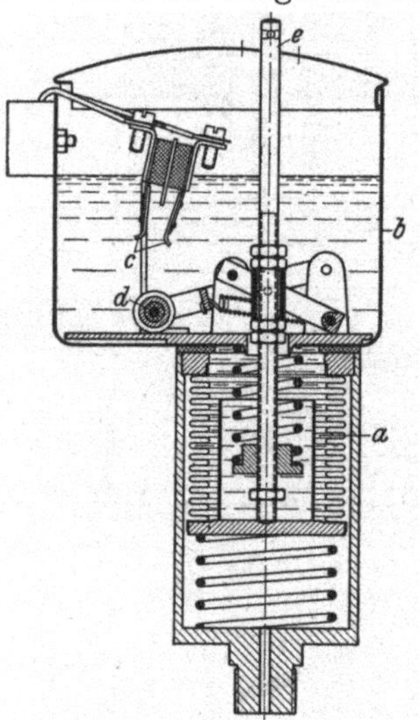

Abb. 33. Pressostat von Metzenauer & Jung. *a* Metallbalg, *b* Ölbehälter, *c* Kontakte, *d* Kontaktbrücke, *e* Einstellspindel.

β) Thermostaten.

Bei den Thermostaten wird die Schaltbewegung nicht mehr durch den Verdampferdruck, sondern durch die Temperatur des Verdampfers oder des Kühlraums oder auch von beiden beeinflußt. Ein diesen Temperaturen ausgesetzter Fühler wird z. B. mit einem leicht flüchtigen Stoff gefüllt, dessen Dampfdruck auf einen Metallbalg wirkt. Solche Thermostaten könnte man daher auch als Pressostaten mit Sekundärflüssigkeit ansprechen und in der Tat wird in beiden Fällen der gleiche Schaltmechanismus verwendet. Der Füllstoff für den Fühler richtet sich nach der Höhe der einzuhaltenden Temperatur. Die Automatic Reclosing Circuit Breaker Co. in Columbus, Ohio, verwendet z. B. in ihrem „Ranco“-Thermostaten bei normalen Temperaturen für Kühlschränke SO_2, bei tieferen Temperaturen CH_3Cl und bei besonders tiefen Temperaturen (bis etwa $-35°$) C_3H_8 (Propan).

An Stelle der Dampfdruckänderung leicht flüchtiger Stoffe kann man auch die thermische Ausdehnung von Flüssigkeiten, die Volumenänderung bei Gefrieren oder die verschiedene Ausdehnung in einem Bimetallstreifen zur Ausübung der Verstellkräfte heranziehen.

Mit Thermostaten lassen sich geringere Schwankungen der Kühlraumtemperatur erzielen als mit Pressostaten, und zwar leicht $\pm 1°$, nötigenfalls auch $\pm 0{,}5°$. Das gilt um so mehr je stärker der Fühler der Wirkung der Kühlraumtemperatur selbst ausgesetzt ist. In Haushaltkühlschränken, die Thermostaten verwenden, wird der Fühler am Verdampfer meist so angebracht, daß er nur teilweise in leitender Berührung mit der Kühlfläche steht, im übrigen aber von der Raumluft umspült wird. Von der ausschließlichen Einwirkung der Raumluft wird sehr selten Gebrauch gemacht. Der Einbau und die Einregulierung eines Thermostaten sind erst nach dem Zusammenbau der Kältemaschine mit dem Kühlraum möglich.

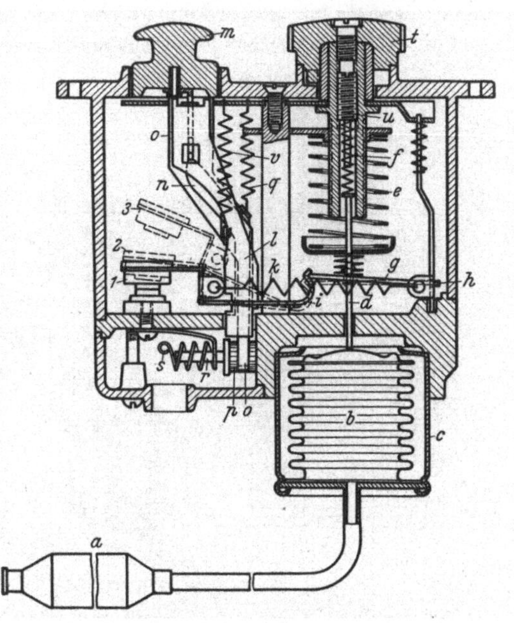

Abb. 34. Ranco-Thermostat.
a Fühler, *b* Metallbalg, *c* Balghülse, *d* Druckstange, *e* Hauptfeder, *f* Differentialfeder, *g* Schwinghebel, *h* Stützlager, *i* Kontakthebel, *k* Schaltfeder, *l* Hauptschaltstange, *m* Schaltknopf, *n* Schaltstange, *o* Sicherheitsschaltstange, *p* Sperrad, *q*, *v* Federn, *r* Zapfen, *s* Heizspirale, *t* Regulierknopf, *u* Differentialschraube.

Einen Ranco-Thermostaten, dessen Fühler *a* mit einem leicht flüchtigen Stoff gefüllt ist, zeigt Abb. 34. Der Dampfdruck wirkt auf den Metallbalg *b*, der in einer mit dem Gehäuse verschraubten Hülse *c* liegt. Die Längenänderungen des Metallbalgs werden durch die Stange *d*, die durch die Federn *e* und *f* belastet ist, auf den Schnappschalter übertragen, der als offener Kontaktschalter ausgebildet ist. Steigt die Temperatur des Fühlers *a*, dann nimmt die Stange *d* den Schwinghebel *g* mit, der bei *h* drehbar gelagert ist. Der Schwinghebel greift schneidenartig in den rechten Arm des Kontakthebels *i* ein und hebt ihn solange an, bis die Schaltfeder *k* die Kontaktbrücke am linken Arm des Kontakthebels plötzlich herunterreißt (Stellung 1). In gleicher Weise wird bei sinkender Temperatur des Fühlers der Schwinghebel *g* nach unten bewegt, bis die Kontaktbrücke hochgerissen wird (Stellung 2). Das Auge des Kontakthebels *i*, an dem die Schaltfeder *k* angreift, darf eine bestimmte obere Stellung nicht überschreiten, wenn eine Schnappbewegung durch die Schaltfeder noch ausgelöst werden soll. Diese oberste Stellung des Auges wird durch einen Ausschnitt in der geneigt angeordneten Hauptschaltstange *l* fixiert, die durch eine zweite, am Knopf *m* befestigte Stange *n* betätigt wird. Soll die Maschine dauernd ausgeschaltet bleiben, dann wird die Stange *n* von Hand am Knopf herausgezogen, wodurch die Hauptschaltstange *l* unter der Wirkung der Feder *v* in Tätigkeit tritt und den Kontakthebel mitnimmt; sie bringt ihn in eine so hohe Lage (Stellung 3), daß die Schnappbewegung durch die Schaltfeder nicht mehr bewirkt werden kann. Dieser Ranco-Thermostat ist außerdem noch mit einem Überstromschalter versehen (S. 22), der bei übermäßiger Steigerung der Stromstärke in Wirkung tritt, wobei der Kontakthebel *i* ebenfalls in die Stellung 3 gebracht wird. Zu diesem Zweck ist neben den Stangen *l* und *n* noch eine dritte Sicherheitsschaltstange *o* vorgesehen, deren unteres Ende als Sperrklinke ausgebildet ist, die in ein bei normalem Betrieb festgehaltenes Sperrädchen *p* eingreift; die Stange *o* steht unter der Wirkung der Feder *q*. Das Sperrädchen *p* ist auf den Zapfen *r* aufgelötet, der von einer im Stromkreis der Statorwicklung liegenden Heizspirale *s* umgeben ist. Bei zu hohen Stromstärken wird infolge der Erwärmung das Sperrrad *p* freigelassen und die Sicherheitsschaltstange *o* wird von der Feder *q* hochgezogen; sie nimmt dabei die Stange *n* mit und drückt den Knopf *m* heraus, wobei die Hauptschaltstange *l* den Kontakthebel hochreißt. Ist die Ursache der Störung behoben, dann wird der Knopf von Hand wieder eingedrückt, wobei beide Stangen *n* und *o* in die normale Betriebsstellung kommen und die Klinke wieder in das festgehaltene Sperrrad *p* eingreift.

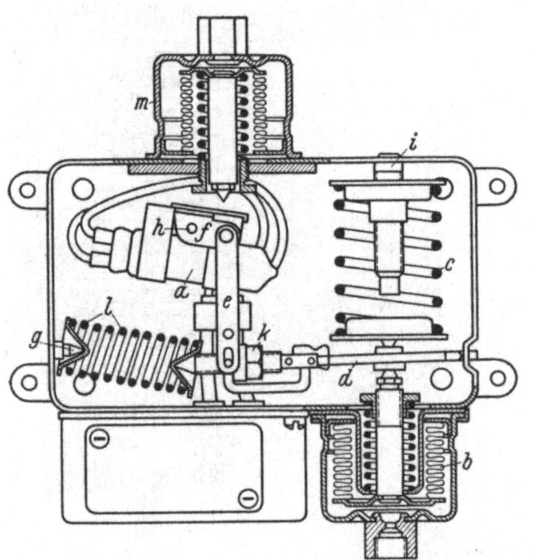

Abb. 35. Thermostat der American Radiator Co. *a* Quecksilber-Kippröhre, *b* Metallbalg, *c* Feder, *d* Schwinghebel, *e*, *f* Hebel, *g*, *h* feste Drehpunkte, *i*, *k* Einstellschrauben, *l* Schaltfeder, *m* Höchstdruckausschalter.

Durch Verdrehung des Knopfes *t* kann die Vorspannung der Feder *e* verändert und dadurch der gewünschte Mittelwert der einzuhaltenden Temperatur eingestellt werden. Die Schwankungsamplitude der Temperatur kann durch Verdrehung des Schräubchens *u*, die die Vorspannung der Feder *f* beeinflußt, in gewissen Grenzen verändert werden.

In Abb. 35 ist der Thermostat der American Radiator Co. in New York abgebildet, bei dem an Stelle der offenen Kontakte eine Quecksilber-Kippröhre *a* verwendet wird. Der Metallbalg *b* steht mit einem Fühler in Verbindung. Die Bewegung des Metallbalges überträgt sich auf den mit der Feder *c* belasteten Stab *d* und weiter durch die Hebel *e* und *f* auf die Kippröhre *a*. *g* und *h* sind feste Drehpunkte. Durch Verdrehen der Schraube *i* wird die Vorspannung der Feder *c* verändert und die gewünschte mittlere Temperatur eingestellt. Durch Verdrehen der Schraube *k* wird die Vorspannung der Feder *l* verändert und die Temperaturdifferenz zwischen der Ein- und Ausschaltung des Stromes reguliert. Auf diesen Thermostaten ist noch ein Höchstdruckausschalter *m* aufgesetzt, der die Quecksilberröhre bei unzulässiger Drucksteigerung in der ausgeschalteten Stellung festhält.

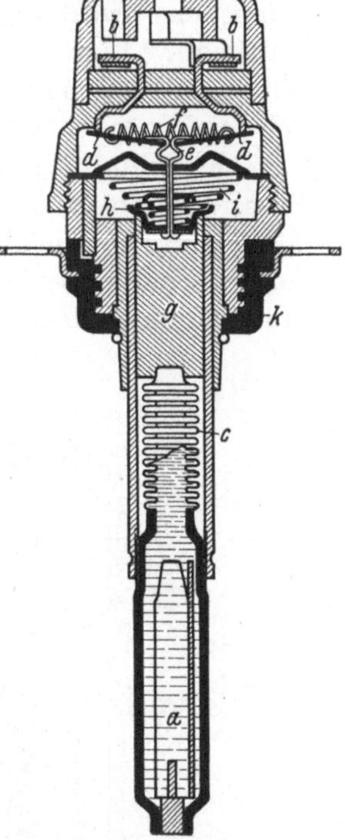

Abb. 36. Ranco-Thermostat mit Gefrierlösung.
a Fühler, *b* Kontaktklemmen, *c* Metallbalg, *d* Kontaktbrücke, *e* Schaltstange, *f* Schaltfeder, *g* Bakelithülse, *h* Federteller, *i* Feder, *k* Überwurfmutter.

In Deutschland werden solche Thermostaten neuerdings auch von der VDO-Tachometer-A.-G. in Frankfurt a. M. gebaut, wobei auch die Möglichkeit einer dauernden Einschaltung des Stroms für Zwecke der Schnell-Eisbereitung oder Tiefkühlung vorgesehen ist; die Überstromsicherung bleibt dabei aber natürlich in Wirkung.

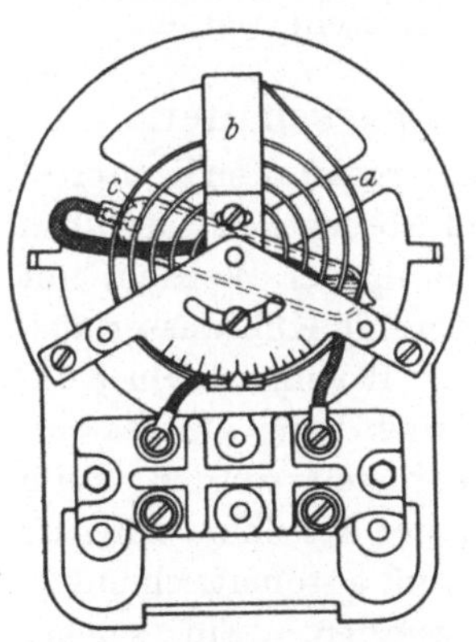

Abb. 37. Raumthermostat der Minneapolis-Honeywell Regulator Co.
a Bimetallspiralfeder, *b* Regulierhebel, *c* Quecksilber-Kippröhre.

Bei dem Ranco-Thermostaten nach Abb. 36 wird nicht der Dampfdruck eines flüchtigen Stoffes, sondern die Ausdehnung einer wässrigen Alkohollösung beim Gefrieren für die Schaltbewegung ausgenutzt. Die Lösung befindet sich im unteren Teil *a* und in dem Balg *c*, es wird jedoch nur der Teil *a* der Wirkung des Verdampfers ausgesetzt und das Gefrieren der Lösung, das durch Einbau von Rippen unterstützt wird, auf diesen Teil beschränkt. Die elektrische Leitung ist an den Klemmen *b* angeschlossen; als Kontaktbrücke dienen die beiden Hebel *d*, die an der Schaltstange *e* schwenkbar gelagert sind und durch die Feder *f* zusammengehalten werden. Sinkt die Temperatur, dann wird durch die Volumenzunahme beim Gefrieren der Metallbalg gedehnt, wobei die Bakelithülse *g*, der Federteller *h* und die Schaltstange *e* gegen die Spannung der Feder *i* gehoben werden, bis die Feder *f* die Kontakthebel *d* herunterreißt. Bei steigender Temperatur wird die Schaltstange *e* wieder heruntergezogen, bis die Kontakthebel *d* nach oben schnappen und den Strom schließen. Die einzuhaltende mittlere Verdampfertemperatur wird hier durch die Alkoholkonzentration der Lösung bestimmt. Eine Regulierung der Temperaturdifferenz zwischen dem Ein- und Ausschalten des Stroms ist durch Verdrehen der Überwurfmutter *k* möglich.

Zum Schluß sei in Abb. 37 noch auf den Raumthermostaten der Minneapolis Honeywell Regulator Co. hingewiesen, dessen Wirkung auf der Ausdehnung einer Bimetallspiralfeder *a* beruht. Das äußere Ende dieser Feder ist an einem verstellbaren Hebel *b* befestigt, während mit dem anderen Ende eine Quecksilber-Kippröhre *c* verbunden ist. Durch Verstellung des Hebels *b* kann die gewünschte Temperatur eingestellt werden.

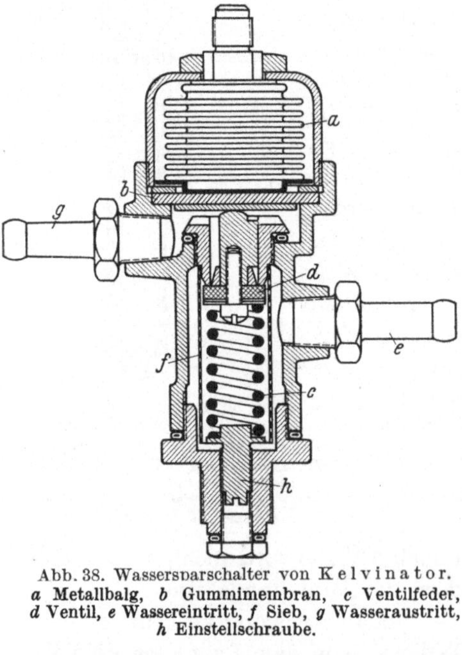

c) Sparschalter.

Bei wassergekühlten Kompressions- und Absorptionsmaschinen besteht häufig der Wunsch, mit möglichst wenig Kühlwasser auszukommen. Bei sinkendem Kondensatordruck kann die Wassermenge gedrosselt werden; beim Abstellen der Maschine soll der Wasserzufluß automatisch unterbrochen werden. Ein solcher Wassersparschalter ist beispielsweise in Abb. 38 (Kelvinator) dargestellt. Der Metallbalg *a* steht hier unter der Wirkung des Kondensatordrucks und überträgt seine Längenänderung durch die Gummimembran *b* auf das durch die Feder *c* belastete Ventil *d*. Das Kühlwasser tritt bei *e* in das Ventilgehäuse, strömt durch das Sieb *f* und tritt bei *g* heraus. Sobald nach dem Anlaufen der Maschine der Kondensatordruck zu steigen beginnt, wird der Wasserzufluß geöffnet. Die Wassermenge wird so reguliert, daß der Kondensatordruck praktisch unverändert bleibt; seine Höhe

Abb. 38. Wassersparschalter von Kelvinator. *a* Metallbalg, *b* Gummimembran, *c* Ventilfeder, *d* Ventil, *e* Wassereintritt, *f* Sieb, *g* Wasseraustritt, *h* Einstellschraube.

kann durch Verstellung der Schraube h, die die Vorspannung der Feder c beeinflußt, nach Wunsch eingestellt werden. Beim Abstellen der Maschine wird das Wasserventil geschlossen. Man ist hier auch von den Schwankungen des Wasserdrucks unabhängig.

Dem gleichen Zweck dient auch der Wassersparschalter, Abb. 127, der auf Seite 161 beschrieben ist, bei dem jedoch nicht der Kondensatordruck, sondern die Kühlwasserablauftemperatur auf konstanter Höhe gehalten wird.

Sparschalter werden bei Absorptionsmaschinen auch in der Gasleitung vorgesehen. Ein Beispiel dafür ist auf S. 160 ausführlich beschrieben.

III. Kompressionskältemaschinen.

1. Kältemittel für Kompressionsmaschinen.

Für Großkältemaschinen sind Ammoniak (NH_3) und Kohlensäure (CO_2) die wichtigsten Kältemittel. In Kleinkältemaschinen wird von CO_2 überhaupt kein Gebrauch gemacht, während die Verwendung von NH_3 fast ausschließlich auf Absorptionsmaschinen (S. 113) beschränkt ist. Die Gründe sind vorwiegend in der Lage der Dampfdruckkurve zu suchen: man vermeidet im Haushalt und Kleingewerbe gern hohe Drücke, die leicht zu Undichtigkeiten Anlaß geben. Die hohen Drücke haben zudem sehr kleine Hubvolumina der Kompressoren zur Folge, die wieder sehr kleine Ventilquerschnitte ergeben; die Toleranzen bei der Herstellung werden daher sehr eng, und die Maschinen werden im Betrieb sehr empfindlich. Bei NH_3 wird wegen der großen Verdampfungswärme die in der Zeiteinheit umlaufende Menge so klein, daß die Regulierung Schwierigkeiten bereitet. Die Einschränkung in der Verwendung von Konstruktionsbaustoffen, besonders von Kupfer und Kupferlegierungen bei NH_3-Maschinen wirkt sich bei den Bauweisen der kältetechnischen Apparate ungünstig aus[1].

Für Kompressions-Kleinkältemaschinen haben sich daher folgende Kältemittel eingebürgert (in der Reihenfolge abnehmender Dampfdrücke):

Difluordichlormethan (Freon, F 12, CF_2Cl_2)
Dimethyläther (CH_3OCH_3)
Methylchlorid (Chlormethyl, CH_3Cl)
Isobutan (Freezol, $(CH_3)_3CH$)

[1] Von Kupferlegierungen wird Phosphorbronze von Ammoniak am schwächsten angegriffen. Im übrigen besteht eine Gefahr nur in Anwesenheit von Sauerstoff und Wasserdampf, die aber nur in gasdicht gekapselten Aggregaten mit Sicherheit ferngehalten werden können.

Tabelle 2.

Kältemittel	CF_2Cl_2	CH_3OCH_3	CH_3Cl	$(CH_3)_3CH$	SO_2	C_2H_5Cl	$H \cdot COOCH_3$	CH_2Cl_2
Molekulargewicht	120,92	46,05	50,48	58,08	64,07	64,50	60,03	84,94
Siedetemperatur bei 760 mm Hg	−29,8	−24,4	−24,0	−11,8	−10,0	+12,5	+31,2	+40,3
Dampfdruck in kg/cm² bei −10°	2,236	1,77	1,78	1,12	1,033	0,40	0,161	0,114
Dampfdruck in kg/cm² bei +25°	6,644	6,05	5,80	3,61	3,97	1,62	0,794	0,577
Krit. Temperatur	111,5	127	143	134	157	183	214	245
Erstarrungstemperatur	—	−138	−98	−145	−73	−139	−100,4	−97
Verdampfungswärme bei −10° kcal/kg	38,09	110	99,3	87,5	93,6	95,5	122	85,6
Spez. Volumen von trocken gesätt. Dampf bei −10° m³/kg	0,0781	0,265	0,241	0,331	0,330	0,830	2,290	2,285
Spez. Gewicht der Flüssigkeit bei 0° C kg/l.	1,395	0,725	0 960	0,603	1,435	0,923	0,975	1,36
Spez. Wärme der Flüssigkeit bei 0°	0,223	0,560	0,374	0,550	0,319	0,376	0,516	0,269
Theoretische Kälteleistung in kcal/m³ bei −10° Verdampfungstemperatur und +15° vor dem Regelventil	416	362	373	222	259,3	103,7	47,6	34,5

Schweflige Säure (Schwefeldioxyd, SO_2)
Äthylchlorid (Chloräthyl, C_2H_5Cl)
Tetrafluordichloräthan (F 114, $C_2F_4Cl_2$)[1].
Methylformiat ($H . COOCH_3$)[2].
Dichlormethan (Methylenchlorid, Carrene, CH_2Cl_2).

Schließlich könnte auch an die Verwendung von Monofluortrichlormethan ($CFCl_3$), Methylamin (CH_3NH_2) und Äthylamin ($C_2H_5NH_2$) gedacht werden. Einige thermische Eigenschaften der wichtigsten Kältemittel sind in Tabelle 2 enthalten, in der die Kältemittel nach abfallenden normalen Siedetemperaturen angeordnet sind. Die letzte Zeile dieser Tabelle enthält Werte der theoretischen Kälteleistung in kcal/m³, die bei vorgeschriebener stündlicher Kälteleistung dem erforderlichen stündlichen Hubvolumen des Kompressors umgekehrt proportional sind. Bei gleicher Drehzahl erhält man also die kleinsten Zylinderabmessungen bei Difluordichlormethan, die größten bei Dichlormethan.

[1] Die praktische Verwendung dieses neuen Kältemittels erfolgte erstmalig Anfang 1933 durch die Frigidaire Corp. (vgl. S. 78). Die thermischen Eigenschaften sind folgende: normaler Siedepunkt + 3,6° C, krit. Temp. 146° C, krit. Druck 38,7 ata, spez. Gew. der Flüssigkeit bei + 15° C 1,450 kg/l, spez. Wärme der Flüssigkeit 0,195 bei 0° C. Das spez. Gew. des Dampfes ist etwa 5,9 bezogen auf Luft. $\varkappa = 1,106$.

[2] Verwendet im neuen hermetisch gekapselten Rotationskompressor der General Electric Co. ($^1/_8$ PS).

a) Difluordichlormethan wird neuerdings von der Frigidaire Corp. in Dayton, Ohio, für eine große Zahl der von dieser Firma gebauten Kleinkältemaschinen an Stelle der bisher benutzten schwefligen Säure verwendet[1]. Es ist fast geruchlos und weder brennbar noch giftig[2]. Gefahren treten nur dann auf, wenn CF_2Cl_2 mit offenen Flammen in Berührung kommt, weil es sich dann in HCl und HF zersetzt; diese Dämpfe üben eine starke Reizwirkung auf die Atmungsorgane aus. Die Bildung freier Halogensäure an offenen Flammen hat man dazu verwendet, um Undichtigkeiten nachzuweisen: in einer Spirituslampe mit kupfernem Brenner wird das aus einer undichten Stelle fließende CF_2Cl_2-Gas durch einen Schlauch von dem Strom der Spiritusdämpfe angesaugt; die Flamme erhält dann eine blaugrüne Färbung. Beim Ausströmen sehr großer Mengen CF_2Cl_2 besteht, wie bei CO_2, Erstickungsgefahr, da die schweren Dämpfe die Luft verdrängen. Von den üblichen Konstruktionsmaterialien wird durch trockenes dampfförmiges CF_2Cl_2 Phosphorbronze leicht und Messing stärker angegriffen. In Gegenwart von Wasserdampf werden jedoch die meisten Metalle mehr oder weniger angegriffen, was offenbar auf die Bildung von HCl und HF zurückzuführen ist. Es muß daher (wie bei SO_2 und CH_3Cl) peinlich darauf geachtet werden, daß sowohl das Kältemittel wie auch das Schmieröl vollkommen wasserfrei sind und daß die Maschinenteile vor der Füllung sorgfältig getrocknet werden. Mineralische Schmieröle lösen sich in jedem Verhältnis in CF_2Cl_2.

Das stündlich umlaufende Gewicht des Kältemittels wird hier wegen des hohen Molekulargewichts recht groß. Das hat zur Folge, daß der erforderliche Querschnitt der Flüssigkeitsleitung etwa dreimal so groß wird wie bei SO_2 und etwa doppelt so groß wie bei CH_3Cl.

b) Methylchlorid wird von vielen führenden Firmen als Kältemittel verwendet. Es kommt mit einem Reinheitsgrad von 99,5% auf den Markt. Es ist nur schwach brennbar und bildet mit Luft explosible Gemische nur innerhalb der Grenzen von 8,1 bis 17,2 Volumprozenten Methylchlorid in Luft. Es ist ziemlich giftig, und da es nur schwach und nicht unangenehm riecht, übt es keine warnende Wirkung aus, wie z. B. SO_2, so daß die Gefahr nicht unterschätzt werden darf. Bei den kleinsten Haushalt-Kältemaschinen, deren Füllung an Methylchlorid nur etwa 1 kg beträgt (S. 91), werden schwerere Unfälle kaum eintreten können. Trotzdem ist es auch hier als zweckmäßig erkannt

[1] Diesem Vorgehen haben sich inzwischen mehrere Firmen angeschlossen, vgl. Tabelle 3. Die Eigenschaften dieses Kältemittels sind eingehend behandelt in dem Aufsatz: Plank, R.: Neue Kältemittel, Z. ges. Kälteind. Bd. 39 (1932) S. 133. Dort findet man auch Dampftabellen und ein i/p-Diagramm.

[2] Über die Giftigkeit verschiedener Kältemittel vgl. Plank, R.: Z. ges. Kälteind. Bd. 36 (1929) S. 234.

worden, dem Methylchlorid einen Riechstoff zuzusetzen. In Amerika[1] gibt man einen Zusatz von 1% Acrolein (CH_2 . CHCHO) und vertreibt diese Mischung unter der Bezeichnung „Methylchlorid A". Acrolein ist zwar sehr giftig, seine Reizwirkung auf die Tränendrüsen ist aber schon in sehr niedrigen Konzentrationen außerordentlich stark und steigert sich mit der Dauer der Einwirkung. Die 1%ige Lösung in Methylchlorid übt schon eine ausreichende Warnungswirkung aus, wenn davon 0,05 bis 0,1 Volumprozente in der Luft enthalten sind. Acrolein greift die Konstruktionsmaterialien nicht an. Die thermischen Eigenschaften des Methylchlorids werden dadurch nicht nennenswert verändert. Als Nachteil von Acrolein ist zu nennen, daß es zur Polymerisation neigt. Die Firma Merchant and Evans Co. in Philadelphia, Pa., benutzt als Warnungsmittel einen Zusatz von 3% SO_2 zum Methylchlorid. In Deutschland hat man als Warnungsmittel das angenehm aber sehr charakteristisch riechende Acetophenon vorgeschlagen[2], das sich sowohl in Chlormethyl wie auch in Schmieröl löst. Die Versuche mit diesem Warnungsmittel sind aber noch nicht abgeschlossen.

Neben einem Zusatz für Warnungszwecke wird dem Methylchlorid häufig noch ein weiterer Zusatz zur leichten Auffindung undichter Stellen beigegeben. Die Amerikaner[3] verwenden hierfür 0,3% Methylnitrit. An die verdächtige Stelle wird ein Baumwolläppchen gedrückt, das in eine der folgenden wässrigen Lösungen getränkt war: entweder Alpha-Naphtylamin mit Anilin-Sulfonsäure, wobei im Falle einer Undichtigkeit auf der Baumwolle ein roter Fleck entsteht, oder Stärke mit Kaliumjodid und Oxalsäure, die einen dunkelblauen bis schwarzen Fleck ergeben.

Methylchlorid verträgt sich gut mit allen Konstruktionsmaterialien. Mineralische Schmieröle werden in CH_3Cl in jedem Verhältnis gelöst. Der Wassergehalt von Methylchlorid darf 0,01% nicht übersteigen; das Wasser führt zwar zu keinen Korrosionswirkungen (wie bei SO_2), da es sich aber in Methylchlorid nicht löst, friert es bei dessen Verdampfung als Eis aus. Es muß daher auch völlig wasserfreies Schmieröl verwendet werden und die Maschinen sind vor der Füllung sorgfältig zu trocknen. Sonst besteht die Gefahr, daß die gebildeten Eiskristalle das Regulierventil oder die Flüssigkeitsleitung zum Verdampfer verstopfen.

c) Schweflige Säure ist zur Zeit immer noch das in Kleinkältemaschinen neben Methylchlorid am meisten verwendete Kältemittel. Sie ist nicht brennbar, aber sehr giftig, doch sind die hiermit verbundenen Gefahren durch den starken und sehr unangenehmen Geruch und die geringen zur Füllung von Haushaltmaschinen notwendigen Mengen

[1] Roessler and Hasslacher Chemical Co., New York.
[2] I. G. Farbenindustrie AG. in Frankfurt a. M.-Höchst.

(S. 91) erheblich herabgemindert. Das vollkommen trockene Kältemittel greift die Metalle nicht an, aber schon bei Spuren von Wasser wird es sehr aggressiv. Die im Handel erhältliche schweflige Säure enthält weniger als 0,01% Wasser. Auch das Schmieröl muß vollkommen wasserfrei sein. Die Maschinen werden vor der Füllung für mehrere Stunden in einen Trockenraum gestellt. Flüssige SO_2 ist spezifisch schwerer als die Schmieröle und löst davon etwa 8% bei den im Verdampfer herrschenden Bedingungen. Da die bisher bekannt gewordenen Dampftabellen und Diagramme für SO_2 gewisse Unsicherheiten enthielten, wurden sie im Kältetechnischen Institut in Karlsruhe von W. Mehl neu berechnet und entworfen[1].

d) Dimethyläther wird gelegentlich an Stelle von Methylchlorid verwendet[2], da es weniger giftig ist und einen charakteristischen Geruch hat. Thermisch ist es dem Methylchlorid recht ähnlich, nur die spezifische Wärme der Flüssigkeit ist wesentlich größer. Die Entzündbarkeit ist größer als bei Methylchlorid, aber geringer als bei Äthyläther. Die Explosionsgrenzen in Gemischen mit Luft liegen zwischen 3,5 und 12,5 Volumprozenten. Die untere Explosionsgrenze liegt also schon ziemlich tief und es kann leichter ein explosionsfähiges Gemisch entstehen. Es empfiehlt sich daher, Dimethyläther nur in hermetisch gekapselten Maschinen zu verwenden. Es übt keine Korrosionswirkungen auf Metalle aus. Die Löslichkeit für Schmieröle ist sehr groß.

e) Isobutan wird in Amerika gelegentlich an Stelle von SO_2 verwendet[3], dem es in thermischer Hinsicht sehr nahe steht. Es wird in sehr reiner Form aus Naturgas durch Kondensation und nachfolgende fraktionierte Destillation gewonnen[4]. In Mischungen mit Luft ist Isobutan leicht entzündbar; es ist nicht sehr giftig, übt aber auch nur eine schwach warnende Wirkung aus. Mit den üblichen Konstruktionsmaterialien verträgt es sich gut. Schmieröle werden in Isobutan, wie in allen Kohlenwasserstoffen, gut gelöst. Sein Preis ist recht hoch.

f) Äthylchlorid[5] muß bereits zu den Niederdruck-Kältemitteln gerechnet werden, da man im Verdampfer stets Unterdruck hat. Der Überdruck im Kondensator ist selten größer als eine Atmosphäre. Äthylchlorid ist sehr stark brennbar, so daß bei seiner Verwendung große Vorsicht am Platze ist. Die Explosionsgrenzen in Gemischen

---

[1] Mehl, W.: Z. ges. Kälteind. Bd. 40 (1933).

[2] Von der Firma Escher Wyss, Zürich und Lindau, in den hermetisch gekapselten Autofrigor-Automaten.

[3] Von der Firma Copeland Products Inc. in Mt. Clemens, Mich.

[4] Die Herstellung erfolgt in einem Werk der Carbon & Carbide Chemical Company, New York. Über die thermodynamischen Eigenschaften vgl. Refr. Eng. Bd. 12 (1926) S. 387.

[5] Vgl. Jenkin, C. F., und D. N. Shorthose: Food Investigation Board, Special Report Nr. 14 (1923), London.

mit Luft liegen zwischen 4,9 und 13,5 Volumprozenten. Man hat versucht, die Feuergefahr des Äthylchlorids durch einen Zusatz von Äthylbromid zu verringern, doch sind diese Versuche erfolglos geblieben[1]. Äthylchlorid greift Metalle nicht an (nur Quecksilber wird von flüssigem C_2H_5Cl angegriffen, was bei der Verwendung von Quecksilbermanometern auf Prüfständen zu beachten ist). Gummi wird durch Äthylchlorid aufgelöst. Auch Hartgummi und Kork sind nur bedingt verwendbar, da sie ziemlich stark quellen; dadurch ergeben sich Schwierigkeiten in der Wahl eines geeigneten Dichtungs- und Isoliermaterials. Flüssiges Äthylchlorid löst nur etwa 0,2% Wasser, von dem es durch Berührung mit Kalziumchlorid befreit werden kann. Wird das Wasser nicht weitgehend beseitigt, so bilden sich bei der Verdampfung, z. B. am Regulierventil eigenartige rohrförmige Eiskristalle, in die Äthylchlorid wie in einen Schwamm eingesaugt wird. Man vermutet die Existenz von Äthylchlorid-Hydraten[2].

Da Äthylchlorid mineralische Schmieröle löst und verdünnt, so wird für die Schmierung oft Glyzerin verwendet. Da Glyzerin aber sehr hygroskopisch ist, so wird dadurch Feuchtigkeit in das System hineingetragen, was wieder zu den erwähnten Vereisungen führt. Die Wahl eines geeigneten Schmiermittels ist daher hier besonders schwierig.

Handelsübliches Äthylchlorid enthält oft kleine Beimengungen von Methylchlorid, wodurch der Dampfdruck etwas erhöht wird.

g) Tetrafluordichloräthan hat eine Dampfdruckkurve, die derjenigen des Äthylchlorids am nächsten kommt. Es ist nicht brennbar und fast ebenso unschädlich wie Difluordichlormethan. Versuche an Hunden und Meerschweinchen im amerikanischen Bureau of Mines[3] zeigten, daß die Giftigkeit bezogen auf gleiche Volumprozente dieses Kältemittels in der Luft ein wenig größer ist als bei CF_2Cl_2, aber bezogen auf Gewichtsprozente von gleicher Größenordnung ist. Trockenes Tetrafluordichloräthan greift die Konstruktionsmaterialien nicht an. Die Feuchtigkeit muß aber sorgfältig ferngehalten werden, da sich in Gegenwart von Wasserdampf Salzsäure bildet. Das neue Kältemittel wird daher voraussichtlich nur in hermetisch gekapselten Maschinen Verwendung finden, und auch dort wird man durch Silica-Gel-Patronen alle Feuchtigkeitsspuren adsorbieren.

h) Methylformiat (Ameisensäure-Methylester) ist ein ausgesprochenes Niederdruckkältemittel, der ganze Prozeß der Kältemaschine

---

[1] Vgl. Churchill, J. B.: Chemical Markets, Bd. 25 (1929) S. 591.

[2] Über Hydrate des Äthyl- und Methylchlorid vgl. De Forcrand, Villard: Comptes rendus Bd. 106, S. 1357 und Villard: Ann. de Chimie et de Physique Bd. 7 (1911) S. 384.

[3] Yant, W. P., H. H. Schrenk u. F. A. Patty: Bureau of Mines, Report of Investigations Nr. 3185 (1932).

verläuft hier in der Regel im Vakuum. Im flüssigen Zustand hat es fast genau die Dichte von Wasser, ist also schwerer als die meisten Schmieröle und mit diesen fast gar nicht mischbar. Das Schmieröl wird also durch das Kältemittel nicht verdünnt. Trockenes Methylformiat übt auf die Konstruktionsmaterialien keine Korrosionswirkungen aus, es muß aber sorgfältig darauf geachtet werden, daß keine Feuchtigkeit in dem System enthalten ist. In Gegenwart von Wasser spaltet sich Methylformiat leicht in Methylalkohol und Ameisensäure, und letztere greift die Metalle stark an. Man hat gefunden, daß diese Spaltung und Säurebildung durch einen Zusatz von 5 bis höchstens 10% wasserfreien Methyl- oder Äthylalkohols verhindert werden kann, ohne die thermischen Eigenschaften des Methylformiats zu ändern und seinen Dampfdruck nennenswert herabzudrücken. Es müssen also bei der Füllung der Maschinen mit Kältemittel und Öl die gleichen Vorsichtsmaßregeln getroffen werden wie bei Verwendung von SO_2, CH_3Cl oder C_2H_5Cl. Die Gefahr des Eindringens von feuchter Luft ist allerdings bei Methylformiat größer, weil der ganze Prozeß im Vakuum verläuft. Methylformiat ist brennbar und in dieser Hinsicht etwa mit Methylalkohol vergleichbar. Es ist nicht sehr giftig, aber keinesfalls harmlos.

Alle diese Eigenschaften legen es nahe, die Verwendung von Methylformiat nur in hermetisch gekapselten Maschinen zu empfehlen.

Dichlormethan findet in großen Kälte-Turbokompressoren breite Verwendung; es wird neuerdings aber auch bei Kleinkältemaschinen benutzt[1]. Es wird im großindustriellen Maßstab preiswert und sehr rein dargestellt[2]. Die Dampfdrücke sind noch niedriger als bei Methylformiat. Dafür ist es nur sehr schwach brennbar, so daß die Flamme in ihren eigenen Verbrennungsgasen erlischt. Der Giftigkeitsgrad dürfte zwischen demjenigen von Methylchlorid und von Chloroform liegen, so daß Dichlormethan in dieser Hinsicht keinesfalls harmlos ist. Die Gefahr ist allerdings durch den in der Maschine herrschenden Unterdruck stark herabgesetzt. Dichlormethan ist gegen alle Metalle sehr beständig. In Wasser ist es praktisch unlöslich, dagegen besitzt es ein sehr starkes Lösungsvermögen in Schmierölen.

2. Kompressoren.

Bei den Kältemaschinen für Haushalt und Kleingewerbe werden sowohl Kompressoren mit hin- und hergehendem Kolben als auch solche mit Drehkolben verwendet. Letztere werden meist als Rotationskompressoren bezeichnet; sie waren früher nur selten anzutreffen, haben

[1] Z. B. im Modell 1933 des Rotationskompressors der Grunow Co., Chicago.

[2] In Deutschland von der I. G. Farbenindustrie AG. in Frankfurt a. M., in Amerika von der Eastman-Kodak Company in Rochester N. Y.

Tabelle 3. Zusammenstellung einiger wichtiger Bauarten von Kompressionsmaschinen.

Hersteller und Ort	Bezeichnung	Kältemittel	Kompressor: Bauart	Kompressor: Zylinderzahl	Kompressor: Drehzahl	Antrieb	Antriebsmotor PS	Kondensator gekühlt durch	Lage der Maschine zum Kühlschrank
AEG, Berlin	Santo	SO_2	oszillierender Zylinder	1	1450	direkt	$^1/_{10}$ bis $^1/_3$	Luft	oben
Audiffren Refr. Co., New York	Audiffren	SO_2	oszillierender Zylinder	1	150 bis 330	Riemen	$^1/_3$ bis 5	Luft	unten
Gebr. Bayer, Augsburg	Bayer	CH_3Cl	hin- u. hergehend	1 u. 2	265 bis 380	Riemen	$^1/_4$ u. $^1/_2$	Luft bzw. Wasser	unten
Bergedorfer Eisenwerk, Bergedorf	Astra	CH_3Cl	hin- u. hergehend	2	300 bis 400	Riemen	$^1/_3$ bis 2	Luft bzw. Wasser	unten
R. Bosch, Stuttgart	Bosch	SO_2	Rotationskompr.	1	1450	direkt	$^1/_{10}$	Luft	unten
Brown Boveri Co., Mannheim	A-S	SO_2	oszillierender Zylinder	1 u. 2	140 bis 380	Riemen	$^1/_5$ bis $^1/_3$	Luft bzw. Wasser	oben
Carbondale Mach. Co. (Excelsior Div.). South Norwalk, Conn.	Excelsior	CH_3Cl bzw. NH_3	hin- u. hergehend	2	350 bis 490	Riemen	$^1/_2$ bis 2	Wasser	unten
Carrier-Brunswick, Newark, New Jersey	Carrier-Brunswick	CH_3Cl bzw. CF_2Cl_2	hin- u. hergehend	1 bis 3	250 bis 430	Riemen	$^1/_4$ bis 3	Luft bzw. Wasser	unten
Copeland Products Inc., Mt. Clemens, Mich.	Copeland	C_4H_{10} und CH_3Cl	hin- u. hergehend	1 bzw. 2	440 bzw. 360	Riemen	$^1/_6$ bzw. $^1/_4$	Luft	unten
				1 u. 2	250 bis 440	Riemen	$^1/_8$ bis 2	Luft bzw. Wasser	unten
Deutsche Kühl- und Kraftmasch. G.m.b.H., Scharfenstein, Sachs.	DKW	SO_2	Rotationskompr.	1	350 bis 1050	Riemen	$^1/_6$ bis $1^1/_2$	Luft bzw. Wasser	unten bzw. oben

Escher Wyss, Zürich und Lindau	Autofrigor	$(CH_3)_2O$	oszillierender Zylinder	1 u. 2	700 bis 1450	direkt	$^1/_6$ bis 3	Luft bzw. Wasser	oben
Masch.-Fabrik A. Freundlich, Düsseldorf	Autofrost	NH_3	hin- u. hergehend	1 u. 2	565	direkt	1,2 bis 3,5	Wasser	unten
Frick Co., Waynesboro, Pa.	Frick	CH_3Cl bzw. CF_2Cl_2	hin- u. hergehend	1 bis 3	275 bis 480	Riemen	$^1/_4$ bis 3	Luft bzw. Wasser	unten
Frigidaire Corp., Dayton, Ohio	Frigidaire	SO_2	hin- u. hergehend	2	310 bis 575	Riemen	$^1/_5$ bis $1^1/_2$	Luft bzw. Wasser	unten
Frigidaire Corp., Dayton, Ohio	Frigidaire	CF_2Cl_2	hin- u. hergehend	2 u. 4	360 bis 660	Riemen	$^1/_5$ bis 10	Luft bzw. Wasser	unten
Frigidaire Corp., Dayton, Ohio	Frigidaire	$C_2F_4Cl_2$	Rotationskompr.	1	1750	direkt	$^1/_{20}$	Luft	—
General Electric Co., Schenectady, N. Y.	G. E.	SO_2	oszyllierender Zylinder	1	1750	direkt	$^1/_{10}$ bis $^1/_3$	Luft	oben
Masch.-Fabrik Germania, Chemnitz	Germania	SO_2	hin- u. hergehend	2 bis 4	240 bis 400	Riemen	$^1/_3$ bis $2^1/_2$	Luft bzw. Wasser	unten
Gibson El. Refrigerator Corp., Greenville, Mich.	Monounit	SO_2	hin- u. hergehend	2	1750	direkt	$^1/_5$	Luft	oben
Grigsby Grunow Co., Chicago, Ill.	Majestic	SO_2	Rotationskompr.	1	1750	direkt	$^1/_8$ u. $^1/_6$	Luft	oben
Grunow Corp., Chicago, Ill.	Grunow	CH_2Cl_2	Rotationskompr.	1	1750	direkt	$^1/_5$	Luft	unten
Kelvinator Corp., Detroit, Mich.	Kelvinator	SO_2 u. CH_3Cl	hin- u. hergehend	1, 2 u. 4	280 bis 625	Riemen	$^1/_8$ bis 3	Luft bzw. Wasser	unten
Linde (Siehe Sürth)	—	—	—	—	—	—	—	—	—
Merchant & Evans Co., Philadelphia, Pa.	M & E	CH_3Cl	hin- u. hergehend	1 u. 2	190 bis 625	Riemen	$^1/_6$ bis 2	Luft bzw. Wasser	unten

Tabelle 3 (Fortsetzung).

Hersteller und Ort	Bezeichnung	Kältemittel	Kompressor: Bauart	Kompressor: Zylinderzahl	Kompressor: Drehzahl	Kompressor: Antrieb	Antriebsmotor PS	Kondensator gekühlt durch	Lage der Maschine zum Kühlschrank
Norge Corp., Detroit, Mich.	Norge	SO_2	Rotationskompr.	1	bis 585	Riemen	$^1/_6$ bis 1	Luft bzw. Wasser	unten
Gebr. Plersch, Masch.-Fabrik, Illertissen	Plersch	CH_3Cl	hin- u. hergehend	1 bis 4	350	Riemen	$^1/_4$ bis 3	Luft bzw. Wasser	unten
Sachsenwerk, Licht u. Kraft A.-G., Niedersedlitz	Servisto	CH_3Cl	hin- u. hergehend	1 u. 2	360	Riemen	$^1/_3$ bis 2	Luft bzw. Wasser	unten
Servel Sales Inc. Evansville, Ind.	Servel Hermetic	CH_3Cl	hin- u. hergehend	1	1750	direkt	$^1/_8$ u. $^1/_6$	Luft	unten
Servel Sales Inc. Evansville, Ind.	Servel	CH_3Cl	hin- u. hergehend	1 bis 3	270 bis 485	Riemen bzw. Getriebe	$^1/_6$ bis 2	Luft bzw. Wasser	unten
Fr. Stamp G. m. b. H., Bergedorf	Fristamp	C_2H_5Cl	Rotationskompr.	1	300 bis 500	Riemen	von $1^1/_2$	Wasser	unten
Stierlen Werke A.-G., Rastatt i. B.	Torro	CH_3Cl	Rotationskompr.	1	260 bis 480	Riemen	$^1/_5$ bis 2	Luft bzw. Wasser	unten
B. F. Sturtevant Co., Boston	Sturtevant	CH_3Cl	hin- u. hergehend	1	1750	direkt	$^1/_6$	Luft	oben
Sümak, Zuffenhausen	Sümak	CH_3Cl	hin- u. hergehend	1 bis 4	220 bis 380	Riemen	$^1/_6$ bis $3^1/_2$	Luft bzw. Wasser	unten
Sunbeam El. Mfg. Co. Evansville, Ind.	Coldspot	SO_2	Rotationskompr.	1	1750	direkt	$^1/_6$	Luft	oben

Masch.-Fabrik Sürth (Linde), Sürth bei Köln	Multifrigor	SO_2 bzw. CH_3Cl	hin- u. hergehend	1 bis 4	340 bis 400	Riemen	$^1/_6$ bis 2	Luft bzw. Wasser	unten
Masch.-Fabrik Sürth (Linde), Sürth bei Köln	Autopolar	CH_3Cl	hin- u. hergehend	3 bis 4	950 bis 1450	direkt	$^1/_3$ bis 2	Wasser	oben
Masch.-Fabrik Sürth (Linde), Sürth bei Köln	Frigodom	CH_3Cl	hin- u. hergehend	3 bis 4	950 bis 1450	direkt	3	Wasser	oben
Masch.-Fabrik A. Teves, Frankfurt a. Main	Ate	CH_3Cl	hin- u. hergehend	1, 2 u. 4	220 bis 420	Riemen	$^1/_6$ bis 3	Luft bzw. Wasser	oben
Trupar Mfg. Co., Dayton, Ohio	Mayflower	SO_2 bzw. CH_3Cl	hin- u. hergehend	1 u. 2	310 bis 500	Riemen	$^1/_6$ bis 2	Luft bzw. Wasser	unten
Universal Cooler Corp., Detroit, Mich.	Universal Cooler	CH_3Cl u. CF_2Cl_2	hin- u. hergehend	1 bis 3	275 bis 480	Riemen	$^1/_6$ bis 5	Luft bzw. Wasser	unten
R. Wahl, Bahlingen	Wahl	SO_2	hin- u. hergehend	1, 2 u. 4	—	Riemen	von $^1/_6$	Luft bzw. Wasser	unten bzw. oben
Westinghouse El. & Mfg. Co., Mansfield, Ohio	Westinghouse	SO_2	hin- u. hergehend	1, 2 u. 4	1750	direkt	$^1/_8$ und $^1/_2$	Luft	oben
Williams Oil-O-Matic Heating Corp., Bloomington, Ill.	Ice-O-Matic	CH_3Cl	hin- u. hergehend	2 u. 4	275 bis 400	Riemen	$^1/_4$ bis 3	Luft bzw. Wasser	unten
Williams Oil-O-Matic Heating Corp., Bloomington, Ill.	Capitol-Ice-O-Matic	CH_3Cl	hin- u. hergehend	1	1750	direkt	$^1/_6$	Luft	oben
„Wumag"-Waggon- u. Maschinenbau A.-G.,	Wumag	SO_2 u. NH_3	hin- u. hergehend	1 bis 3	380 bis 460	Riemen	von $^1/_4$	Luft bzw. Wasser	unten
York Ice Mach. Corp., York, Pa.	York	CF_2Cl_2 bzw. NH_3	hin- u. hergehend	1 u. 2	265 bis 500	Riemen	$^1/_4$ bis 2	Luft bzw. Wasser	unten

sich aber in den letzten Jahren in steigendem Maße eingeführt und zwar vorzugsweise in Verbindung mit Niederdruck-Kältemitteln.

Zu unterscheiden sind ferner Kompressoren der gewöhnlichen Bauart mit Stopfbüchsen und hermetisch gekapselte Maschinen. Diese werden in der Regel mit dem Antriebselektromotor direkt gekuppelt und in einem gemeinsamen Gehäuse hermetisch verschlossen.

Der Fortfall der Stopfbüchse bedeutet einen nicht zu unterschätzenden Vorteil, da die Stopfbüchse trotz aller Vervollkommnungen immer ein empfindliches Maschinenelement bleibt, das zu Betriebsstörungen führen kann; sie erschwert auch die erwünschte direkte Kupplung des Kompressors mit dem Antriebsmotor. Die Unterbringung des Motors in einem gemeinsamen Gehäuse mit dem Kompressor hat zur Folge, daß die Wicklungen des Stators der Einwirkung des Kältemittels und des Schmiermittels unmittelbar ausgesetzt sind. Es bedurfte langjähriger Versuche und Erfahrungen, um die damit verbundenen Schwierigkeiten zu überwinden. Die üblichen Isolationsmittel, wie Bakelit, werden im Laufe der Zeit vom Methylchlorid und dem Schmiermittel angegriffen, und es können Kurzschlüsse eintreten. Bei SO_2 kommt man mit einer doppelten Baumwollumwicklung aus, solange jede Feuchtigkeit von der Maschine ferngehalten werden kann.

Die konstruktive Durchbildung der hermetisch gekapselten Maschine ist sehr eigenartig und verdient große Beachtung, da an solche Maschinen sehr weitgehende Anforderungen gestellt werden. Gerade auf diesem Gebiet hat die Kältemaschinentechnik Leistungen aufzuweisen, die uneingeschränkte Anerkennung verdienen.

In Tabelle 3 ist eine Übersicht über einige wichtige Bauarten von Kompressionsmaschinen gegeben, die in alphabetischer Reihenfolge der Hersteller geordnet ist[1].

[1] Während der Drucklegung sind uns noch folgende Angaben über neuere amerikanische Bauarten bekannt geworden, die in Tabelle 3 nicht mehr aufgenommen werden konnten. Es handelt sich hier durchweg um nicht hermetisch gekapselte Kompressoren mit hin- und hergehendem Kolben und Riemenantrieb. Der Kondensator wird mit Luft oder Wasser gekühlt:

Hersteller und Ort	Bezeichnung	Kältemittel	Kompressor Zylinderzahl	Kompressor Drehzahl	Antriebsmotor PS
Baker Ice Machine Co. Omaha, Neb.	Baker	CH_3Cl	2	220 bis 485	1/4 bis 3
General Electric Co. Schenectady, N. Y.	G. E.	SO_2 bzw. CF_2Cl_2	2 u. 4	275 bis 585	1/3 bis 10
General Refr. Sales Co. Beloit, Wis.	Lipman	CH_3Cl	1 u. 2	235 bis 490	1/2 bis 10
Gibson El. Refr. Corp. Greenville, Mich.	Gibson	CH_3Cl	1 bis 3	275 bis 480	1/4 bis 5
Gibson El. Refr. Corp. Greenville, Mich.	Gibson	CF_2Cl_2	3	345 u. 400	4 1/4

A. Kompressoren mit Schleifringdichtung.

a) Die Schleifringdichtung[1].

Die bei Großkältemaschinen vielfach verwendete Bauart der Kompressoren mit Kolbenstange, Kreuzkopf und offen liegender Kurbelwelle ist für Kleinkältemaschinen nicht zweckmäßig, weil sie einerseits zu teuer ist und anderseits die vollkommene Abdichtung der hin- und hergehenden Kolbenstange für die Dauer sehr schwer zu erzielen ist. Die kleinen Kompressoren werden durchweg mit geschlossenem Kurbelgehäuse gebaut, das mit der Saugseite in Verbindung steht, wobei die Pleuelstange unmittelbar am Kolbenbolzen angreift. Dabei braucht die Stopfbüchse nur noch eine rotierende Welle gegen verhältnismäßig geringe Druckunterschiede abzudichten. Immerhin bleibt die Stopfbüchse ein sehr empfindlicher Teil der Maschine, von dessen sorgfältiger Durchbildung die Betriebssicherheit wesentlich abhängt. Es ist zu bedenken, daß der Druck im Kurbelgehäuse beim Stillstand der Maschine auf den der Umgebungstemperatur entsprechenden Sättigungsdruck des Kältemittels ansteigt. Für bestimmte Kältemittel und Verdampfungstemperaturen kann daher der Fall eintreten, daß die Stopfbüchse bei laufender Maschine gegen äußeren Überdruck und im Stillstand gegen inneren Überdruck abzudichten hat. Die Forderung des Fortfalls jeder Bedienung schließt ferner die Möglichkeit aus, die Stopfbüchse von Zeit zu Zeit nachzuziehen, so daß die üblichen Bauarten mit Baumwoll- oder Metallpackungen hier ausscheiden. An deren Stelle tritt eine selbsttätig nachstellbare Schleifringdichtung, meist in Verbindung mit einem elastischen Zwischenglied.

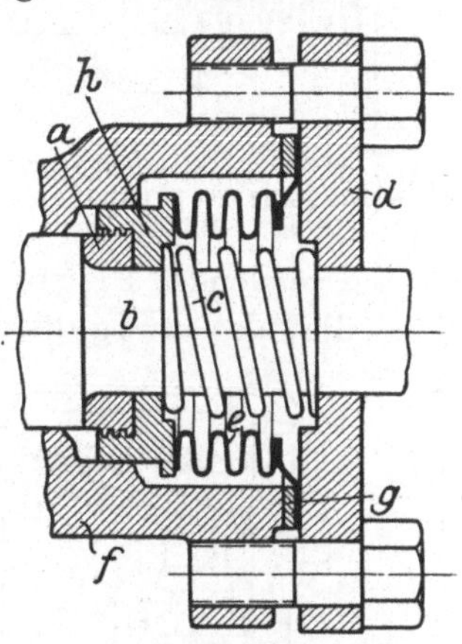

Abb. 39. Schleifringdichtung älterer Bauart (Frigidaire). *a* Schleifring, *b* Welle, *c* Feder, *d* Flansch, *e* Metallbalg, *f* Gehäuse, *g* Dichtung, *h* Druckring.

Eine Schleifringdichtung älterer Bauart von Frigidaire ist in Abb. 39 dargestellt: ein Schleifring *a* aus Graphitbronze wird mit Hilfe einer Spiralfeder *c* und eines Gegendruckflansches *d* gegen den Wellenbund gepreßt; die Feder steht unter einer Spannung von etwa 25 kg. Ein die Feder umschließender Metallbalg *e* ist auf einer Seite mit dem Schleifring *a* gasdicht verbunden, während er auf der anderen

Eine Ausnahme bildet der direkt mit dem Elektromotor gekuppelte Rotationskompressor der Vilter Mfg. Co. in Milwaukee, Wis., der für CF_2Cl_2 bzw. NH_3 als Kältemittel gebaut wird; seine Drehzahl beträgt 860 bzw. 1750/min; er wird mit Motoren von $^1/_3$ bis 3 PS angetrieben.

[1] Vgl. Williams, E. T.: Refr. Eng. Bd. 17 (1929) S. 73.

Seite zwischen das Kompressorgehäuse *f* und den Gegendruckflansch *d* geklemmt ist. Eine Dichtung *g* zwischen Metallbalg und Gehäuse bewirkt den gasdichten Abschluß nach außen. Wird der auf die Welle wirkende Axialdruck vom Kompressorgehäuse aufgenommen, so hat die Feder *c* nur den Druckring auf die Dichtungsfläche anzupressen, während der Überdruck im Gehäuse ihn abzuheben sucht. Die Bemessung der Feder richtet sich also nach dem höchsten Druck im Gehäuse, der sich beim Stillstand einstellt; während des Betriebes der Maschine sinkt dieser Druck, so daß die Anpressung unnötig groß wird, was eine Erhöhung der Reibungsarbeit und eine raschere Abnutzung des Schleifringes zur Folge hat. Um diesen Nachteil zu vermeiden verwendet Frigidaire neuerdings eine abgeänderte Konstruktion, die als ausgeglichene Schleifringdichtung bezeichnet wird (Abb. 40). Hier ist die Spiralfeder *a* außen um den Metallbalg *b* gelegt, wodurch eine Verkleinerung des mittleren Durchmessers des Metallbalgs auf den Durchmesser der Schleiffläche des Ringes möglich wurde. Der Metallbalg ist somit in sich fast ausgeglichen und es treten bei veränderlichem Innendruck keine nennenswerten zusätzlichen Kräfte auf. Beim SO_2-Kompressor (Abb. 41), der diese neue Bauart der Stopfbüchse aufweist, wird der Axialdruck auf die Welle bei innerem Überdruck nicht vom Gehäuse aufgenommen, so daß er auf der Feder lastet. Da die notwendige Federspannung mit dem Durchmesser des Metallbalgs wächst, so ist es verständlich, daß Frigidaire durch Verkleinerung dieses Durchmessers auch die Federspannung fast auf die Hälfte vermindern konnte, und zwar von 25 auf 14 kg.

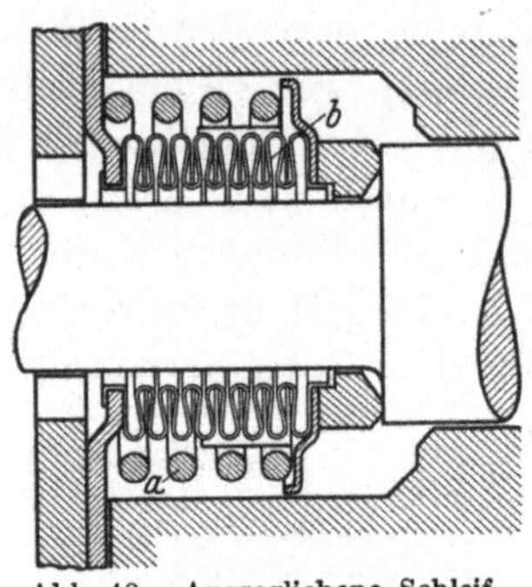

Abb. 40. Ausgeglichene Schleifringdichtung (Frigidaire). *a* Feder, *b* Metallbalg.

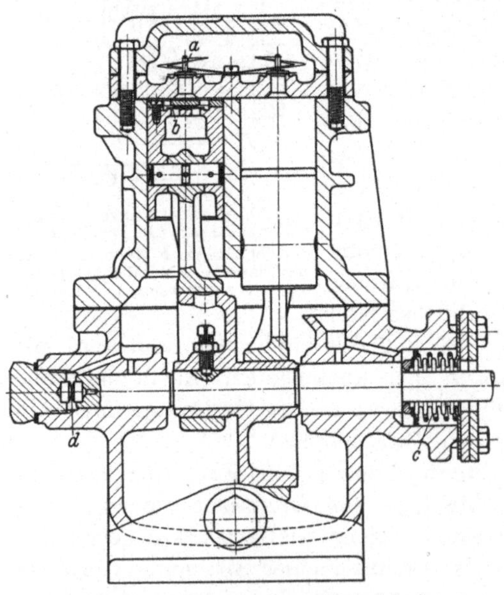

Abb. 41. SO_2-Kompressor von Frigidaire. *a* Druckventil, *b* Saugventil, *c* Schleifringdichtung, *d* Drucklager.

Eine andere konstruktive Ausbildung der Schleifringdichtung findet man beim SO_2-Kompressor der Maschinenfabrik Sürth in Sürth bei Köln (Abb. 42). Hier wird die feststehende Druckhülse *a* auf den rotierenden Ring *b* durch die Feder *c* angepreßt; dieser Federdruck wird gegebenenfalls noch durch einen Überdruck im Gehäuse unterstützt. Er muß aber auch dann ausreichen, wenn im Gehäuse ein Unterdruck herrscht. Bei innerem Überdruck wird der Axialdruck auf die Welle, durch die Stirnfläche der Nabe des Exzenters *d* auf das Gehäuse übertragen.

Sehr einfach ist die Schleifringdichtung bei den „Mayflower"-Maschinen der Trupar Mfg Co. in Dayton, Ohio (Abb. 43): bei innerem Überdruck wird der Wellenbund *a* gegen den Bronzering *b* gepreßt, der von der Membran *d* gehalten wird; diese Membran stützt sich auf den elastischen Gummiring *e*. Die Feder *c* hat nur den Axialschub bei äußerem Überdruck aufzunehmen; da dieser Überdruck im Höchstfall nur 1 kg/cm² betragen kann, so kommt man hier mit einer Federspannung von 9 kg aus. Ganz ohne elastisches Zwischenglied ist die Schleifringdichtung der Baker Ice Machine Co. in Omaha, Nebraska, ausgeführt, wobei der Wellenbund durch eine Feder gegen einen feststehenden Bronzering gepreßt wird.

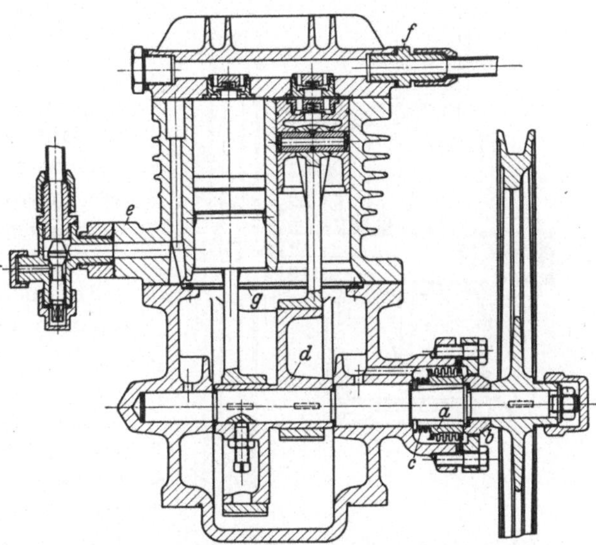

Abb. 42. SO_2-Kompressor von Sürth.
a Druckhülse, *b* Schleifring, *c* Feder, *d* Exzenter, *e* Saugstutzen, *f* Druckstutzen, *g* Ölschutzblech.

Bei der Schleifringdichtung der Universal Cooler Corp. in Detroit liegt der Schleifring *a* (Abb. 44) und der Metallbalg *b* außerhalb des Gehäuses und beide rotieren mit der Welle. Die Feder *c* preßt den Schleifring *a* von außen an die Gehäusewand. Bei innerem Überdruck wird der Axialschub der Kurbelwelle durch den Bund *d* auf das Gehäuse übertragen.

Als Material für den Schleifring verwendet man Bronzen mit Zusätzen von Phosphor, Blei oder Graphit. Bewährt hat sich beispielsweise „Carobronze" mit 91,7% Cu, 8% Sn und 0,3% P. Als Gegenfläche dient meist gehärteter Stahl.

Die Schleifringdichtungen laufen stets in Öl, welches auch zwischen die Schleifflächen eindringt und dadurch deren Abnutzung verringert und zugleich zur Abdichtung beiträgt. Bei innerem Überdruck können allenfalls Spuren von Öl nach außen gelangen, die dann von einem Ölfangring (Frigidaire) aufgenommen werden. Viel bedenklicher wäre das Eindringen von feuchter Luft bei innerem Unterdruck, da sich die meisten Kältemittel nicht mit Wasserdampf vertragen (s. III, 1). Praktisch kann jedoch dieser Fall nur bei Niederdruck-Kältemitteln z. B. SO_2, C_2H_5Cl u. a. eintreten. Auf eine richtige Dimensionierung der Feder und eine ausreichende Anpressung der Dichtungsflächen ist daher in solchen Fällen besonders zu achten. Oft geht man diesen Schwierigkeiten dadurch aus dem Wege, daß man den Raum, aus dem die Kompressorwelle austritt, nicht mit der Saugseite, sondern mit der Druckseite verbindet. Bei Kompressoren mit hin- und hergehendem Kolben könnte das z. B. dadurch erreicht werden, daß man das Saugventil im Deckel und das Druckventil im Kolben anordnet und so das Kurbelgehäuse dauernd unter Kondensatordruck hält[1]. In sehr einfacher Weise läßt sich die oben aufgestellte Forderung bei Rotationskompressoren erfüllen, wie man aus den Abb. 54 (Norge) und 55 (DKW) ersehen kann.

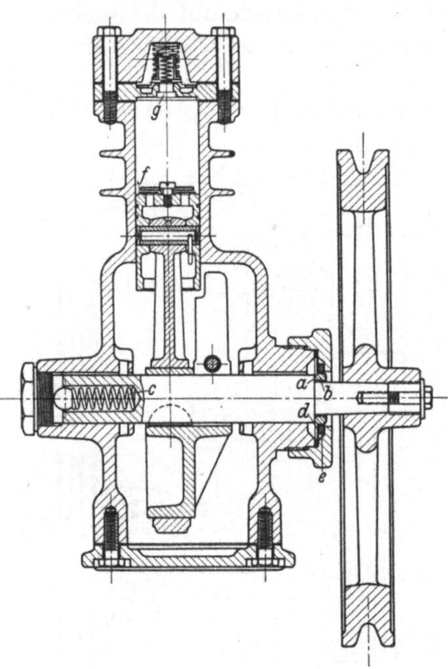

Abb. 43. SO_2-Kompressor von Trupar. *a* Wellenbund, *b* Schleifring, *c* Feder, *d* Membran, *e* Gummiring, *f* Saugventil, *g* Druckventil.

b) Kompressoren mit hin- und hergehendem Kolben.

Kompressoren mit hin- und hergehendem Kolben werden überwiegend als stehende einfach wirkende Gleichstrommaschinen ausgeführt; als Kältemittel werden vorzugsweise schweflige Säure, Methylchlorid und in neuester Zeit auch Difluordichlormethan verwendet. Ein typisches Beispiel ist der in Abb. 41 dargestellte SO_2-Kompressor der Frigidaire Corp. in Dayton, Ohio. Der kompakte Zusammenbau von Kompressor, Antriebsmotor und Kondensator mit Teilen der Auto-

[1] Eine solche Bauart ist, allerdings aus anderen Gründen, von G. Döderlein, Z. ges. Kälteind. Bd. 34 (1927) S. 1 vorgeschlagen.

matik auf einer gemeinsamen Grundplatte ist aus Abb. 45 zu erkennen. Zahlreiche andere Firmen vertreiben ähnliche Bauarten, die sich nur

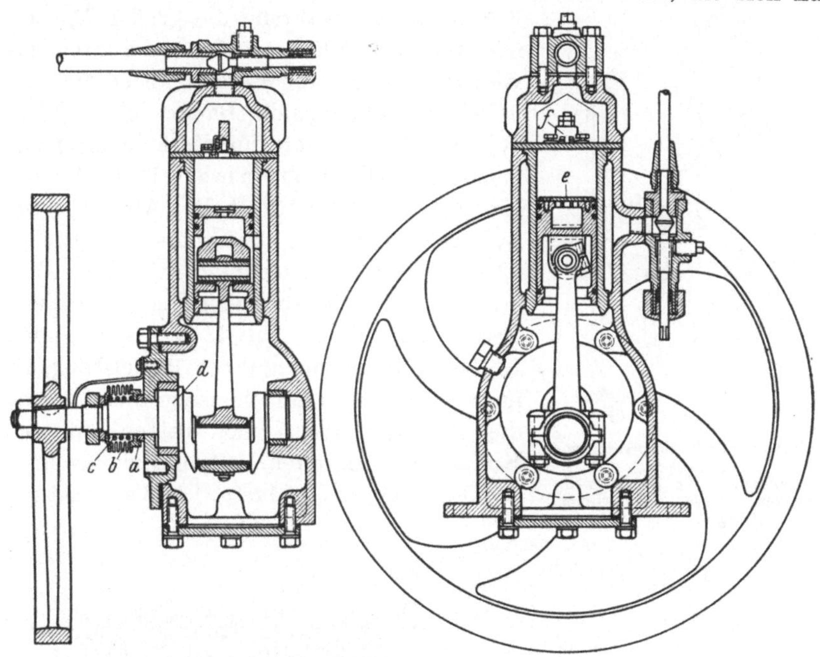

Abb. 44. CH_3Cl-Kompressor von Universal Cooler.
a Schleifring, *b* Metallbalg, *c* Feder, *d* Kurbelwelle, *e* Saugventil, *f* Druckventil.

in Einzelheiten voneinander unterscheiden, so daß sich eine Aufzählung und ausführliche Beschreibung erübrigt. Es sei nur auf die Abb. 42, 43

Abb. 45. Maschinenaggregat von Frigidaire.
a Kompressor, *b* Elektromotor, *c* Kondensator, *d* Flüssigkeitssammler, *e* Automatik, *f* Grundplatte.

44, 46 und 47 hingewiesen. Für die kleinen Haushaltkältemaschinen verwendet man ein- und zweizylindrige Kompressoren, während die großen Maschinen für das Kleingewerbe auch drei- bis vierzylindrig gebaut werden. Eine von der üblichen abweichende Bauart eines Vierzylinder-Kompressors für Methylchlorid hat neuerdings die Williams Oil-O-Matic Heating Corp. entwickelt[1] (Abb. 48); die Zylinder sind hier paarweise in gleicher Ebene unter 90° zueinander in V-Form angeordnet. Unmittelbar von der Kurbelwelle werden nur die in Abb. 48 rechts liegenden Kolben *a* angetrieben, deren Pleuelstangen *b* mit je einem Auge *c* versehen sind, in die die Pleuelstangen *d* der beiden anderen Kolben *e* eingreifen. Zylinderbohrung *d* = 60 mm, Hub *s* = 64 mm. Die Kälteleistung

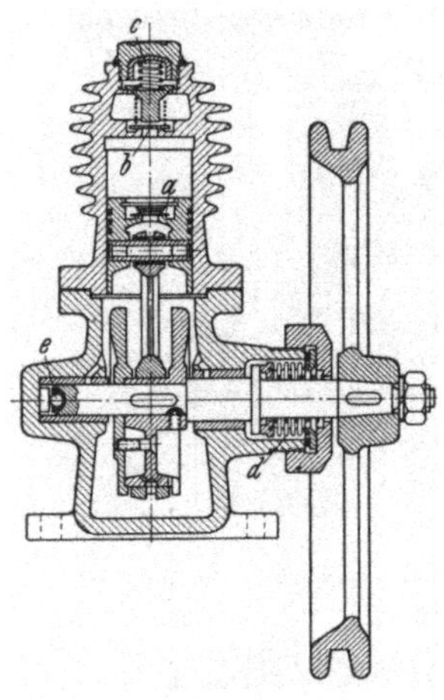

Abb. 46. CH_3Cl-Kompressor von A. Teves.
a Saugventil, *b* Druckventil, *c* Sicherungsfeder, *d* Schleifringdichtung, *e* Drucklager.

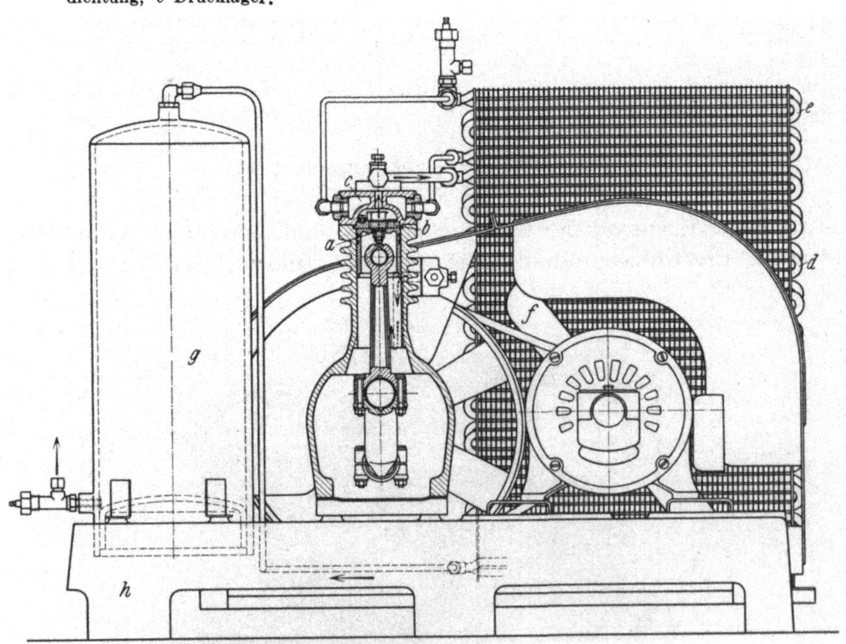

Abb. 47. SO_2-Maschinenaggregat von Kelvinator.
a Saugventil, *b* Druckventil, *c* Zylinderkopf, *d* Kondensator, *e* Kondensator für Zylinderkühlung, *f* Ventilator, *g* Flüssigkeitssammler, *h* Grundplatte.

bei —10° Verdampfungstemperatur beträgt bei 300 U/min etwa

[1] Vgl. El. Refr. News, Bd. 9 (1933) No. 15, S. 11.

3800 kcal/h (Antriebsmotor 2 PS). Das Öl wird mittels einer besonderen, von der Kurbelwelle angetriebenen Pumpe durch die hohle Welle den Kurbelwellenlagern mit einem Überdruck von etwa 1,4 kg/cm² über dem Druck im Kurbelgehäuse zugeführt; der Kolben und die Kolbenbolzen werden durch Verspritzen des Öls aus dem Sumpf geschmiert.

Der Zylinder wird entweder aus einem Stück mit dem Gehäuse gegossen (Abb. 43 u. 47) oder als getrenntes Gußstück hergestellt und

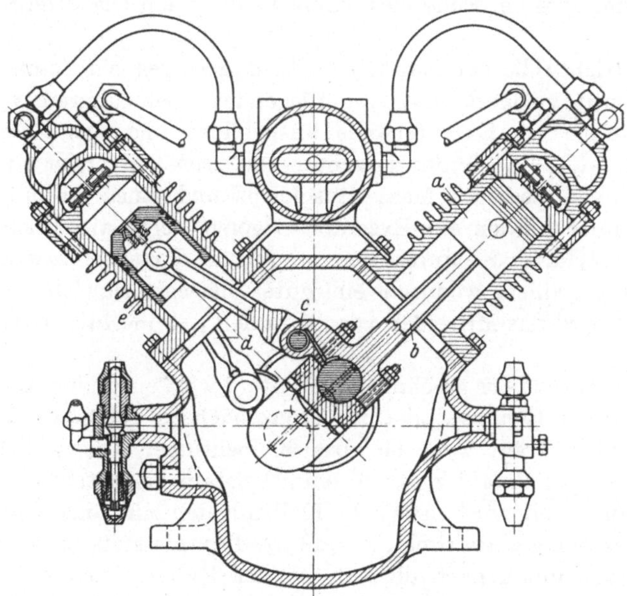

Abb. 48. Vierzylinder CH_3Cl-Kompressor Williams Ice-O-Matic in V-Form. *a*, *e* Kolben, *b*, *d* Pleuelstangen, *c* Auge.

mit dem Kurbelgehäuse verschraubt (Abb. 41, 42, 46 u. 48). Gelegentlich findet man auch Kompressoren mit eingesetzter Zylinderbüchse (Abb. 44).

Im Kurbelgehäuse befindet sich der Ölvorrat, in den die Kurbel bzw. das Exzenter bei jeder Umdrehung eintauchen, wobei durch verspritztes Öl sämtliche bewegten Teile geschmiert werden; nur selten findet man Druckschmierung (Westinghouse, Ice-O-Matic).

Die periodischen Druckschwankungen im Kurbelgehäuse eines Einzylinder-Kompressors verursachen bei der allgemein üblichen Anordnung des Saugventils im Kolben, ein übermäßiges Mitnehmen von Öl mit den Kältemitteldämpfen in den Zylinder und von hier in die Apparate. Auch beanspruchen die Druckschwankungen den Metallbalg der Stopfbüchse. Da jedoch die Einzylinder-Kompressoren gegenüber den Mehrzylinderanordnungen den Vorteil größerer Billigkeit haben, werden sie auch jetzt noch sehr häufig für die kleinsten Leistungen bevorzugt. Um ein übermäßiges Mitreißen von Öl zu verhindern, hat die Universal Cooler Corp. in Detroit den Zylinder und Kolben nach Abb. 44 ausgebildet. Der Zylinder hat eine Einsatzbüchse mit Schlitzen, die die Saugleitung mit dem Innenraum des Kolbens dauernd verbinden. Der Kolbenboden mit dem Saugventil ist vom Kurbelgehäuse durch eine im Kolbenkörper verlegte Wand getrennt, so daß das angesaugte Kältemittel nicht mit dem Öl im Kurbelgehäuse in Berührung kommt. Außerdem ist am unteren Ende des Kolbens noch ein Ölabstreifring vorgesehen.

Die Antriebswelle der Einzylinder-Kompressoren wird stets im Gehäuse doppelt gelagert und mit fliegendem Schwungrad versehen; meist wird sie als Exzenterwelle ausgebildet und aus Spezialstahl hergestellt, während für das Exzenter Gußeisen verwendet wird. Zur Erzielung eines besseren Massenausgleichs und eines erschütterungsfreieren Laufes werden am Exzenter Gegengewichte angebracht.

Bei Mehrzylinder-Kompressoren werden die Exzenter bzw. Kurbeln versetzt angeordnet, wodurch ein guter Massenausgleich geschaffen wird; auch wird das Mitreißen von Öl in den gewünschten Grenzen gehalten.

Die Kurbelwelle aus geschmiedetem Stahl wird entweder unmittelbar im gußeisernen Gehäuse oder in Bronzebüchsen gelagert. Der gußeiserne Kolben trägt zwei bis drei Kolbenringe. Die Kolbenbolzen werden aus Spezialstahl z. B. Chromnickelstahl hergestellt.

Das Saugventil wird meist im Kolbenboden und das Druckventil im Zylinderdeckel angeordnet, so daß die Dämpfe stets in der gleichen Richtung von unten nach oben durch den Zylinder strömen (Gleichstrombauart), wodurch die Wandungsverluste vermindert werden. Es gibt aber auch Wechselstrombauarten, bei denen beide Ventile im Zylinderdeckel untergebracht sind (z. B. bei Kelvinator für größere Leistungen). Die Ventile werden meist als leichte Platten- oder Blattfederventile ausgeführt, deren Öffnungshub bei den kleinsten Kompressoren nur 0,1 bis 0,2 mm, bei den größeren 0,8 und 1 mm beträgt. Je geringer der Hub, um so kürzer die Öffnungszeit und um so geräuschloser der Gang. Die Kompressoren werden durchweg kurzhubig gebaut, da man trotz hoher Drehzahlen ($n = 200$ bis 625 U/min) mit mäßigen Kolbengeschwindigkeiten und Beschleunigungsdrücken auskommen will. Außerdem braucht man große Zylinderdurchmesser zur Unterbringung ausreichender Ventilquerschnitte. Oft sind Zylinderdurchmesser d und Hub s einander gleich, manchmal ist aber s/d auch kleiner als 1. Zylinder und Zylinderkopf sind in den meisten Fällen mit Kühlrippen versehen. Bei größeren Einheiten, deren Kondensator mit Wasser gekühlt wird, findet man manchmal auch einen Kühlmantel am Zylinder. Die Kelvinator Corp. kühlt bei größeren Kompressoren den Zylinderkopf mit flüssigem Kältemittel unter Kondensatordruck: die verdichteten Dämpfe werden dabei zunächst in einem Vorkondensator teilweise verflüssigt und dann um den Zylinderkopf geleitet. Hier verdampft die Flüssigkeit unter hohem Druck und die gebildeten Dämpfe werden erst dann im eigentlichen Kondensator vollständig verflüssigt. Die Kühlung des Zylinderkopfes kann auch nach Abb. 47 in einem besonderen, geschlossenen Kreislauf *c*—*e* erfolgen.

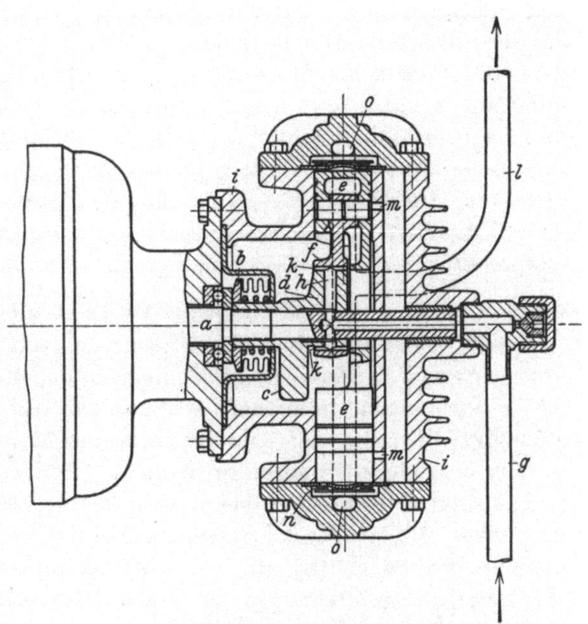

Abb. 49. SO_2-Kompressor von Gibson.
a Welle, *b* Schleifringdichtung, *c* Gegengewicht, *d* Exzenter, *e* Doppelkolben, *f* Exzenterstange, *g* Saugleitung, *h* Bohrung, *i* Gehäuse, *k* Nuten, *l* Druckleitung, *m* Saugschlitze, *n* Druckventile, *o* Druckkanal.

Das aus Gußeisen oder gepreßtem Stahl hergestellte Schwungrad wird durch einen Keilriemen angetrieben. Die Speichen sind meist als Ventilatorflügel ausgebildet und dienen zur Kühlung des Kondensators und des Zylinders. Die Drehzahl der Kompressoren mit Schleifringdichtung geht selten über 600 U/min. Es gibt jedoch einzelne Bauarten, bei denen der Motor mit dem Kompressor direkt gekuppelt ist, so daß die Drehzahl 1750/min erreicht. Zu diesen Bauarten gehört z. B. der stehende Gleichstrom-Kompressor für Methylchlorid der B. F. Sturtevant Co. in Boston, Mass., mit 28,6 mm Zylinderdurchmesser und 15,9 mm Hub, der von einem 1/6 PS-Motor angetrieben wird. Neuerdings hat auch Westinghouse ein Maschinenaggregat für kleingewerbliche Zwecke herausgebracht, bei dem der Elektromotor am Gehäuse des stehenden Kompressors montiert und mit diesem bei einer Drehzal von 1150/min direkt gekuppelt ist; der Kompressor ist mit Druckschmierung versehen.

Auch der in Abb. 49 schematisch dargestellte zweizylindrige liegende Kompressor der Gibson Electric Refrigerator Corp. in Greenville, Mich., (Mono-Unit) ist mit dem Elektromotor direkt gekuppelt.

Diese Maschine weicht von der üblichen Konstruktion in mancher Beziehung ab: auf der verlängerten Welle *a* des Elektromotors, die mit einer Schleifringdichtung *b* versehen ist, sitzt das Exzenter *d* mit dem Gegengewicht *c*. Der Doppelkolben *e* wird einseitig von der Exzenterstange *f* angetrieben. Das aus dem Verdampfer kommende Gemisch von SO_2-Dampf und Öl gelangt durch das hohle Ende der Welle *a* zu den Bohrungen *h* im Exzenterkörper, und von hier durch die Nuten *k* auf der Exzenterlauffläche in das Gehäuse *i*; das mitgeführte Öl schmiert dabei die Laufflächen des Exzenters. Aus dem Gehäuse wird der Dampf durch die Schlitze *m* in den Wandungen der beiden Zylinder angesaugt und nach erfolgter Verdichtung durch die in den Zylinderköpfen angeordneten Blattfederventile *n* in den gemeinsamen Druckkanal *o* ausgestoßen. Die Umdrehungszahl des Kompressors beträgt 1750/min; d = 27 mm, s = 16 mm, also s/d = 0,59. Am anderen Ende des Elektromotors sitzt auf dem Wellenstumpf ein vierflügeliger Ventilator[1].

c) Rotationskompressoren.

Rotationskompressoren für Kältemaschinen haben in den letzten Jahren sowohl in Deutschland als auch in den Vereinigten Staaten eine starke Verbreitung gefunden. Als Pioniere auf diesem Gebiet sind in erster Linie Wittig und Güttner in Deutschland und W. S. E. Rolaff in den Vereinigten Staaten zu nennen.

Rotationskompressoren lassen sich leichter als Kolbenkompressoren mit hohen Drehzahlen betreiben und mit dem Antriebsmotor direkt kuppeln, da die Ventile, die bei Kolbenkompressoren nicht zu unterschätzende Schwierigkeiten bei hohen Drehzahlen bereiten und den Lieferungsgrad ungünstig beeinflussen, bei Rotationskompressoren fortfallen können. Der Platzbedarf und besonders die Bauhöhe dieser Maschinen ist verhältnismäßig gering, so daß sie auch auf der Decke des Kühlschranks leicht aufgestellt werden können. Außerdem lassen sich Rotationskompressoren mit sehr kleinem schädlichen Raum bauen und das Gleichstromprinzip ist bei ihnen stets verwirklicht. Demgegenüber ist zu beachten, daß große reibende Flächen zwecks Abdichtung aneinander gepreßt werden müssen, was den mechanischen Wirkungsgrad herabsetzt. Bei ungenügender Anpressung sinken zwar die Reibungsverluste, gleichzeitig verschlechtert sich aber der Lieferungsgrad, so daß hier stets Kompromißlösungen gesucht werden müssen. Es ist verständlich, daß man infolgedessen für Rotationskompressoren Niederdruckkältemittel bevorzugt (Schweflige Säure, Äthylchlorid, Tetrafluordichlormethan u. a.).

Es sind sehr zahlreiche Bauarten von Rotationskompressoren im

[1] Neuerdings hat diese Firma die gleiche Kompressorbauart in einem hermetisch gekapselten Aggregat verwendet.

Laufe der Zeit bekannt geworden[1]. Eine systematische Einteilung und einheitliche Bezeichnung ist jedoch bisher nicht erfolgt, was oft zu Verwirrung und Mißverständnissen Anlaß gibt. Jeder Rotationskompressor besteht aus folgenden Elementen: einem zylindrischen Gehäuse, das wir kurz als „Zylinder" bezeichnen wollen und einer darin angeordneten Walze, die wir den „Kolben" nennen; dazu treten ein oder mehrere Schieber, die die Räume mit verschiedenem Druck voneinander trennen. Bei den verschiedenen möglichen Bauarten bestehen Unterschiede einerseits in der Bewegungsart der beiden ersten Elemente, und anderseits in ihrem Antrieb. Folgende Klassifikation erscheint uns zweckmäßig, wobei auf die Abb. 50 verwiesen wird:

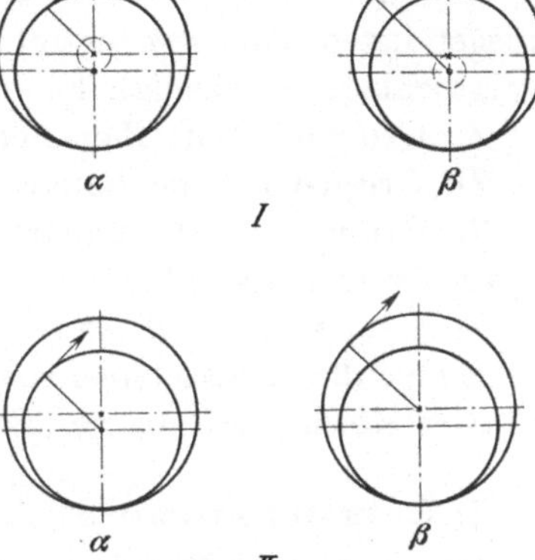

Abb. 50. Einteilung der Rotationsmaschinen. I mit einer feststehenden Achse (Rollkolbenmaschinen). II mit zwei feststehenden Achsen (Drehkolbenmaschinen). α Antrieb vom Kolben, β Antrieb vom Zylinder.

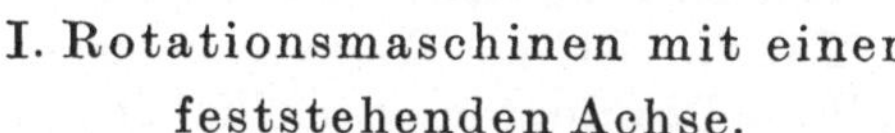

I. Rotationsmaschinen mit einer feststehenden Achse.

Bei diesen rotiert die geometrische Achse des einen Elements um die im Raume feststehende geometrische Achse des anderen Elements. Dabei kann angetrieben werden

α) der Kolben

β) der Zylinder.

II. Rotationsmaschinen mit zwei feststehenden Achsen.

Bei diesen können sowohl der Zylinder wie auch der Kolben sich nur um ihre eigenen im Raume feststehenden geometrischen Achsen drehen. Auch hier kann angetrieben werden

α) der Kolben

β) der Zylinder.

Die Bauarten der Gruppe I könnte man kurz als **Rollkolbenmaschinen** bezeichnen, weil bei ihnen die absolute Bewegung des einen Elementes im wesentlichen in einem Abrollen auf dem anderen feststehenden Element besteht und ein Gleiten dabei nur in geringem Maße stattfindet. Die Bauarten der Gruppe II würde man dann **Drehkolbenmaschinen** nennen, weil bei ihnen die absolute Bewegung eines oder beider Elemente nur reine **Drehungen** sind.

Innerhalb der genannten vier Gruppen erhält man eine weitere

[1] Eine Übersicht der älteren Bauarten findet man z. B. bei **Plank**, R.: Z. ges. Kälteind. Bd. 29 (1922) S. 189.

Unterteilung durch die Anzahl der Schieber und durch ihre Verbindung mit Kolben und Zylinder. In diesem Sinne kann man Einzellen- und Mehrzellenkompressoren unterscheiden; durch geeignete Verbindung des Schiebers mit einem oder beiden Elementen kann man gleitende Bewegungen weitgehend in rollende verwandeln.

Aus der nachstehenden Beschreibung der wichtigsten praktisch ausgeführten Bauarten ergibt sich zwanglos ihre Einordnung in das vorgeschlagene Schema. Es werden besprochen:

Zu Gruppe Iα) die Bauarten von Güttner, Norge und DKW.

Zu Gruppe Iβ) die Bauart von H. Heinrich.

Zu Gruppe IIα) die Bauarten F. Stamp, Stierlenwerke, „Coldspot“, und „Majestic“.

Zu Gruppe IIβ) die Bauarten von F. Klimsch und R. Bosch.

Einige dieser Maschinen sind mit Schleifringdichtung (S. 58), andere in hermetisch geschlossener Bauart (S. 78) ausgeführt.

I. Rotationskompressoren mit einer feststehenden Achse.

Gruppe Iα. 1. Eine der ersten deutschen Bauarten eines Rotationskompressors für kältetechnische Zwecke ist der Rota-Kompressor von Güttner, der zuerst von Sylbe & Pondorf in Schmölln (Thüringen), für NH_3 und für Kälteleistungen von 1000 kcal/h und darüber gebaut wurde; er ist aus der Literatur bekannt[1]. Mit einigen konstruktiven Verbesserungen wurde diese Maschine dann für CH_3Cl und für eine Kälteleistung von 250 kcal/h gebaut[2]. In Abb. 51 ist ein Längs- und Querschnitt durch das neuere Modell dargestellt. Der Gehäusedurchmesser beträgt 97 mm, der Durchmesser des Rollkolbens 95 mm, die Kolbenbreite 50 mm. Kompressor und Antriebsmotor sind bei 1450 U/min direkt gekuppelt. Das Gehäuse ist dreiteilig gestaltet; das Verbindungsglied zwischen Kolben und Zylinder dieses ventillosen Einzellenkompressors (Abb.52), das zugleich den Saugraum vom Druckraum trennt, ist hier mit beiden Elementen gelenkig verbunden; es besteht aus einem mit bolzenförmigen Anlenkungsgliedern versehenen Kreisbogenstück, welches sich beim Überlaufen des Kolbens in eine Aussparung der Gehäusewand dicht einlegt, wodurch ein sanftes, rollendes Überlaufen des Kolbens erzielt wird. Das Verbindungsglied steuert bei seiner Schwingungsbewegung den Einlaßschlitz, während der Auslaßschlitz mit der Druckseite dauernd in Verbindung steht. Infolgedessen wird die angesaugte Menge durch Rückströmung aus der Druckleitung schon am Beginn des Druckhubes plötzlich auf den Konden-

---

[1] Vgl. Plank, Krause und Tamm: Z. VDI Bd. 69 (1925) S. 393 u. Z. ges. Kälteind. Bd. 32 (1925) S. 46.

[2] Für größere Kälteleistungen mit Antriebsmotoren von 1,5 bis 6 PS baut diese Maschinen G. Niemeyer in Harburg.

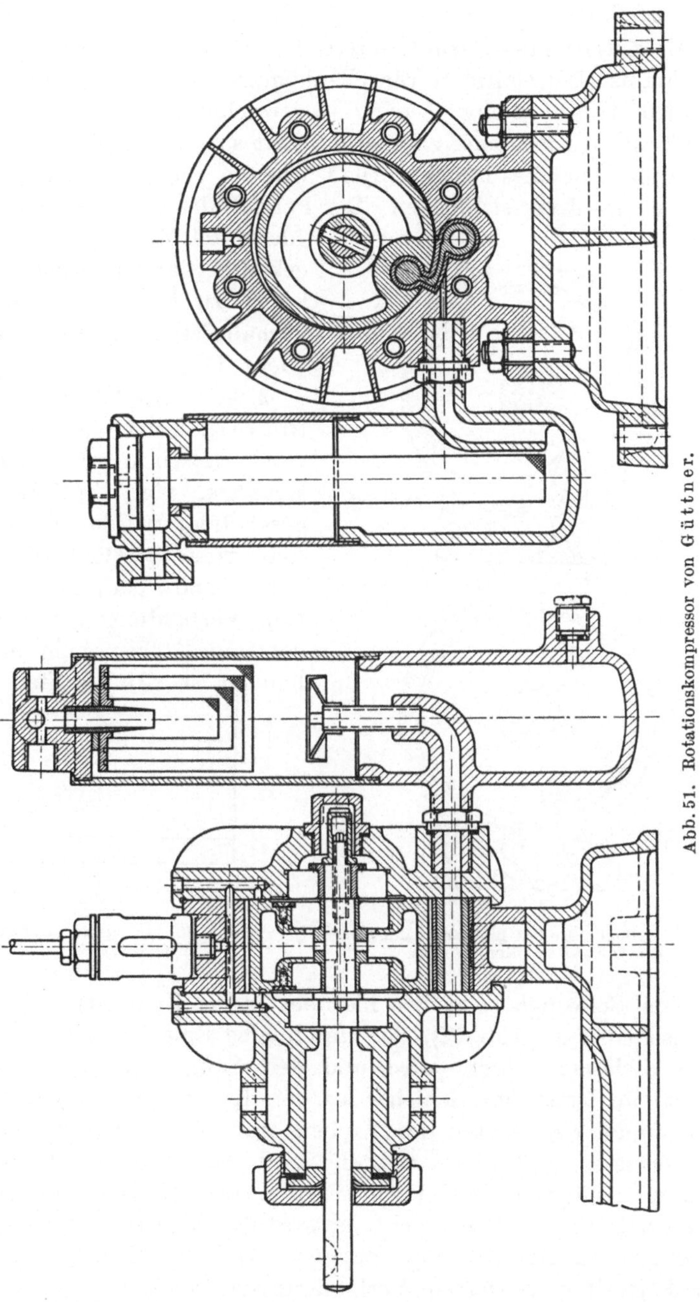

Abb. 51. Rotationskompressor von Güttner.

satordruck verdichtet und dann ausgestoßen. Dieser irreversible Vorgang hat natürlich eine Vergrößerung des Arbeitsverbrauchs zur Folge, und zwar erhält man nahezu ein Volldruckdiagramm. In Abb. 53 entspricht die Linie *a—b* dem theoretischen Grenzverlauf eines Volldruckdiagramms. Der ventillose Einzellenkompressor der beschriebenen Bauart wird etwa nach einer Linie *a—c* verdichten, da bei hoher Drehzahl die für die Rückströmung benötigte Zeit schon ins Gewicht fällt. Bei Vorhandensein eines Druckventils würde die Verdichtung dagegen nach der Linie *a—d* vor sich gehen. Der Fortfall des Druckventils wird also hier durch Mehraufwand an Arbeit erkauft, der allerdings nur bei hohen zu überwindenden Druckverhältnissen wesentlich ins Gewicht fällt.

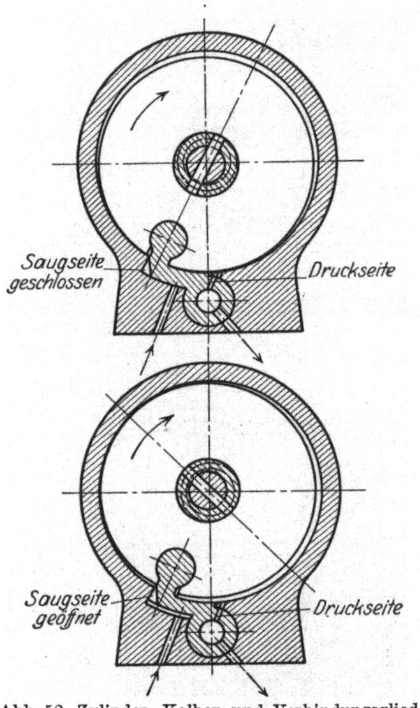

Abb. 52. Zylinder, Kolben und Verbindungsglied des Güttner-Kompressors.

2. Der „Rollator"-Kompressor (für SO_2) der Norge Corp. in Detroit, dessen ursprüngliche Konstruktion von W. S. E. Rolaff geschaffen wurde, unterscheidet sich vom Güttner-Kompressor vorwiegend dadurch, daß eine feste Verbindung zwischen Zylinder und Kolben nicht mehr vorhanden ist. An die Stelle des ge-

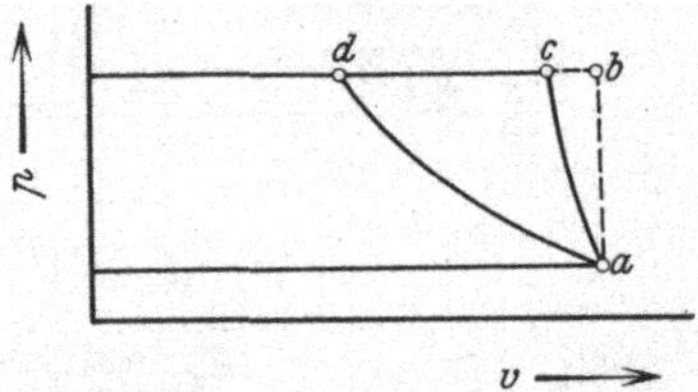

Abb. 53. Arbeitsdiagramm eines ventillosen Einzellen-Kompressors.

lenkigen Schwinghebels tritt hier ein in der Zylinderwand geführter Flachschieber *a* (Abb. 54), der durch eine Spiralfeder *b* an den Kolben *c* dichtend gepreßt wird und den Saugraum vom Druckraum trennt. Je fester der Schieber an den Kolben gepreßt wird, um so mehr findet ein Gleiten des Kolbens auf dem Zylindermantel statt. Ein gewisses Maß dieses Gleitens wird man aber nicht verhindern können. Anderseits findet ein Gleiten des Kolbens am Schieberende statt; an die Liniendichtung wird durch diese Gleitbewegung Öl zugeführt, das die Reibung verringert und die Abdichtung bewirkt. Der Fortfall einer festen Verbindung des Schiebers mit dem Kolben hat eine Begrenzung der maximal zulässigen Drehzahl zur Folge, so daß eine direkte Kupplung mit schnellaufenden Motoren

Schwierigkeiten bereitet. Infolge seiner Trägheit wird sich der Schieber bei zu hohen Drehzahlen vom Kolben ablösen, wenn die Federspannung nicht abnorm hoch gewählt wird, was wieder die Reibungsverluste erhöhen würde. Diese Kompressoren werden mit 550 bis 585 U/min betrieben. Wie aus Abb. 54 zu ersehen ist, wird der Kolben *c* von der Welle *d* durch das Exzenter *e* angetrieben, das durch das Gegengewicht *f* ausgewuchtet ist. Der Kompressor besitzt ein Druckventil, das eine Verbindung zwischen Saug- und Druckseite verhindert, wenn der Schieber ganz zurückgedrängt ist und der Kolben gerade über ihn hinwegrollt. Das Druckventil *g* ist in der Stirnwand des Zylinders in einem kleinen Gehäuse *h* angeordnet und als Blattfeder ausgebildet, deren geräuschloses Schließen durch eine kleine seitlich angeordnete Hilfsfeder gewährleistet wird. Der verdichtete Dampf tritt durch das Rohr *i* in den oberen Teil des Kompressorgehäuses *k*, der als Ölabscheider wirkt; das Gehäuse ist bis zu $^2/_3$ mit Öl gefüllt, so daß alle bewegten Teile in Öl laufen. Die Bauart der Schleifringdichtung ist aus Abb. 54 zu erkennen; der Raum *l* ist mit Öl gefüllt und steht unter Kondensatordruck (vgl. S. 50). Die Herstellung dieses Kompressors erfordert eine sehr präzise Werkstattsarbeit, da eine Nachstellung der Stirnwände nicht vorgesehen ist. Die Toleranz in der Kolbenbreite beträgt z. B. nur 0,013 mm.

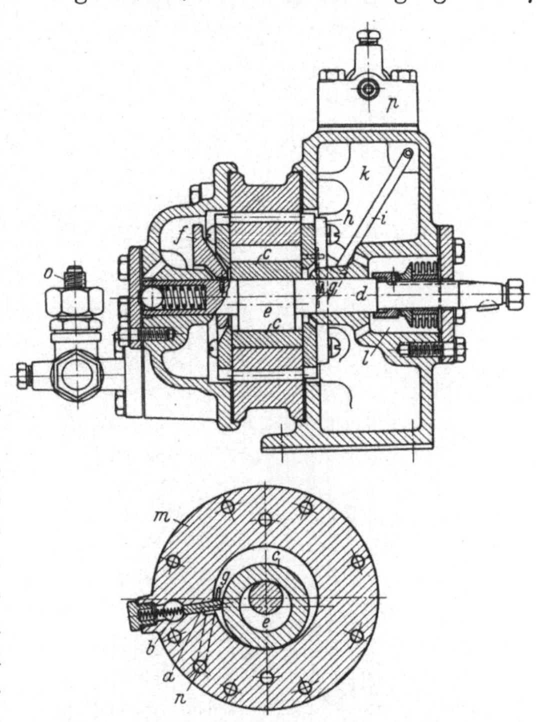

Abb. 54. SO_2-Rotationskompressor von Norge. *a* Schieber, *b* Feder, *c* Kolben, *d* Welle, *e* Exzenter, *f* Gegengewicht, *g* Druckventil, *h* Druckventil-Gehäuse, *i* Druckleitung, *k* Gehäuse, *l* Kammer der Schleifringdichtung, *m* Zylinder, *n* Saugkanal, *o* Saugstutzen, *p* Druckstutzen.

3. Der DKW-Kompressor der Deutschen Kühl- und Kraftmaschinen G. m. b. H. in Scharfenstein (Sachsen), der ebenfalls mit SO_2 betrieben wird, ist in Anlehnung an die Norge-Konstruktion entwickelt worden (Abb. 55). Auch hier wird der Saugraum vom Druck-

raum durch einen unter Federdruck stehenden Schieber getrennt, der

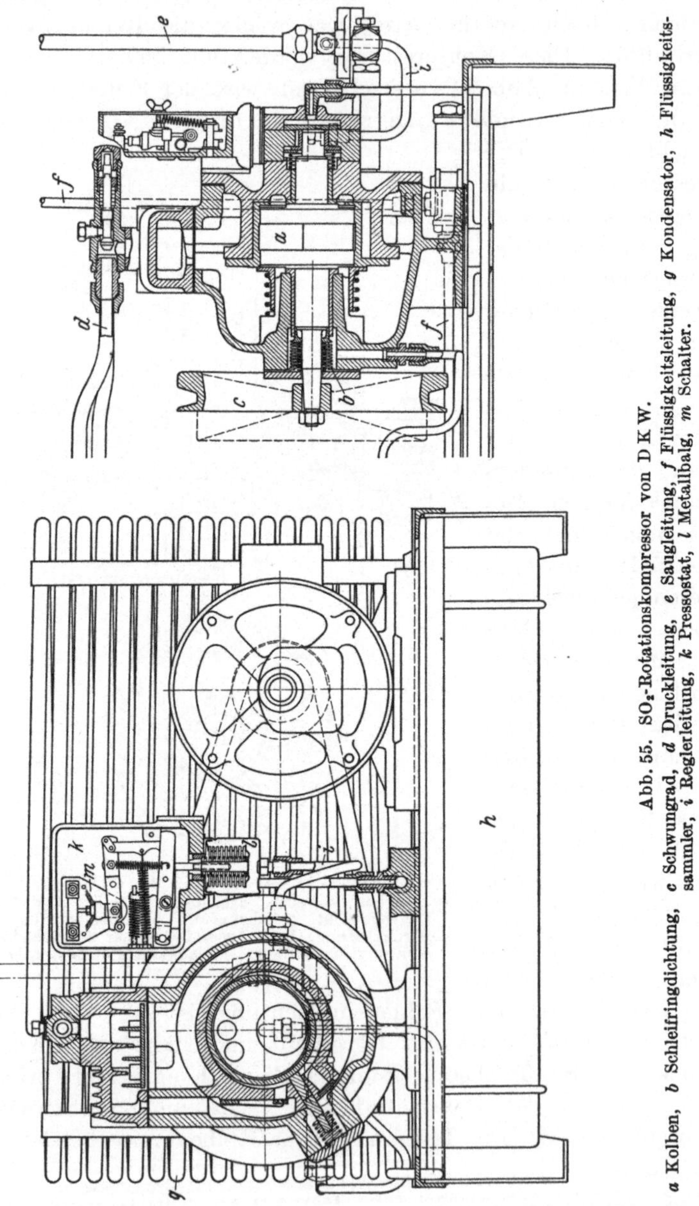

Abb. 55. SO_2-Rotationskompressor von D K W.

a Kolben, *b* Schleifringdichtung, *c* Schwungrad, *d* Druckleitung, *e* Saugleitung, *f* Flüssigkeitsleitung, *g* Kondensator, *h* Flüssigkeitssammler, *i* Reglerleitung, *k* Pressostat, *l* Metallbalg, *m* Schalter.

dauernd an den Kolben gepreßt wird. Zur seitlichen Abdichtung wird in den auf der einen Seite offenen Zylinder ein mit Flansch versehener

Kolben *a* eingesetzt; die Abdichtung erfolgt einerseits zwischen der Zylinderstirnwand und dem Flansch, anderseits zwischen dem Zylinderboden und der Stirnwand des Kolbens. Der Kolben wird in axialer Richtung durch eine Feder und Büchse an die Dichtungsflächen gedrückt; in gleichem Sinne wirkt auch der im Gehäuse herrschende Kondensatordruck. Entgegen der Bauart Norge ist also hier für eine Nachstellbarkeit der sich abnutzenden Teile gesorgt, so daß die seitliche Abdichtung auch bei weniger sorgfältiger Herstellung auf die Dauer gewährleistet ist. Diese Nachstellbarkeit wird allerdings durch zusätzliche Reibungsverluste zwischen den Flanschen des Kolbens und der Büchse erkauft. In der Saugleitung *e* des Kompressors ist ein Platten-

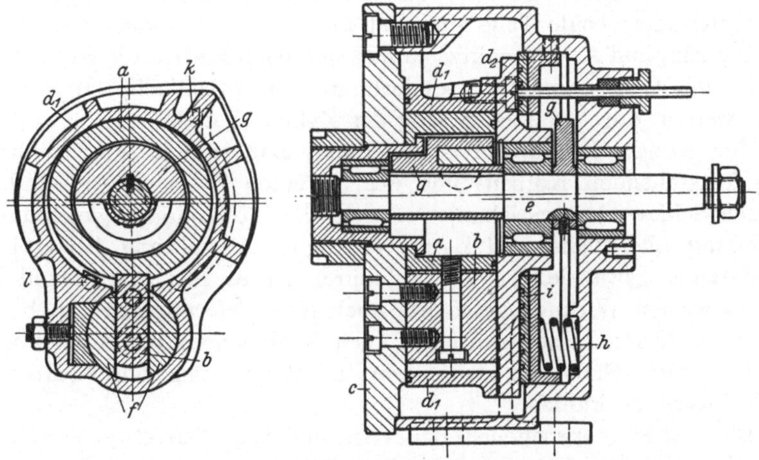

Abb. 56. Rotationskompressor von Heinrich.
a Kolben, *b* Zunge, *c* Gehäuse, d_1 Zylindermantel, d_2 Zylinderboden, *e* Exzenterwelle, *f* Nuß, *g* Gegengewichte, *h* Federn, *i* Druckplatte, *k*, *l* Ein- und Auslaßschlitze.

ventil angeordnet, das als Rückschlagventil wirkt, während auf der Druckseite unmittelbar am Schieber ein Blattfederventil vorgesehen ist. Der obere Teil des Gehäuses ist als Ölabscheider ausgebildet, wobei das abgeschiedene Öl durch kleine Öffnungen in das Gehäuse zurückfließt. Eine kleine Rotationsölpumpe, deren Arbeitsweise der des Kompressors vollkommen entspricht, ist am Wellenende aufgesetzt und drückt das erwärmte Öl in eine Ölkühlschlange, von der es wieder der Schleifringdichtung *b* und den bewegten Teilen zugeführt wird[1].

Gruppe Iβ. Beim Rotationskompressor von H. Heinrich in Stuttgart[2] (Abb. 56) wird der Kolben *a* mit der Zunge *b* festgehalten und mit

[1] Eine andere Darstellung dieses Kompressors findet sich in Z. ges. Kälteind. Bd. 39 (1932) S. 44.

[2] DRP. 153467 (1925). Für größere Leistungen wird diese Bauart als Luftkompressor von der Maschinenfabrik Fellner & Ziegler in Frankfurt a. M. gebaut.

dem Gehäuse *c* starr verbunden. Der Zylinder d_1 wird von der Exzenterwelle *e* angetrieben, so daß die Achse des Zylinders um die Achse des feststehenden Kolbens rotiert. Dabei gleitet die im Zylinderkörper gelagerte Nuß *f*, die von der Zunge geführt wird, auf und ab. Diese Bauart ist also eine einfache kinematische Umkehrung der älteren Ausführung des Güttner-Kompressors[1]. Durch Gegengewichte *g* auf der Welle wird ein guter Massenausgleich erreicht. Auch hier ist eine direkte Kupplung mit dem Antriebsmotor bei kleiner Exzentrizität ohne weiteres möglich. Die Federn *h* (oder Verstellschrauben) pressen die Platte *i* gegen den Zylinder, wodurch die seitliche Abdichtung bewirkt wird. Der Zylinder besteht hier aus zwei Teilen, dem Zylindermantel d_1 mit Fortsatz zur Aufnahme der Nuß und dem Zylinderboden d_2 mit dem Exzenterlager; beide Teile sind fest miteinander verbunden.

Die Ein- und Auslaßschlitze *k* und *l* sind beim Heinrich-Kompressor nicht im Gehäusemantel, sondern in der Stirnfläche angeordnet, und werden durch die Bewegung des Zylinders gesteuert.

Für größere Leistungen ist bei dieser Bauart eine Wasserkühlung des feststehenden Kolbens und des bewegten Zylinders (durch biegsamen Schlauch) vorgesehen, wodurch eine vollkommen gleichmäßige Dehnung aller Teile und damit eine gute Abdichtung bei geringer Abnutzung gewährleistet wird; dadurch ist es möglich, sowohl den mechanischen Wirkungsgrad, wie auch den Lieferungsgrad zu heben. Da bei größeren Leistungen meist auch der Kondensator durch Wasser gekühlt wird (S. 93), so steht nichts im Wege, auch den Kompressor mit Wasser zu kühlen.

Die bisher besprochenen Bauarten sind Einzellenkompressoren. Es ist aber grundsätzlich möglich, diese Maschinen auch als Zweizellenkompressoren zu bauen. Als Beispiel einer zweizelligen Norge-Bauart sei der Ketterer-Kompressor der H. Reis & Co. G. m. b. H. in Essen genannt[2], bei dem der Einlaß auf beiden Seiten durch Schlitze in den Schiebern gesteuert wird.

II. Rotationskompressoren mit zwei feststehenden Achsen.

Gruppe IIα. 1. Der Rotationskompressor von Fr. Stamp in Bergedorf (Abb. 57) wird für Kälteleistungen von 1000 kcal/h und darüber gebaut und mit einer Umdrehungszahl von 500/min betrieben. Als Kältemittel dient Äthylchlorid. Der Zylinder *a* ist mit einem Wassermantel *b* versehen. Der rotierende Kolben *c*, der im Zylinder exzentrisch angeordnet ist, trägt ein auf seinem Durchmesser geführtes zweiteiliges Messer *d*, dessen Hälften durch eine Feder *e* auf die Lauffläche des Zylinders gepreßt werden; dieses Messer trennt den Saugraum vom Druck-

---

[1] Vgl. Plank, Krause und Tamm, a. a. O.

[2] Kältetechn. Anz. 1933, S. 53.

raum. Es handelt sich hier also um einen Zweizellenkompressor, da bei jeder Umdrehung des Kolbens das zwischen Kolben und Zylinderfläche bei horizontaler Lage des Messers unter diesem befindliche Volumen zweimal gefördert wird. Bei unveränderlicher Länge des Messers würden seine Enden keinen Kreis, sondern eine Kardioide beschreiben, die sich allerdings einem Kreise um so mehr nähert, je geringer die Exzentrizität ist. Führt man, wie es hier der Fall ist, den Zylinder kreisförmig aus, so werden die kleinen Abweichungen zwischen dem Kreis- und Kardioidenprofil durch geringe Bewegungen der Feder ausgeglichen. Eine Nachstellung der Messer durch die Feder ist auch in dem Maße erforderlich, wie sich die Messerenden und die Zylinderlauffläche im Laufe der Zeit abnutzen, denn es muß betont werden, daß es sich hier um eine rein gleitende Bewegung handelt. Da der Krümmungsradius der Messerenden wegen der exzentrischen Lage des Kolbens nicht mit dem Krümmungsradius der Zylinderlauffläche übereinstimmen kann, so handelt es sich hier streng genommen um eine Liniendichtung, die durch den Ölfilm unterstützt werden muß.

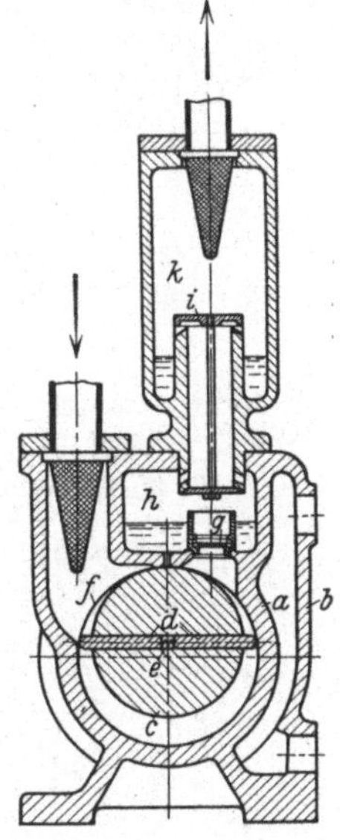

Abb. 57. C_2H_5Cl-Rotationskompressor von Stamp. *a* Zylinder, *b* Wassermantel, *c* Kolben, *d* Messer, *e* Feder, *f* Saugschlitz, *g* Druckventil, *h* Druckraum, *i* Prallblech, *k* Ölabscheider.

Die Saugschlitze *f* im Zylinderkörper müssen hier so liegen, daß die Verbindung mit der Saugseite genau bei waagerechter Stellung des Messers unterbrochen wird, wodurch das maximale Ansaugevolumen gewährleistet ist. Die verdichteten Dämpfe werden durch das Plattenventil *g* in den Druckraum *h* ausgeschoben. Die Trennung des Schmiermittels vom Kältemittel erfolgt teilweise in diesem Druckraum, teilweise jedoch nach Ablenkung am Prallblech *i* im eigentlichen Ölabscheider *k*; das abgeschiedene Schmiermittel wird unter der Wirkung des Kondensatordrucks dem Kompressor wieder zugeführt.

2. Die in Abb. 58 dargestellte Bauart der Stierlen Werke A.-G. in Rastatt stellt einen Achtzellenkompressor dar, der für Kälteleistungen von 150 bis 2000 kcal/h gebaut und mit Drehzahlen von 300 bis 400/min betrieben wird. Als Kältemittel dient Methylchlorid. Die radial auf dem Kolben *a* angeordneten 8 Messer *b* werden durch einen konzentrisch zum Zylinder liegenden Ring *c* zwangläufig geführt; ein Klemmen ist daher ausgeschlossen und die Anpressung an die Zylinderlauffläche wird durch die Zentrifugalkraft und durch den am inneren Ende der Messer wirkenden Kondensatordruck erreicht.

Die Lage der Kante d_1 der Saugöffnung, die der maximalen angesaugten Menge entspricht, ist bei einem n-zelligen Kompressor mit 2 feststehenden Achsen durch folgende Regel eindeutig bestimmt: bezeichnen d_1 und d_2 in Abb. 59 die Schnittpunkte der Messermittellinie mit der

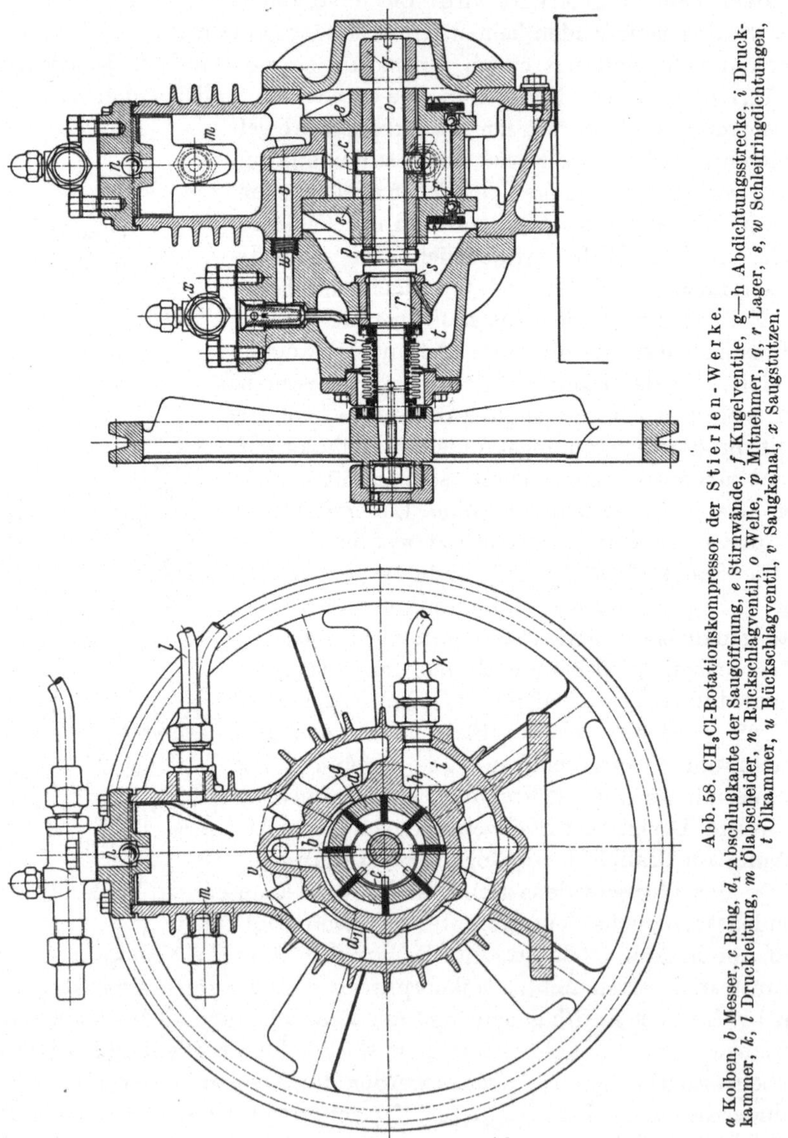

Abb. 58. CH_3Cl-Rotationskompressor der Stierlen-Werke.
a Kolben, *b* Messer, *c* Ring, d_1 Abschlußkante der Saugöffnung, *e* Stirnwände, *f* Kugelventile, *g*—*h* Abdichtungsstrecke, *i* Druckkammer, *k*, *l* Druckleitung, *m* Ölabscheider, *n* Rückschlagventil, *o* Welle, *p* Mitnehmer, *q*, *r* Lager, *s*, *w* Schleifringdichtungen, *t* Ölkammer, *u* Rückschlagventil, *v* Saugkanal, *x* Saugstutzen.

Zylinderlauffläche und dem Kolbenumfang in der gesuchten Abschlußstellung und e_1 und e_2 die betreffenden Schnittpunkte der durch beide Mittelpunkte O_1 und O_2 gelegten Symmetrieachse, so ist der Abstand

$d_2\, e_2 = \frac{\pi r_2}{n}$, wenn r_2 den Kolbenradius und n die Anzahl der Messer oder Zellen bedeutet. Dadurch ist die Lage des Punktes d_1 bei beliebiger Exzentrizität bestimmt.

In den Stirnwänden *e* des Zylinders (Abb. 58) sind kleine Öffnungen mit Kugelventilen *f* vorgesehen, die Flüssigkeitsschläge und unzulässige Drucksteigerungen verhindern. Die Zylinderlauffläche ist an der ständigen Berührungsstelle mit dem Kolben auf dessen Durchmesser ausgedreht, so daß die Berührung und Abdichtung nicht in einer Linie, sondern längs des ganzen Bogens *g*—*h* erfolgt.

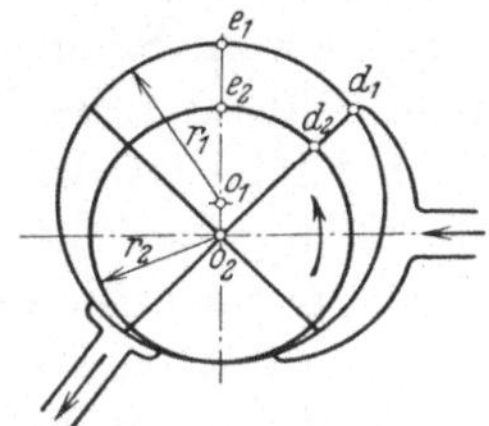

Abb. 59. Lage der Saugöffnung bei mehrzelligen Kompressoren.

Das verdichtete Dampf-Ölgemisch tritt durch die Kammer *i* und die Leitung *k* in eine kleine Kühlschlange, die vorwiegend der Ölkühlung dienen soll. Das Gemisch tritt dann durch die Leitung *l* in den oberen Teil des mit Rippen versehenen Gehäuses *m*, der als Ölabscheider ausgebildet ist. Der untere Teil des Gehäuses, der den Zylinder mantelförmig umgibt, ist mit Öl gefüllt, so daß alle

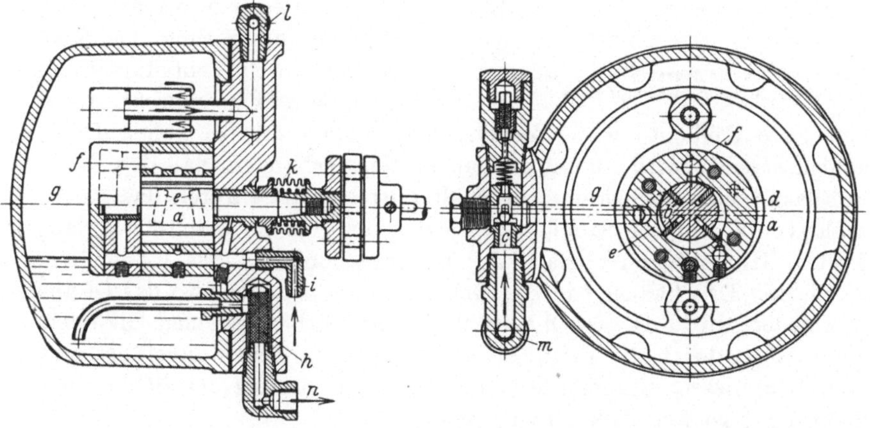

Abb. 60. SO_2-Kompressor Coldspot.
a Kolben, *b* Messer, *c* Rückschlagventil, *d* Zylinder, *e* Saugschlitze, *f* Druckkanal, *g* Gehäuse, *h* Ölsieb, *i* Öleintritt, *k* Schleifringdichtung, *l* Druckstutzen, *m* Saugstutzen, *n* zum Ölkühler.

beweglichen Teile reichliche Ölzufuhr erhalten. Der vom Öl befreite Dampf strömt durch das Rückschlagventil *n* in den Kondensator.

Der Kolben *a* ist in den Stirnwänden *e* des Zylinders gelagert; er wird von der Welle *o* durch den in einen Wellenschlitz eingesetzten Mitnehmer *p*, der in entsprechende Schlitze im Kolbenkörper eingreift, angetrieben. Dadurch kann weder ein Axialschub, noch eine Biegungsbeanspruchung von der Antriebswelle auf den Kolben übertragen werden. Die Welle ist in q und r gelagert, wobei das Lager r den Axialschub aufnimmt.

Die Wellenabdichtung ist hier besonders sorgfältig ausgeführt: die erste Schleifringdichtung s läuft in Öl und dichtet gegen die Kammer t, die unter Verdampferdruck steht, der bei Methylchlorid in der Regel ein Überdruck sein wird. Die Kammer t ist durch das Rückschlagventil u vom Saugkanal v getrennt; dadurch wird erreicht, daß in ihr beim Stillstand des Kompressors der Verdampferdruck erhalten bleibt. Nach außen ist diese ebenfalls mit Öl gefüllte Kammer t durch eine zweite doppelseitige Schleifringdichtung w verschlossen.

Das aus dem Verdampfer mit den Dämpfen angesaugte Öl tritt durch den Saugstutzen x in die Kammer t und wird hier teilweise abgeschieden.

3. Der Rotationskompressor Coldspot[1] (Abb. 60) der Sunbeam Electric Mfg. Co. in Evansville, Ind. ist ein Vierzellenkompressor, der bei 1750 U/min durch eine Gummikupplung direkt von dem Elektromotor (Wechselstrom, 60 Perioden) angetrieben wird. Als Kältemittel dient schweflige Säure. Der Kolben a aus gehärtetem Stahl trägt vier Messer b aus einer besonderen Aluminiumlegierung. Die Messer werden nur durch Zentrifugalkraft an die Zylinderlauffläche gepreßt, wobei eine gute Abdichtung der Zellen voneinander erst bei hohen Drehzahlen erreicht wird; damit ist der Vorteil verbunden, daß der Motor unbelastet anlaufen kann. Das Kältemittel gelangt durch das Rückschlagventil c in der Saugleitung zu den im Zylinder d schräg verlaufenden Saugschlitzen e; nach der Kompression wird das Kältemittel durch den Druckkanal f in das Gehäuse g ausgestoßen, wo das Öl abgeschieden wird. Dieses Öl tritt durch ein Sieb h in einen Ölkühler, aus dem es durch die Leitung i allen bewegten Teilen zugeführt und vom Kompressor mitgefördert wird. Die Anordnung der Schleifringdichtung k ist aus Abb. 60 zu ersehen.

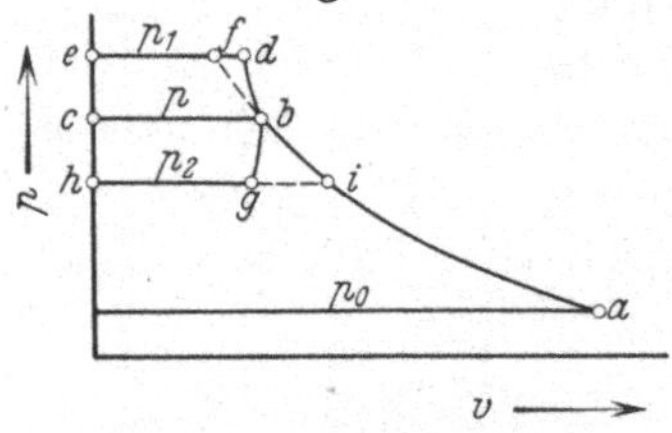

Abb. 61. Arbeitsdiagramm eines ventillosen Mehrzellen-Kompressors.

Bei Mehrzellenkompressoren ohne Druckventil wird durch die Lage der Öffnungskante des Auslaßschlitzes am Zylinderumfang ein bestimmtes Druckverhältnis $\frac{p}{p_0}$ festgelegt, das dem normalen Betrieb entsprechend gewählt wird. Ändert sich dieses Druckverhältnis im Betrieb, dann treten stets Arbeitsverluste durch Drucksprünge ein (Abb. 61). Für das gewählte Druckverhältnis verläuft die Verdichtung und der Ausschub nach der Linie abc. Steigt der Kondensatordruck auf p_1, so erhält man den unstetigen Verlauf $abde$, wobei die Fläche bdf den

[1] Vertrieben durch die amerikanischen Warenhäuser Sears, Roebuck & Co.

Verlust darstellt. Ebenso erhält man bei zu niedrigem Kondensatordruck p_2 den Verlauf *abgh* und den Verlust *bgi*.

Eine weitere Bauart der Gruppe II α und einige Vertreter der Gruppe II β werden bei den hermetisch gekapselten Rotationskompressoren behandelt werden.

B. Hermetisch gekapselte Kompressoren.

a) Kompressoren mit hin- und hergehendem Kolben.

1. Eine der ersten und erfolgreichsten hermetisch verschlossenen Kleinkältemaschinen ist das Audiffren-Singrün (A-S)-Aggregat von Brown Boveri & Co (Abb. 62). Als Kältemittel dient schweflige Säure. Bei dieser Maschine, die für Kälteleistungen von 500 bis 9000 kcal/h gebaut wird, ist allerdings der Elektromotor noch nicht mit eingekapselt, sie wird von außen durch einen Riemen angetrieben und läuft mit 150 bis 400 U/min. Das Aggregat besteht aus zwei rotierenden Bronzetrommeln, von denen die eine *a* in Kühlwasser *c* taucht und als Kondensator wirkt, während die zweite *g* in Sole *h* taucht und den Verdampfer

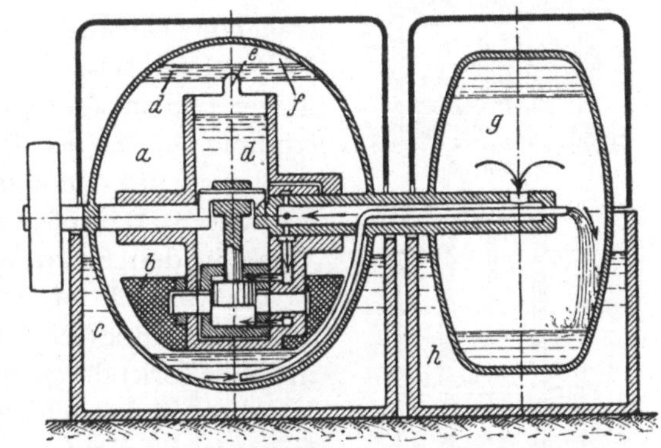

Abb. 62. A-S-Kühlaggregat von Brown-Boveri.
a Kondensator, *b* Gegengewicht, *c* Kühlwasser, *d* Öl, *e* Ölabstreifer, *f* verflüssigte SO_2, *g* Verdampfer, *h* Sole.

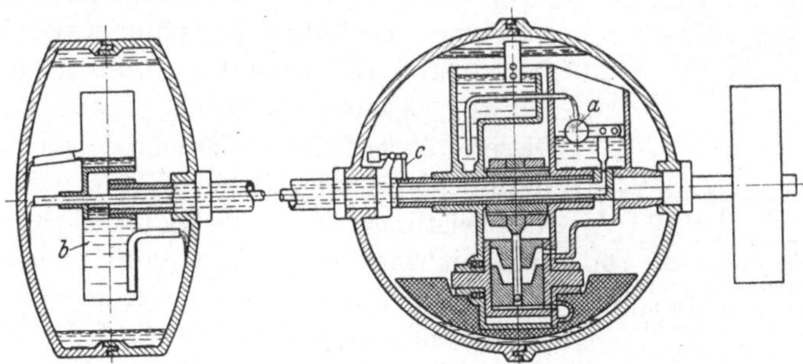

Abb. 63. Kühlaggregat der Audiffren-Refrigerating Co.
a Schwimmerventil, *b* Vorrichtung zur Rückführung des Öls, *c* Druckausgleichventil. Die übrigen Teile entsprechen der Abb. 62.

darstellt. In der Trommel *a* ist ein kleiner doppeltwirkender Kompressor mit oszillierendem Zylinder angeordnet, der von der Welle angetrieben wird.

Das Kompressorgehäuse ist auf die Welle frei aufgesetzt und nimmt dank dem schweren Gegengewicht *b* an der Drehung der Welle und der Trommeln nicht teil. Die oszillierende Bewegung des im Gehäuse auf Zapfen gelagerten Zylinders steuert die Saugschlitze, während auf der Druckseite ein leichtes Blattfederventil vorgesehen ist. Das Gehäuse ist mit Öl *d* gefüllt. Die verdichteten Dämpfe und das mitgerissene Öl treten in die Trommel *a*, in der die schweflige Säure *f* an der gekühlten Oberfläche kondensiert und sich durch Zentrifugalwirkung vom Öl *d* trennt. Das leichtere Öl liegt innen und wird durch den Ölabstreifer *e* wieder in das feststehende Gehäuse geleitet. Das verflüssigte Kältemittel tritt durch das Kapillarrohr, das in der hohlen Welle liegt, in die Verdampfertrommel *g*, wo es durch die Zentrifugalkraft wieder an den Umfang geschleudert wird. Die gebildeten Dämpfe werden durch die hohle Welle in den Kompressor zurückgeleitet.

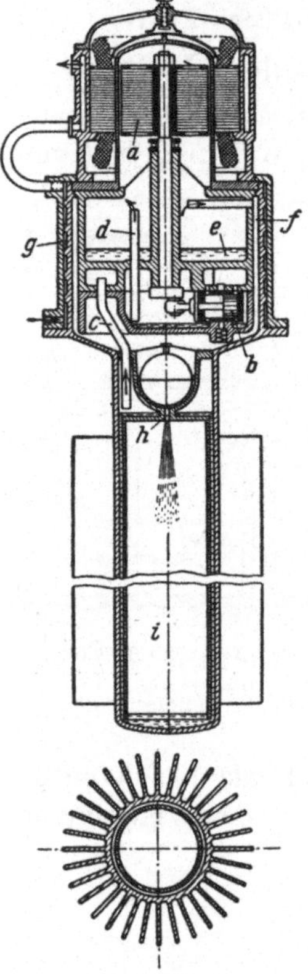

Abb. 64. Kühlaggregat Autofrigor von Escher-Wyss. *a* Elektromotor, *b* Kompressor, *c* Saugrohr, *d* Druckrohr, *e* Öl, *f* Kondensatorringraum, *g* Kühlwasserführung, *h* Schwimmerventil, *i* Verdampfer.

In Abb. 63 ist die amerikanische Bauart dieser Maschine (Audiffren Refrigerating Co. in New York) dargestellt[1]. An Stelle des Kapillarrohres findet sich hier ein Schwimmerventil *a*; ferner ist im Verdampfer eine Einrichtung *b* zur Rückführung des mitgerissenen Öls vorgesehen und schließlich sorgt ein durch Zentrifugalkraft betätigtes Druckausgleichventil *c* für den unbelasteten Anlauf.

2. Eine hermetisch gekapselte Kleinkältemaschine mit direkter Kupplung zwischen Kompressor und Elektromotor wurde erstmalig von Escher Wyss in Zürich gebaut (Abb. 64). Diese „Autofrigor"-Maschine arbeitet mit Methylchlorid oder Dimethyläther; sie wird für Kälteleistungen von 150 bis 6000 kcal/h gebaut und mit 950 oder 1450 U/min betrieben. Der horizontale doppeltwirkende Kompressor *b* mit oszillierendem Zylinder hat auf der Saugseite Schlitzsteuerung, während auf der Druckseite Blattfederventile angeordnet sind. Zwischen Rotor und Stator des Elektromotors *a* ist eine Haube aus nicht magnetischem Metall eingezogen, so daß der Stator außerhalb des gekapselten Raumes liegt.

[1] U. S. Pat. 1155780.

Der Elektromotor kann durch das vom Kondensator *g* abfließende Kühlwasser gekühlt werden.

3. Die Autopolar-Kältemaschine der Maschinenfabrik Sürth (Linde) in Sürth bei Köln, (Abb. 65), wird für Kälteleistungen von 530 bis 3000 kcal/h gebaut und mit Methylchlorid betrieben. Die Drehzahl beträgt 1450/min. Kompressor, Motor und Kondensator sind in gasdichten Gehäusen untergebracht. Der Zylinderblock *a* ist auf einer senkrechten feststehenden Achse *b* drehbar auf Kugellagern *c* angeordnet und hat 3 bis 4 einfachwirkende um je 120° bzw. 90° versetzte Zylinder *d*; er wird vom Elektromotor *e* durch eine Kurbel *f* angetrieben. Die frei beweglichen Kolben *g* werden beim Saughub durch Fliehkraft herausgeschleudert und dauernd gegen das Kugellager *h* gedrückt. Infolge der exzentrischen Lage dieses Kugellagers zur Zylinderachse *b* werden die Kolben im Zylinder hin- und herbewegt. An den äußeren Kolbenenden sind kleine Röllchen angebracht, die sich gegen den inneren Ring des Kugellagers *h* pressen und diesen dabei mitnehmen. Da hier alle bewegten Teile nur reine Rotationen ausführen, kommt diese Bauart einem Rotationskompressor der Gruppe II (S. 57) sehr nahe. Die Achse ist hohl und mit Steuerschlitzen versehen, so daß Ein- und Auslaß des Kältemittels sowie die Ölzufuhr durch die Rotation des Zylinderblocks *a* gesteuert werden. In der unteren mit Öl gefüllten Kammer *i* ist der Elektromotor angeordnet, wobei hier im Gegensatz zum Autofrigor sowohl der Rotor wie auch der Stator eingekapselt sind. Da die Wicklungen des Stators dabei auch der Wirkung des Kältemittels ausgesetzt sind, muß für eine widerstandsfähige elektrische Isolierung gesorgt werden.

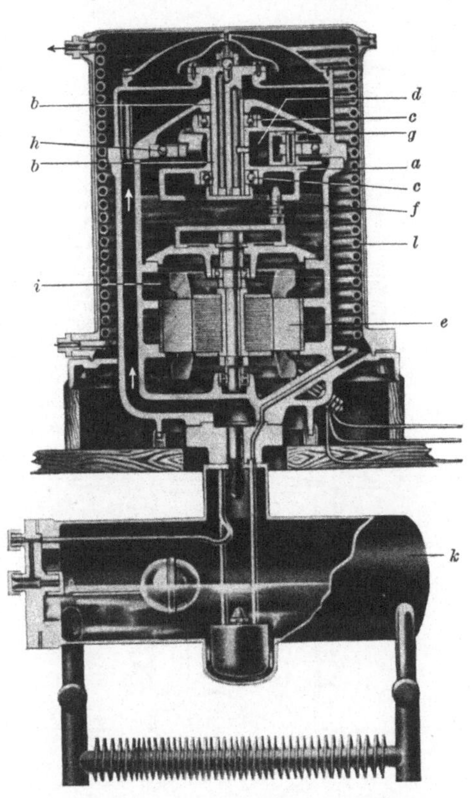

Abb. 65. Kühlaggregat Autopolar von Sürth (Linde). *a* Zylinderblock, *b* Achse, *c* Kugellager, *d* Zylinder, *e* Elektromotor, *f* Kurbel, *g* Kolben, *h* Kolbenlager, *i* Ölkammer, *k* Verdampfer, *l* Kondensatorschlange.

In neuester Zeit hat die Maschinenfabrik Sürth die Autopolar-

Maschine unter der Bezeichnung „Frigodom" für eine größere Leistung von 5500 kcal/h weiter entwickelt (Abb. 66). Als Kältemittel wurde CH_3Cl beibehalten. Hier ist der Elektromotor *a* in einer mit Öl gefüllten Kammer oberhalb des Kompressors *b* angeordnet. Die Motorwelle *c* ist mit Schleifringdichtungen *d* durch den Boden des Motorbehälters hindurchgeführt. Diese Anordnung gestattet den Motor nach Abnahme der Haube *e* auszubauen, ohne daß die Kältemittelfüllung verloren geht. Das Schmieröl wird den Schmierstellen mittels einer Zentrifugalpumpe *f* zugeführt.

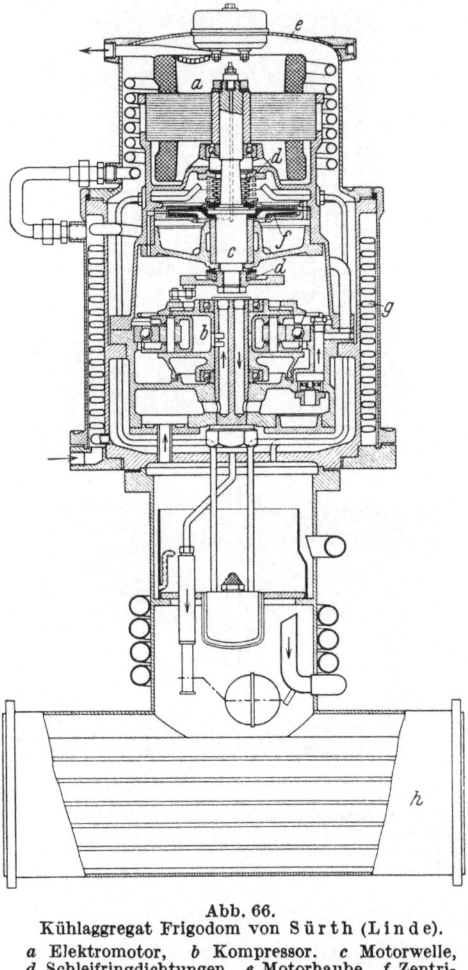

Abb. 66.
Kühlaggregat Frigodom von Sürth (Linde).
a Elektromotor, *b* Kompressor. *c* Motorwelle, *d* Schleifringdichtungen, *e* Motorhaube, *f* Zentrifugal-Ölpumpe, *g* Kondensator, *h* Verdampfer.

4. Die „Autofrost"-Maschine von A. Freundlich in Düsseldorf (Abb. 67) liegt bereits an der Grenze der hier behandelten Größen, da sie nur von 1500 kcal/h aufwärts gebaut wird. Sie ist die einzige hermetisch gekapselte Maschine, die mit Ammoniak als Kältemittel arbeitet. Die Schwierigkeiten der Motorisolierung wurden hier dadurch umgangen, daß die normale Spannung durch einen vorgeschalteten Transformator auf etwa 10 Volt herabgesetzt wird. Die Drehzahl kann durch entsprechende Wahl der Polzahl in gewünschter Höhe gehalten werden[1]. Der stehende mit dem Motor direkt gekuppelte Kompressor hat bei einigen Ausführungen das Saugventil im Deckel und das Druckventil im Kolbenboden, womit der Vorteil verbunden ist, daß Flüssigkeitstropfen bei jedem Arbeitsspiel mit den Dämpfen sehr vollständig

[1] Ist p die Polzahl und ν die Anzahl der Perioden in der Sekunde (in Deutschland durchweg $\nu = 50$, in Amerika meist $\nu = 60$), so ist die Drehzahl in der Minute $n = \frac{60 \cdot \nu}{p/2}$ (ohne Berücksichtigung des Schlupfs).

aus dem Zylinder herausgeblasen werden. Das Kurbelgehäuse steht jedoch immer unter Saugdruck.

5. Eine der erfolgreichsten amerikanischen Maschinen ist das in Abb. 68 dargestellte Aggregat der General Electric Co., das in Deutschland unter dem Namen „Santo“ von der A. E. G. gebaut wird. Die Kälteleistung reicht von 100 bis etwa 500 kcal/h, wobei Motoren von $^1/_{10}$ bis $^1/_3$ PS verwendet werden; die Drehzahl ist bei der deutschen Bauart 1450, bei der amerikanischen 1750/min. Als Kältemittel dient schweflige Säure. Motor *a* und Kompressor *b* sind im Ge-

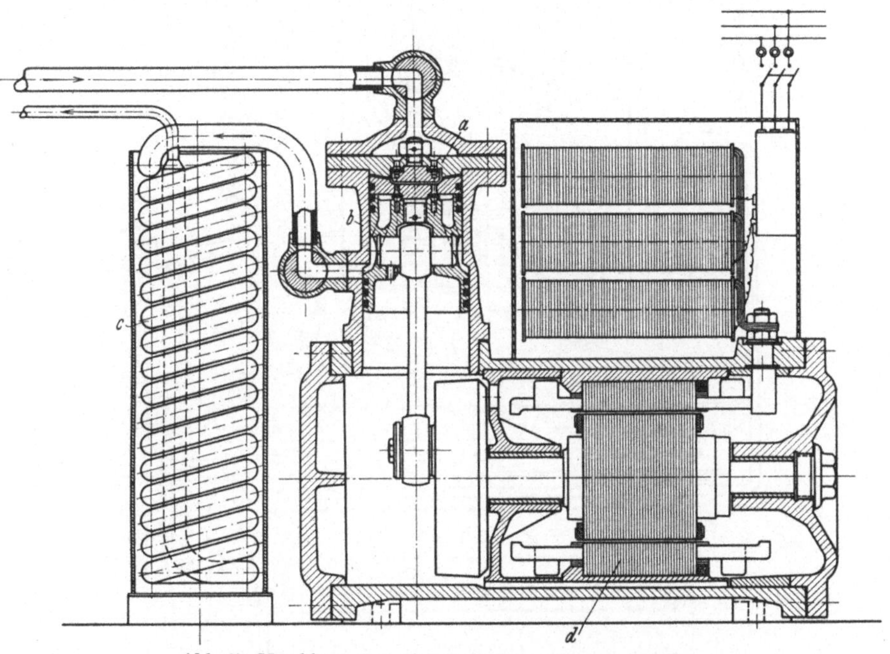

Abb. 67. Maschinenaggregat Autofrost von Freundlich.
a Saugventil, *b* Zylinder, *c* Kondensator, *d* Elektromotor.

häuse federnd gelagert. Der liegende Kompressor hat einen oszillierenden Zylinder, dessen Bewegung die Saugschlitze steuert. Das Druckventil ist als Plättchen im Zylinderdeckel angeordnet. Die verdichteten Dämpfe werden in das Gehäuse ausgestoßen, das als Ölabscheider wirkt. Eine kleine Ölpumpe *e* mit oszillierendem Zylinder saugt das Öl aus der Mulde und führt es den einzelnen Schmierstellen unter Druck zu (vgl. S. 82). In der Saugleitung ist ein Rückschlagventil *g* angeordnet.

6. Die „Capitol Ice-O-Matic“-Maschine der Williams Oil-O-Matic Heating Corp. in Bloomington, Ill. (Abb. 69), wird von einem $^1/_6$ PS-Motor angetrieben und entwickelt eine Kälteleistung von etwa 165 kcal/h. Die gemeinsame Drehzahl von Motor und Kompressor ist

1750/min. Als Kältemittel dient Methylchlorid. Der liegende Einzylinderkompressor a hat einen Zylinderdurchmesser von 24,2 mm und einen Hub von 12,7 mm. Der mit 3 Ölnuten versehene Kolben wird durch das ausgewuchtete Exzenter b und die Exzenterstange c an-

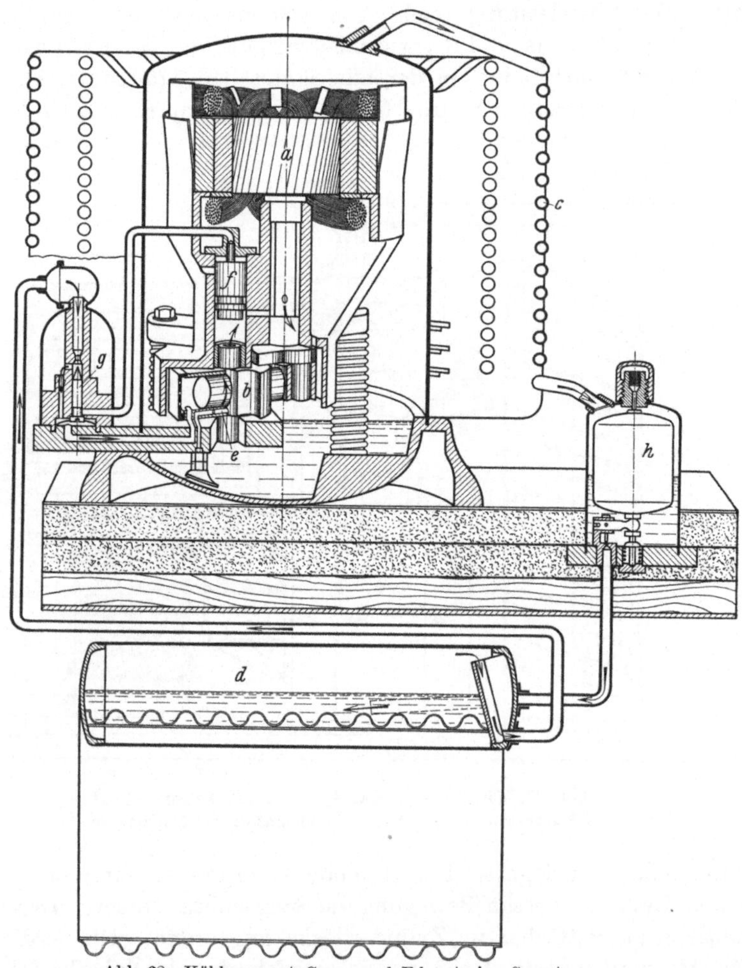

Abb. 68. Kühlaggregat General Electric-Santo.
a Elektromotor, *b* Kompressor, *c* Kondensator, *d* Verdampfer, *e* Ölpumpe, *f* Steuerkolben, *g* Rückschlagventil, *h* Schwimmerventil.

getrieben. Das Gehäuse d steht hier unter Saugdruck und die Dämpfe werden aus dessen oberen Teil durch die Leitung e den vom Kolben gesteuerten Saugschlitzen zugeführt. Das Blattfeder-Druckventil ist im Zylinderdeckel angeordnet und die verdichteten Dämpfe gelangen durch die Druckleitung f in den Kondensator g. Die Einsatzbüchse und

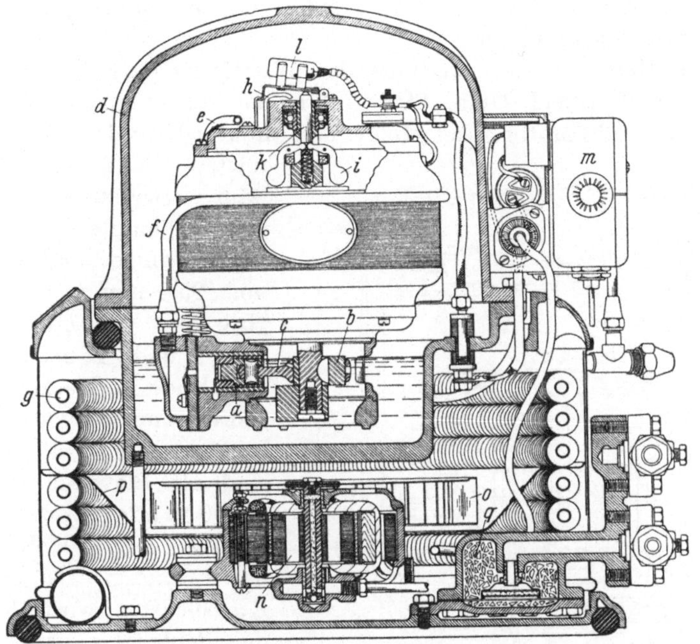

Abb. 69. Maschinenaggregat Williams Ice-O-Matic.
a Kompressor, *b* Exzenter, *c* Exzenterstange, *d* Gehäuse, *e* Saugleitung, *f* Druckleitung, *g* Kondensator, *h* Ölleitung, *i* Zentrifugalregler, *k* Plunger, *l* Quecksilberschalter, *m* Automatik, *n* Hilfsmotor, *o* Ventilator, *p* Leitblech, *q* Trockner.

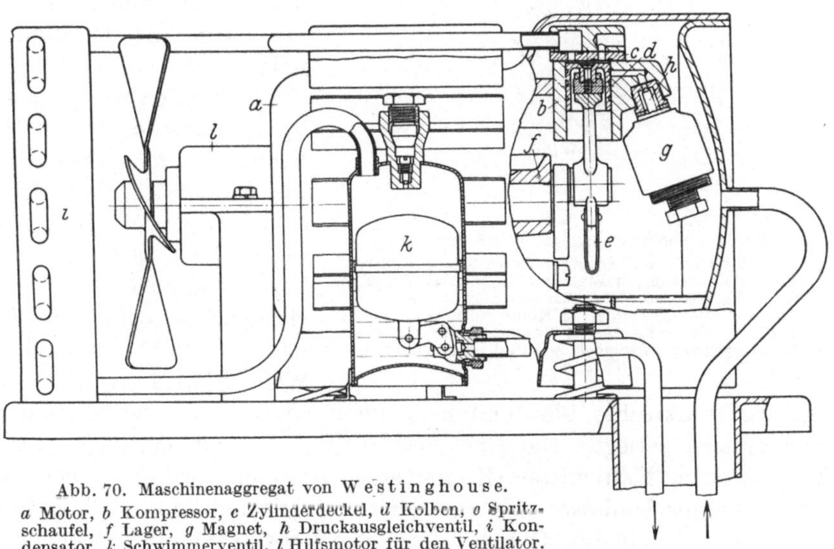

Abb. 70. Maschinenaggregat von Westinghouse.
a Motor, *b* Kompressor, *c* Zylinderdeckel, *d* Kolben, *e* Spritzschaufel, *f* Lager, *g* Magnet, *h* Druckausgleichventil, *i* Kondensator, *k* Schwimmerventil, *l* Hilfsmotor für den Ventilator.

der Kolben sind aus dem gleichen Sonderstahl hergestellt, so daß sie sich gleichmäßig ausdehnen.

7. Die Haushalt-Kältemaschine der Westinghouse Electric & Mfg Co. in Mansfield, Ohio, (Abb. 70) ist mit einem waagerecht angeordneten $^1/_8$ PS-Motor *a* bei 1750 U/min direkt gekuppelt. Als Kältemittel dient schweflige Säure. Der stehende Einzylinderkompressor *b* hat einen Zylinderdurchmesser von 25,4 mm und einen Hub von 22,2 mm. Die Saug- und Druckventile sind beide im Deckel *c* angeordnet und zwar auf entgegengesetzten Seiten; sie sind als Blattfederventile von 0,15 mm Stärke ausgebildet. Der Kolben *d* hat 3 Ölnuten. Das Öl im Kurbelkasten wird durch die Schaufel *e* verspritzt und auch dem einzigen, aber entsprechend langen Lager *f* zugeführt.

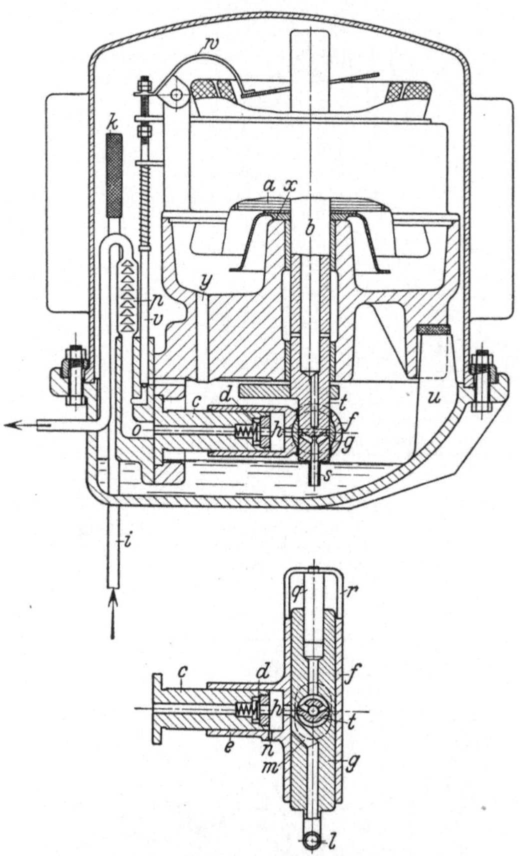

Abb. 71. Maschinenaggregat von Servel.
a Motor, *b* Welle, *c* Kolben, *d* Druckventil, *e* Zylinder, *f* Hülse, *g* Kreuzkopf, *h* Einlaßschlitz, *i* Saugleitung, *k* Filter, *l* Saugstutzen, *m* Saugkanal, *n* Schlitz, *o* Druckleitung, *p* Geräuschdämpfer, *q* Kolben der Ölpumpe, *r* Bügel, *s* Ölsaugstutzen, *t* Exzenter, *u* Stützen, *v* Druckausgleichventilspindel, *w* Bügel, *x* Drucklager, *y* Ölkanal.

8. Die „Servel-Hermetic"-Maschine der Servel Sales Inc. in Evansville, Ind. (Abb. 71) ist ebenfalls mit dem $^1/_8$ bzw. $^1/_6$ PS-Motor *a* bei 1750 U/min direkt gekuppelt. Als Kältemittel dient Methylchlorid. Die Maschine weicht von der üblichen Bauart erheblich ab. Die gleichmäßig rotierende Bewegung der stehenden Welle *b* wird in zwei zueinander senkrechte hin- und hergehende (harmonisch schwingende) Bewegungen zerlegt. Die eine Bewegung dient zum Ansaugen und Verdichten des Kältemittels (Kompressor), die zweite wird zur Steuerung des Kältemitteleinlasses und zur Ölförderung benutzt; die rotierende Welle steuert dabei die Ölwege. Über den waagerechten feststehenden

Kolben *c* des Kompressors, in dem sich das Druckventil *d* befindet, ist der hin- und hergehende Zylinder *e* gestülpt. Dieser ist aus einem Stück mit der senkrecht zu seiner Achse liegenden, horizontal angeordneten Hülse *f* hergestellt, die als Gleitbahn für den „Kreuzkopf" *g* dient. Der Kreuzkopf bewegt sich in der Hülse *f* hin und her und steuert dabei den Einlaßschlitz *h* des Kompressors. Das Kältemittel tritt durch die Saugleitung *i* und das Filter *k* in das Gehäuse und wird aus diesem durch den Rohrstutzen *l* und den im Kreuzkopf verlaufenden Kanal *n* angesaugt; am Ende des Saughubs erhält der Zylinder durch Abdeckung des Schlitzes *n* eine zusätzliche Füllung. Die verdichteten Dämpfe treten durch das Druckventil *d* in die Druckleitung *o*, in die ein Geräuschdämpfer *p* eingebaut ist. Das andere Ende des Kreuzkopfs ist als Ölpumpe ausgebildet, wobei der Kolben *q* an der Hülse *f* durch den Bügel *r* befestigt ist. Das Öl wird durch den Rohrstutzen *s* aus dem unteren Gehäuseteil angesaugt und durch Steuerkanäle im Zapfen *t* von der Ölpumpe in die hohle Welle gefördert (vgl. S. 83). Durch Aussparungen in der Hülse greift der exzentrische Zapfen *t* der Welle in den Kreuzkopf *g* ein. Das Maschinengestell ist an 3 Stützen *u* im Gehäuse elastisch gelagert.

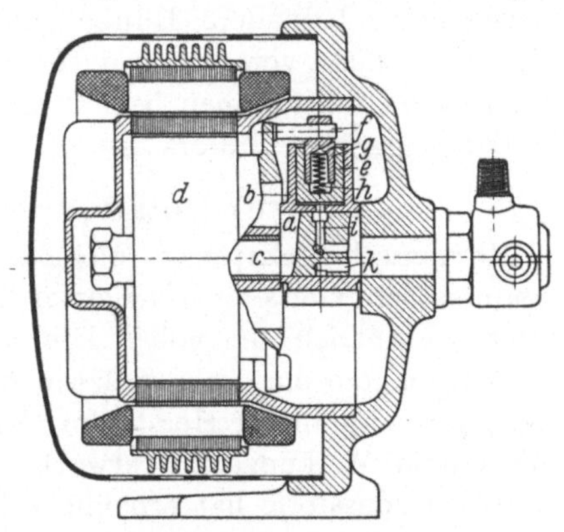

Abb. 72. Maschinenaggregat von Zorzi. *a* Exzenter, *b* Zylinder, *c* Achse des Rotors, *d* Rotor, *e* Kolben, *f* Finger, *g* Schwenkzapfen, *h* Feder, *i*, *k* Druck- und Saugkanäle.

Die Maschine wird in zwei Größen hergestellt und zwar mit $d =$ 23,0 mm und $s = 19{,}0$ mm ($^1/_8$ PS), sowie $d = 25{,}4$ mm und $s =$ 28,6 mm ($^1/_6$ PS).

9. Die von Carlo Zorzi in Mailand neuerdings bekanntgegebene Bauart[1] kommt in der Wirkungsweise dem Lindeschen „Autopolar" (Abb. 65) nahe, ist jedoch waagerecht angeordnet. Die feststehende horizontale Achse *c* (Abb. 72), auf der der Rotor *d* des Elektromotors aufgesetzt ist, hat einen exzentrischen Fortsatz *a*, auf dem der Zylinderkörper *b* drehbar gelagert ist. Der Zylinderkörper mit dem darin frei beweglichen Kolben *e* wird von einem an der Rotorscheibe befestigten Finger *f* durch einen hohlen Schwenkzapfen *g* angetrieben, der im Kolben geführt wird. Zwischen Kolben und Schwenkzapfen ist eine Feder *h* eingelegt. Beim Anlaufen der Maschine (vgl. S. 86) wird der Kolben durch Zentrifugalkraft entgegen der Wirkung der Feder *h* nach außen geschleudert und gegen den Schwenkzapfen *g* gepreßt. In dieser Stel-

[1] Glenn Muffly: Refr. Eng. Bd. 25 (1933) S. 244.

lung rotiert er dann dauernd um die Achse c, während der Zylinderkörper um die Achse des exzentrischen Fortsatzes a rotiert. Diese beiden Rotationen ergeben eine relative hin- und hergehende Bewegung des Kolbens im Zylinder, so daß auch diese Maschine einem Rotationskompressor der Gruppe II analog ist. Die Gaswege i und k werden durch den Schlitz im Zylinderkörper b gesteuert. Man kann selbstverständlich einen Kompressor dieser Bauart auch mit mehreren versetzten Zylindern ausführen. Als Vorzug ist die sehr gedrängte Anordnung aller Teile hervorzuheben. Der Stator des Elektromotors liegt hier, wie bei der Autofrigor-Maschine, Abb. 64, außerhalb des Gehäuses; eine besondere Haube aus nicht magnetischem Material ist hier jedoch nicht vorgesehen, vielmehr bilden die ringförmigen Lamellen des Stators selbst einen Teil der Gehäusewand, so daß ein höherer Wirkungsgrad des Motors erwartet werden kann.

b) Rotationskompressoren.

Hermetisch gekapselte kleinste Kältemaschinen mit Rotationskompressoren sind erst in neuester Zeit auf den Markt gekommen. Bei direktem Antrieb und hohen Drehzahlen ergeben sich sehr kleine Abmessungen, die eine sehr präzise Werkstattsarbeit erfordern; nur bei besonders sorgfältiger Herstellung kann ein einwandfreier Dauerbetrieb mit gutem Wirkungsgrad erwartet werden. Die Auswahl geeigneter Konstruktionsstoffe hat erhebliche Schwierigkeiten bereitet.

Bei der Besprechung dieser Rotationsmaschinen halten wir an der auf S. 57 vorgeschlagenen Klassifikation fest.

I. Rotationskompressoren mit einer feststehenden Achse.

Gruppe Iα. Die Frigidaire Corporation hat neuerdings eine ganz kleine Maschine herausgebracht, die mit einem $^1/_{20}$-PS-Motor direkt gekuppelt ist. Über diese Bauart ist bisher nur Weniges bekannt geworden[1]. Als Kältemittel dient Tetrafluordichloraethan. Der Kolben wird durch ein auf einer senkrechten Welle angeordnetes Exzenter in einem feststehenden Zylinder bewegt; Saug- und Druckraum sind in bekannter Weise durch einen Schieber getrennt, der in einem Schlitz des Zylinders geführt wird. Der Durchmesser des Kolbens ist etwa 50 mm und seine Breite etwa 25 mm. Die Exzentrizität ist nur 1,8 mm, die Drehzahl etwa 1700/min.

II. Rotationskompressoren mit zwei feststehenden Achsen.

Gruppe IIα. Die Grigsby-Grunow Co. in Chicago hat die unter dem Namen Majestic bekannte Bauart nach Abb. 73 entwickelt[2]. Als

---

[1] Vgl. Refr. Eng. Bd. 25 (1933) S. 272.

[2] Die Wirkungsweise dieses Kompressors kommt derjenigen der „Elmo“-Pumpe der Siemens-Schuckertwerke in Berlin sehr nahe, vgl. z. B.

Kältemittel dient schweflige Säure. Der Vierzellenkompressor ist mit dem Rotor *a* des $^1/_6$-PS-Elektromotors direkt gekuppelt (n = 1725 U/min). Die Drehbewegung wird von der Nabe *b* des Rotors durch einen Mitnehmer *c* auf die im hohlen Lager *d* angeordnete senkrechte Welle *e* übertragen, deren Verlängerung den Kolben *f* bildet. Der Kolben liegt exzentrisch in einem feststehenden Zylinder *g*, wobei die Exzentrizität nur etwa 3 mm beträgt. In dem Kolben sind unter 90° zueinander 4 Messer *h* eingesetzt, von denen jeweils zwei gegenüberliegende durch im Kolben geführte Abstandsbolzen *i* in einem festen Abstand voneinander gehalten werden. Die Messer besitzen an ihren äußeren, der Zylinderwand zugekehrten Enden drehbar gelagerte Schuhe *k*, deren äußerer Krümmungsradius demjenigen der Zylinderwand entspricht. Auf diese Weise entsteht zwischen den einzelnen Zellen des Kompressors eine Flächendichtung an Stelle der Liniendichtung. Wie bereits bei der Erläuterung des **Stampkompressors** (S. 65) betont wurde, beschreiben die Messerenden keinen genauen Kreis, sondern eine Kardioide, doch sind die Abweichungen von der Kreisbahn bei der kleinen Exzentrizität minimal und werden bei dem kreisrunden Zylinder durch den Ölfilm überbrückt. Die Saugleitung *l* führt über ein Rückschlagventil *m* zum Saugkanal *n* im Zylinderkörper. Die verdichteten Dämpfe treten durch den Druckkanal *o* unter dem Ölspiegel in das unter Kondensatordruck stehende Gehäuse, wodurch eine Geräuschdämpfung erzielt wird. Die hin- und hergehende Bewegung der Messer im Kolben wird für die Ölförderung nutzbar gemacht. Auf die Schmierung dieser Maschine wird im folgenden Ab-

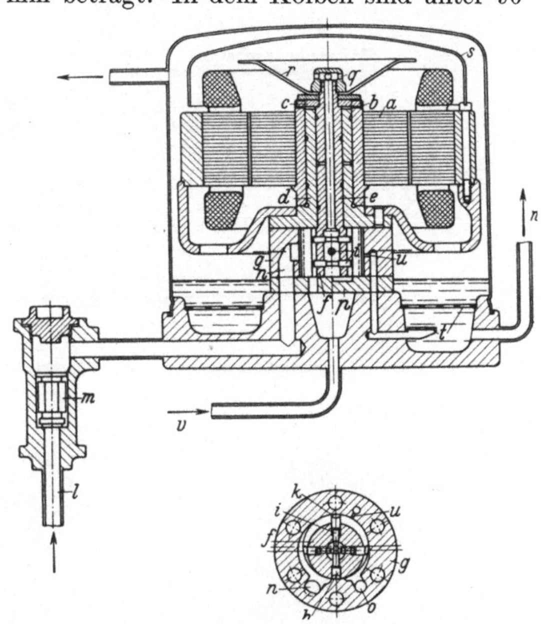

Abb. 73. Maschinenaggregat Majestic von **Grigsby Grunow**. *a* Rotor des Motors, *b* Nabe, *c* Mitnehmer, *d* Lager, *e* Welle, *f* Kolben, *g* Zylinder, *h* Messer, *i* Abstandsbolzen, *k* Schuhe, *l* Saugleitung, *m* Rückschlagventil, *n* Saugkanal, *o* Druckkanal, *p* Zylinderboden, *q* Öffnungen für Ölaustritt *r* Spritzteller, *s* Haube, *t* Filter, *u* Ölkanal, *v*, *w* Öleintritt und -austritt.

Kammerer, Z. VDI, Bd. 49 (1905), S. 1040. Die „Majestic"-Maschine ist in El. Refr. News. Bd. 9 (1933), Nr. 16, S. 12 ausführlich beschrieben.

schnitt (S. 83) näher eingegangen. Die Toleranz beträgt für sämtliche Teile des Kompressors nur 0,0025 mm. Das Spiel zwischen Kolben und Zylinder an der Dichtungsstelle zwischen Saug- und Druckseite ist auf 0,018 mm festgesetzt.

Gruppe IIβ. 1. In Abb. 74 ist die Bauart von F. Klimsch in Sporysz (Polen) dargestellt. Es handelt sich um eine Kältemaschine für Kälte-

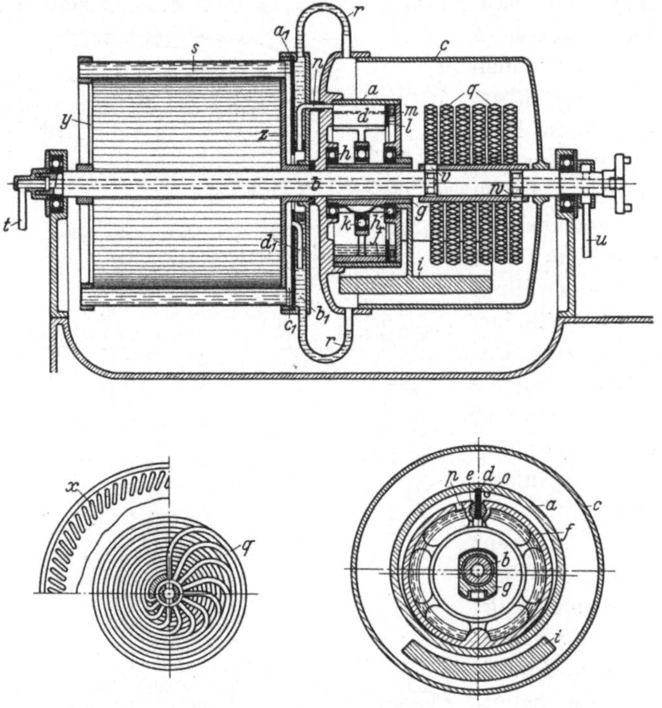

Abb. 74. Kühlaggregat von Klimsch.
a Zylinder, *b* Welle, *c* Kondensatortrommel, *d* Schieber, *e* Nuß, *f* Kolben, *g* Exzenterhülse, *h*, *k* Kugellager, *i* Gewicht, *l* Druckplatte, *m* Federn, *n* Saugleitung, *o* Saugschlitz, *p* Druckventil, *q* Kondensator, *r* Flüssigkeitsleitung, *s* Verdampfer, *t*, *u* Wasserein- und Austritt, *v*, *w* Mündungen der Kondensatorschlangen, *x* Verdampferrohre, *y* Arme, *z* Sammelstück, a_1 Ringscheibe, b_1, c_1 Kammern, d_1 Überlaufrohr.

leistungen von 500 kcal/h aufwärts, die in erster Linie für die Kühlung bewohnter Räume ausgebildet ist. Der Kondensator wird mit Wasser gekühlt, während der rotierende Verdampfer gleichzeitig als Ventilator ausgebildet ist. Als Kältemittel wird entweder schweflige Säure oder Äthylchlorid vorgeschlagen. Bei dieser Bauart liegt der Elektromotor, wie bei der A-S-Maschine (Abb. 62) außerhalb des gekapselten Gehäuses, doch ist die Maschine mit dem Motor direkt gekuppelt. Der Zylinder *a* wird von der Welle *b* über die mit ihr fest verbundene Trommel *c* angetrieben. Durch den radialen Schieber *d* und die Nuß *e* nimmt der Zylinder bei seiner Drehung den in ihm exzentrisch gelagerten Kolben *f* mit. Die in ihrem mittleren Teil exzentrisch ausgebildete Hülse *g* stützt sich beiderseits auf Kugellager *h* in den Stirnwänden des Zylinders und wird durch das außen angehängte Gewicht *i* an der Rotation gehindert. Der Kolben *f* ist mit seinem Kugellager *k* auf die exzentrische Hülse *g* gesetzt. Die seitliche Abdichtung des Kolbens wird durch die Scheibe *l* bewirkt, die durch die Federn *m* gegen den Kolben gepreßt wird. Der Kompressor saugt die Dämpfe durch die Leitung *n* und den Schlitz *o* in der Stirnwand aus dem Verdampfer an und drückt sie nach erfolgter Verdichtung durch ein Blattfederventil *p* in den Innenraum des Kolbens. Durch den axialen Spalt zwischen der Hülse *g* und der Welle *b* gelangt das Kältemittel zu den wassergekühlten Kondensatorschlangen *q*, an denen es niedergeschlagen wird. Das Kondensat wird durch Zentrifugalkraft an den Umfang der Trommel *c* geschleudert und tritt durch die Leitung *r* in den rotierenden Verdampfer *s*. Das Kühlwasser tritt bei *t* in die hohle Welle ein und wird bei *u* wieder aus ihr abgeführt.

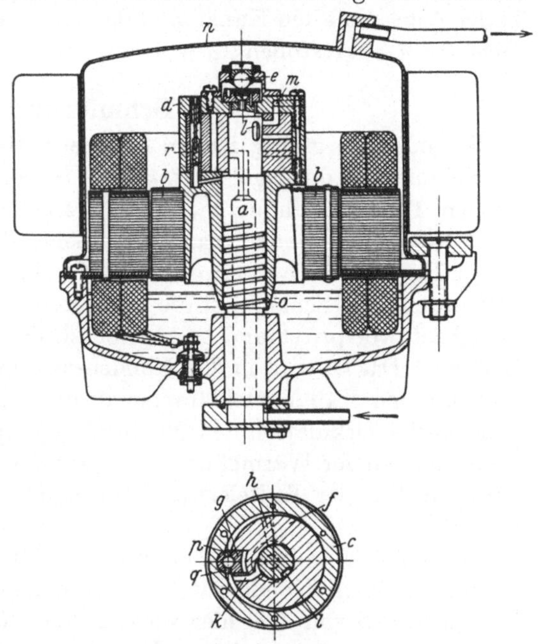

Abb. 75. Maschinenaggregat von Bosch. *a* Achse, *b* Rotor des Motors, *c* Zylinder, *d* Zylinderdeckel, *e* Kugellager, *f* Kolben, *g* Schieber, *h* Saugkanal, *k*, *m* Druckkanal, *l* Nut, *n* Gehäuse, *o* Schmiernut, *p*, *q* Öffnungen im Schieber, *r* Steuerkolben.

Die Baulänge dieser Maschine kann dadurch wesentlich verkürzt werden, daß man den Verdampfer *s* konzentrisch um die Trommel *c* herum anordnet.

2. Der Kompressor der Robert Bosch A. G. in Stuttgart (Abb. 75) ist für eine Kälteleistung von 75 kcal/h bemessen und wird mit schwefliger Säure betrieben. Kompressor und Elektromotor von $^1/_{10}$ PS sind wieder gemeinsam in einem Gehäuse untergebracht und bei 1450 U/min direkt miteinander gekuppelt. Auf der feststehenden Achse *a* sind der Rotor *b*, der Zylinder *c* und der Deckel *d* übereinander angeordnet, die fest miteinander verschraubt sind; dieses ganze Aggregat ist am Kugel-

lager *e* aufgehängt. Der obere Teil der Achse *a* ist exzentrisch abgestuft und trägt den Kolben *f*, der vom angetriebenen Zylinder durch den mit diesem gelenkig verbundenen Schieber *g* mitgenommen wird. Das Kältemittel tritt durch die hohle Achse *a* bei einer bestimmten Stellung des Kolbens in den Kanal *h* und in den Saugraum; nach erfolgter Kompression wird es in einer anderen Stellung durch den Kanal *k*, die Nut *l* in der Achse und den Kanal *m* in das unter Kondensatordruck stehende Gehäuse *n* ausgestoßen.

c) Schmierung.

Besonders sorgfältig ist bei den hermetisch gekapselten Maschinen die Schmierung durchgebildet, da das Öl bekanntlich nicht nur die reibenden Teile zu schmieren, sondern auch einzelne Teile abzudichten hat. Nur selten findet man dabei Schleuderschmierung angewendet, wie z. B. bei der Westinghouse-Maschine (Abb. 70). Das Öl wird hier durch eine Schaufel *e*, die am unteren Ende der Pleuelstange befestigt ist, verspritzt und gelangt so zu dem Hauptlager *f* und in den Zylinder. Das Öl wird in den Kondensator und Verdampfer mitgerissen und mit den Kältemitteldämpfen in die Kompressorhaube angesaugt. Eine solche Zirkulation des Öls durch die Apparate besitzt jedoch den Nachteil, daß der Wärmeübergang darin verschlechtert wird; außerdem wird ein Teil der Kälteleistung zur Kühlung des Öls im Verdampfer verbraucht.

Bei der Ice-O-Matic-Maschine (S. 73) wird daher in die Druckleitung vor dem Kondensator ein besonderer Ölabscheider eingebaut, in dem das Öl von dem hier verwendeten CH_3Cl-Dampf getrennt wird. Diese Maschine besitzt keine Ölpumpe; im Ölabscheider befindet sich ein Schwimmerventil, das den Ölzufluß zu den Lagern der Antriebswelle durch das Röhrchen *h* steuert. Diese selbsttätige Ölrückführung ist natürlich nur dann möglich, wenn das Gehäuse unter Saugdruck steht. Die Lager der Exzenterstange *c* und der Zylinder tauchen in Öl, das den unteren Teil des Gehäuses *d* ausfüllt (Abb. 69).

Die meisten mit dem Elektromotor gemeinsam gekapselten Maschinen besitzen eine besondere Ölpumpe, die organisch mit dem Kompressor vereinigt ist. Bei der General-Electric-Maschine (Abb. 68) ist die Ölpumpe *e* — eine schlitzgesteuerte Kolbenpumpe — parallel zum Kompressor *b* im oszillierenden Zylinderkörper angeordnet. Das Öl wird aus der Ölmulde angesaugt und gelangt durch den hohlen Schwingzapfen in die Ausdrehung der Antriebswelle und von dort zu den beiden Lagern und zum Getriebe; das aus dem oberen Lager (Drucklager) austretende Öl wird durch eine Blechscheibe nach unten abgelenkt und fließt in die Ölmulde zurück.

Eine schlitzgesteuerte Kolbenpumpe findet sich auch bei der Servel-

Hermetic-Maschine (Abb. 71), deren Arbeitsweise auf S. 77 beschrieben wurde. Das durch die hohle Welle *b* geförderte und am Drucklager *x* hinaustretende Öl fließt durch die Öffnung *y* auf den Kolben *c*.

Bei dem Rotationskompressor der Grigsby-Grunow Co. (Abb. 73) wird die hin- und hergehende Bewegung der 4 Messer im Kolben zur Ölförderung benutzt, wobei die so gebildeten 4 kleinen Pumpen durch Schlitze im Zylinderboden *p* gesteuert werden. Das Öl wird durch die hohle Welle *e* gefördert und von hier teilweise dem doppelseitigen Lager *d* zugeführt, teilweise durch die Öffnungen *q* und den rotierenden Teller *r* gegen die Haube *s* über dem Stator gespritzt, wobei es beim Herabfließen den Stator kühlt. Aus dem unter Kondensatordruck stehenden Gehäuse tritt ein Teil des Öls selbsttätig durch die Filter *t* und die kleine Öffnung *u* von 1 mm im Durchmesser in den Zylinder, wo es zur Schmierung und Abdichtung dient, während die Hauptmenge in eine Kühlschlange geleitet wird, die neben dem Kondensator angeordnet ist.

Bei der Bosch-Maschine (Abb. 75) wird das Öl durch die schraubenförmige Nut *o* in der Achse *a* heraufgepumpt.

Der Kompressor von Klimsch (Abb. 74) wird in der Weise geschmiert, daß das im Innenraum des Kolbens befindliche Öl durch die Zentrifugalkraft an die Innenwand des Kolbens gedrängt wird und dadurch zu den bewegten Teilen gelangt; beim Abstellen der Maschine werden auch die Kugellager geschmiert.

Die Frage, ob man das Gehäuse einer hermetisch gekapselten Maschine unter Kondensatordruck oder unter Verdampferdruck halten soll, ist noch nicht endgültig entschieden. Herrscht im Gehäuse Kondensatordruck, dann wird das verdichtete Kältemittel in das Gehäuse ausgestoßen, und dieses wirkt als Ölabscheider, so daß nur wenig Öl in die Apparate mitgerissen wird. Neben der Schmierung und Abdichtung fällt dem Öl häufig auch noch die Aufgabe der Kühlung zu. Die im Kompressor und im Elektromotor erzeugte Wärme müssen dauernd abgeleitet werden. Das geschieht entweder durch unmittelbare Wärmeabgabe des stark berippten Gehäuses an die umgebende Luft oder durch besondere Ölkühler.

Im ersten Fall kann die Wärme an die Gehäusewand sowohl durch metallische Berührung mit dem Kompressor und dem Stator abgeleitet werden (z. B. Westinghouse) oder durch Vermittlung der Kältemitteldämpfe übertragen werden (z. B. General Electric). Bei kühler Witterung besteht allerdings die Gefahr, daß ein Teil des Kältemittels sich schon an der Gehäusewand niederschlägt und sich auf dem Boden des Gehäuses ansammelt. Handelt es sich um SO_2, das im flüssigen Zustand schwerer ist als Öl, so kann es von der Ölpumpe mit angesaugt werden und die Schmierung beeinträchtigen. General Electric setzt daher in das Ölbad eine kleine Heizpatrone von 20 Watt, die während der kurzen Pausen im normalen Betrieb das Öl so stark erwärmt, daß die schweflige Säure wieder verdampft und die für das leichte Anlaufen erwünschte Zähigkeit des Öls erhalten bleibt.

Erfolgt die Wärmeabgabe an die Umgebung in einem besonderen Ölkühler, so kann die Kondensation des Kältemittels an der Gehäusewand durch deren Isolierung vermieden werden. Bei den Majestic-Maschinen älterer Bauart wurde z. B. auf das Gehäuse eine Haube aus porösem Spezialgummi gestülpt, die zugleich die Geräusche dämpft.

Steht das Gehäuse unter Verdampferdruck, so ist, wenn kein besonderer Ölabscheider vorhanden ist, der Nachteil des Ölumlaufs durch die Apparate in Kauf zu nehmen; wird jedoch ein Ölabscheider vorgesehen (Ice-O-Matic), so kann das Öl in das Gehäuse zwecks Schmierung der Maschinenteile ohne Pumpe zurückgeführt werden.

d) Anlaßvorrichtungen.

Bei den hermetisch gekapselten Kältemaschinen, in denen der Elektromotor mit eingekapselt ist, werden ausschließlich Wechselstrommotoren mit Kurzschlußläufern verwendet. Wo Gleichstrom vorhanden ist, muß eine Umformung in Wechselstrom vorgenommen werden.

In der Regel kommt in Haushaltungen Einphasenwechselstrom in Betracht. Die Einphasenmotoren haben aber bei Stillstand kein Drehfeld und laufen nicht allein ohne besonderes Hilfsfeld an. Um den Motor in Gang zu bringen, erzeugt man in einer gegen die Hauptwicklung räumlich verschobenen Hilfswicklung ein gegen das Hauptfeld in der Phase verschobenes Hilfsfeld. Die Hilfswicklung wird von demselben Netz wie das Hauptfeld über einen Widerstand oder einen Kondensator gespeist. Ist der Motor im Gang, so muß die Hilfsphase abgeschaltet werden. Das geschieht entweder durch einen vom Motor selbst betätigten Zentrifugalregler oder durch ein Relais. Ein Zentrifugalregler findet sich z. B. bei der Ice-O-Matic-Maschine (Abb. 69). Der Regler i bewegt bei Steigerung der Drehzahl den Plunger k nach unten, wodurch der Quecksilberschalter l kippt und den Hilfsstrom ausschaltet. Wird der Motor durch den Thermostaten abgestellt, dann wird die Hilfswicklung wieder eingeschaltet.

Die meisten Firmen verwenden jedoch ein Relais, das am Schaltbrett angeordnet ist und das kurze Zeit nach dem Anlauf die Hilfswicklung abschaltet. Das Relais besteht beispielsweise aus einem in den Hauptstromkreis geschalteten Solenoid und einem Eisenkern; der Anlaufstrom, der viel höher ist als der normale Betriebsstrom, zieht den Kern in das Solenoid hinein und schaltet dadurch die Hilfswicklung ein. Ist der Motor angelaufen, dann sinkt der Strom und der Eisenkern fällt wieder herab.

Die Höhe des Anlaufstromes bei Einphasenmotoren begrenzt die Größe der Maschinen, die noch an das Lichtnetz im Haushalt angeschlossen werden dürfen.

Auch nach Anbringung der Hilfswicklung bleibt das Anlaufmoment dieser Motoren verhältnismäßig klein, so daß es notwendig ist, die Belastung beim Anlaufen so klein wie möglich zu halten. Das erreicht man meistens durch den Einbau eines Druckausgleichventils zwischen der Saug- und Druckleitung des Kompressors. Dieses Ventil wird bei Steigerung der Drehzahl durch Zentrifugalkraft, Öldruck oder einen Elektromagneten geschlossen.

In der amerikanischen A-S-Maschine (Abb. 63) ist in der Kondensatortrommel ein von einem Zentrifugalregler betätigtes Ventil *c* eingebaut, das in geöffnetem Zustand die Saugleitung in der hohlen Welle mit dem Druckraum in der Trommel verbindet.

Bei der General Electric-Santo-Maschine (Abb. 68) wird der Steuerkolben *f* für den Druckausgleich durch die Ölpumpe *e* betätigt. In der unteren Stellung des Steuerkolbens ist die Saugseite mit dem Druckraum im Gehäuse kurz geschlossen. Erst wenn der Öldruck nach dem Anlaufen der Maschine genügend gestiegen ist, wird der Steuerkolben angehoben und die Verbindung zwischen Saug- und Druckseite geschlossen.

Bosch (Abb. 75) bringt den federbelasteten Steuerkolben *r* im Schieber *g* unter und betätigt ihn ebenfalls durch Öldruck. In der untersten Stellung des Steuerkolbens besteht eine Verbindung zwischen Saug- und Druckraum durch die kleinen Öffnungen *p* und *q* im Schieber, die nach dem Anlaufen der Maschine durch den vom Öldruck angehobenen Steuerkolben abgedeckt werden.

Ein elektromagnetisch betätigtes Druckausgleichventil findet man bei der Westinghouse-Maschine (Abb. 70). Die Wicklung des Magneten *g* und die Statorwicklung sind hintereinander geschaltet, so daß der Stromstoß beim Anlassen der Maschine das federbelastete Druckausgleichventil *h* für kurze Zeit öffnet.

In der Servel-Maschine (Abb. 71) wird die federbelastete Druckausgleichventilspindel *v* durch eine am Bügel *w* befestigte eiserne Scheibe betätigt, die durch den Stromstoß beim Anlaufen heruntergezogen wird.

Auf einem ganz anderen Prinzip beruht die Startvorrichtung der Whitehead Refrigerating Co. in Detroit (Abb. 76). An Stelle eines Druckausgleichventils wird hier eine durch die Zentrifugalkraft betätigte Zahnradkupplung verwendet, die erst bei Erreichung einer bestimmten Drehzahl den Motor mit dem Kompressor verbindet. Auf den Armen *a* des auf der Kompressorwelle *b* lose aufgesetzten Rotors *c* sind 2 Zahnräder *d* auf den Zapfen *e* drehbar angeordnet. In die Zahnräder sind die Bolzen *f* gesteckt, die die Schwungmassen *g* tragen. Die beiden Zahnräder *d* greifen in ein größeres Zahnrad *h* ein, das auf der Welle *b* aufgekeilt ist. Beim Anlaufen des Motors rollen die Räder *d* zunächst auf dem Rad *h* ab, so daß die Welle *b* noch nicht mitgenommen wird. Mit zunehmender Drehzahl werden jedoch die Räder *d* durch die Zentrifugalwirkung der Massen *g* an der weiteren Rotation um ihre eigene Achse gehindert, und nehmen dadurch das Rad *h* allmählich mit, bis Welle und Rotor die gleiche Drehzahl haben.

Auch die Autopolar-Maschine (Abb. 65 u. 66) wird ohne Belastung anlaufen, da die im rotierenden Zylinderblock *a* frei beweglichen Kolben *g* erst nach Erreichung einer bestimmten Drehzahl durch die Zentrifugalkraft herausgeschleudert werden und dabei das Kältemittel ansaugen. Bei der Zorzi-Maschine (Abb. 72) muß die Zentrifugalkraft sogar noch die Wirkung einer Federkraft überwinden, so daß der Kolbenhub mit wachsender Drehzahl erst allmählich bis zu seinem Höchstwert ansteigt.

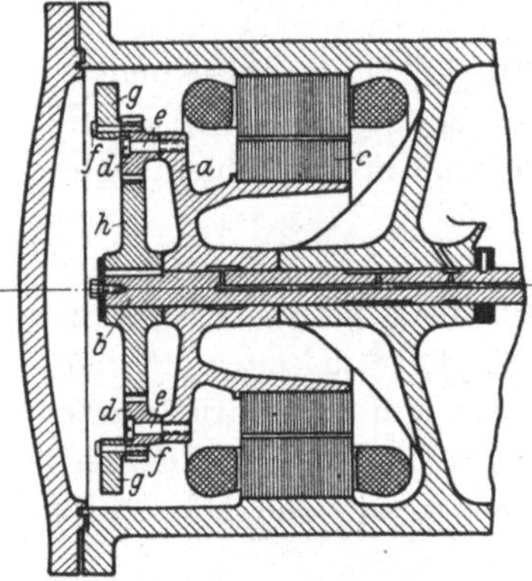

Abb. 76. Anlaßvorrichtung des Whitehead-Kompressors. *a* Rotorarme, *b* Welle, *c* Rotor, *d*, *h* Zahnräder, *e* Zapfen, *f* Bolzen, *g* Schwungmassen.

Will man von den hier beschriebenen verschiedenartigen Entlastungsvorrichtungen an den Kompressoren keinen Gebrauch machen, dann muß man auf elektrischem Wege das Anlaufmoment des Motors vergrößern. Diese Maßnahme ist bei der Majestic-Maschine (S. 79) verwirklicht. Beim Einschalten des Stromes wird durch ein im Stromkreis der Hauptwicklung liegendes Relais für kurze Zeit ein Spartransformator eingeschaltet, der die Hilfswicklung mit hochgespanntem phasenverschobenem Strom (500 Volt) speist. Das Anlaufmoment des Motors wird dadurch so stark erhöht, daß er auch ohne Entlastung anlaufen kann.

3. Der Betrieb von Kompressionsmaschinen.

a) Versuchsergebnisse.

Bei den Haushaltkältemaschinen tritt die Wirtschaftlichkeit in gewissen Grenzen hinter die Betriebssicherheit zurück. Bei Kälteleistungen von 100 bis 200 kcal/h ist man bei luftgekühltem Kondensator mit einer spezifischen Kälteleistung von 1000 kcal je kWh schon zufrieden. Bei etwas größeren Leistungen von 500 bis 1000 kcal/h und wassergekühltem Kondensator erwartet man etwa 1500 kcal je kWh. Diese Zahlen beziehen sich auf eine Verdampfungstemperatur von —10°, einen Kühlwassereintritt von etwa +15° und eine Raumtemperatur von 25°. Es gibt nicht sehr viele zuverlässige Versuchsergebnisse an solchen kleinen Maschinen. Es sollen hier für einige typische Bauarten die wichtigsten kennzeichnenden Werte mitgeteilt werden. Der Lieferungsgrad λ und der indizierte Wirkungsgrad η_i sind dabei ebenso definiert wie in den deutschen „Regeln für Leistungsversuche an Kältemaschinen und Kühlanlagen“[1]. Ist η_m der mechanische Wirkungsgrad des Kompressors, so definieren wir den effektiven Wirkungsgrad η_e wie folgt: $\eta_e = \eta_m \cdot \eta_i$.

α) Bauart Kelvinator[2]. Normaler stehender SO_2-Kompressor mit hin- und hergehendem Kolben, $d = 46$ mm, $s = 38{,}1$ mm, $n = 339$ U/min, Hubvolumen = 1,29 m³/h. Luftgekühlter Kondensator, Verdampfungstemperatur —9,1° C.

Tabelle 4.

Druckverhältnis p/p_0	4	5	6	7	8
Kondensationstemperatur °C	27,3	34,3	40,3	45,6	50,4
Kälteleistung kcal/h	230	213	196	180	163
Indiz. Leistung PS_i	0,083	0,090	0,099	0,109	0,144
Mechan. Wirkungsgrad η_m % .	50,5	52,0	54,5	57,5	60,0
Lieferungsgrad λ %	69,0	65,5	61,0	56,0	50,0
Indiz. Wirkungsgrad η_i % . .	68,5	71,5	70,0	66,0	60,5
Effekt. Wirkungsgrad η_e % . .	34,6	37,2	38,1	37,9	36,3

β) Bauart DKW[3]. SO_2-Rotationskompressor, Zylinderdurchmesser 98 mm, Kolbendurchmesser 86 mm, Kolbenbreite 48 mm, n = 775 U/min, Hubvolumen 3,86 m³/h. Wassergekühlter Kondensator. Kondensationstemperatur + 20°.

Tabelle 5.

Verdampfungstemperatur °C	—5,6	—8,6	—13,8	—16,0	—22,5	—28,5
Kälteleistung Q_0 kcal/h	899	774	644	579	418	298
Effekt. Leistung N_e an der Welle des Kompressors PS_e	0,438	0,433	0,433	0,429	0,416	0,402
Spez. Kälteleistung $\frac{\text{kcal}}{\text{PS}_e\text{h}}$	2050	1785	1490	1350	1005	740
Lieferungsgrad λ %	76,3	74,2	77,2	76,6	75,0	71,2
Effekt. Wirkungsgrad η_e %	33,8	33,6	34,5	33,8	31,4	27,8

Der Lieferungsgrad ist recht hoch und nimmt mit sinkender Temperatur nur langsam ab. Die relativ niedrigen Werte des effektiven Wirkungsgrades sind hauptsächlich auf den geringen mechanischen Wirkungsgrad zurückzuführen, der hier nur etwa 40% beträgt. Das hängt mit den großen reibenden Flächen und den hohen Anpressungsdrücken zusammen. Man hat hier die Möglichkeit, durch Verringerung

[1] Verlag Gesellschaft für Kältewesen, Berlin 1929.

[2] Nach Versuchen von Philipp, L. A. und C. C. Spreen: Refr. Eng. Bd. 14 (1927) S. 61.

[3] Vgl. Plank, R. und G. Kaess: Z. ges. Kälteind. Bd. 39 (1932) S. 44.

des Anpressungsdrucks den mechanischen Wirkungsgrad zu verbessern, jedoch auf Kosten des Lieferungsgrades, weil dann die Undichtigkeiten zunehmen.

γ) Bauart Güttner[1]. NH_3-Rotationskompressor, Zylinderdurchmesser 136,75 mm, Kolbendurchmesser 131,75 mm, Kolbenbreite 60 mm, $n = 1000$ U/min, Hubvolumen 3,792 m³/h. Wassergekühlter Kondensator, Verdampfungstemperatur —10° C.

Tabelle 6.

Kondensationstemperatur °C	21,0	24,9	28,2	31,9	37,0
Druckverhältnis p/p_0	3,042	3,439	3,800	4,242	4,912
Kälteleistung kcal/h	2095	2090	2050	2045	1995
Eff. Leistungsverbr. des Kompressors PS_e	0,838	0,924	0,969	1,059	1,140
Lieferungsgrad λ %	82,0	81,8	80,2	80,0	78,1
Indiz. Wirkungsgrad η_i %	75,1	73,7	74,1	72,2	71,9
Mechan. Wirkungsgrad η_m %	69,4	72,4	74,7	75,9	77,6
Effekt. Wirkungsgrad η_e %	52,1	53,4	55,3	54,8	55,8

δ) Bauart Autofrigor von Escher-Wyss[2]. Hermetisch gekapselter Kompressor für Dimethyläther. Kühlwassertemperatur 8,3° C.

Tabelle 7.

Soletemperatur °C	+ 3,00	— 1,89	— 6,93	— 10,99
Kälteleistung kcal/h	2128	1724	1405	1227
Stromaufnahme Watt	708	659	601	582
Spez. Kälteleistung kcal/kWh	3010	2584	2338	2108

b) Laufzeit.

Die automatisch regulierten Kompressionsmaschinen arbeiten in der Weise, daß die Maschine bei Erreichung einer bestimmten tiefen Temperatur des Kältemittels oder der Luft ausgeschaltet und erst wieder eingeschaltet wird, wenn die Temperatur um einen bestimmten Betrag gestiegen ist. Die Raumtemperaturdifferenz zwischen Ein- und Ausschalten beträgt in der Regel 2—3°, in einzelnen Fällen aber auch nur 1°[3]. Die Kälteleistung wurde früher so reichlich bemessen, daß die Maschine nur etwa ein Drittel der Zeit in Betrieb zu sein brauchte und zwei Drittel der Zeit ausgeschaltet blieb. Sie wurde dabei natürlich sehr geschont. Die steigende Konkurrenz brachte es hier mit sich, daß die Laufzeit allmählich verlängert wurde, so daß sie heute etwa 50—60% erreicht. Das gestattete die Kältemaschinen und die Antriebsmotoren entsprechend zu verkleinern. Neuerdings hat Frigidaire einen Kühlschrank von etwa 0,1 cbm Nutzinhalt herausgebracht, der nur noch

[1] Plank, R., M. Krause und W. Tamm: a. a. O.

[2] Redenbacher, W.: Z. ges. Brauwesen 1927, Nr. 18.

[3] Für biologische Zwecke sind auch schon Kühlschränke gebaut, in denen die Temperatur auf $^1/_{10}$° konstant gehalten wird.

einen Motor von $^1/_{20}$ PS hat. Diese Maschine muß aber fast ununterbrochen im Betrieb sein. Die Laufzeit einer Maschine sollte bei der Preisvereinbarung stets berücksichtigt werden.

c) Garantie.

Vor einigen Jahren war es allgemein üblich, daß der Fabrikant die Gewähr dafür übernahm, daß ein Kühlschrank 1 Jahr anstandslos arbeitet. Alle Schäden, die ohne Verschulden des Käufers auftreten, müssen innerhalb dieses Jahres vom Fabrikanten kostenlos behoben werden. Unter dem Einfluß der unnormalen wirtschaftlichen Verhältnisse wurde diese Garantiezeit in Amerika von einigen maßgebenden Firmen auf 2 Jahre und später sogar auf 3 Jahre ausgedehnt. Ausnahmsweise wurde bei hermetisch gekapselten Maschinen sogar eine vierjährige Garantie übernommen. Diese Entwicklung war zweifellos ungesund und es ist daher erfreulich, festzustellen, daß eine rückläufige Bewegung inzwischen eingesetzt hat. Wir möchten glauben, daß eine einjährige Garantie für gewöhnliche Maschinen und eine zweijährige Garantie für hermetisch gekapselte Bauarten für alle Beteiligten angemessen ist. Bei hermetisch gekapselten Maschinen ist die längere Garantie deswegen angebracht, weil sie im allgemeinen mit einem höheren Grad von Genauigkeit hergestellt werden, und weil Reparaturen schwerer durchführbar sind; die Maschine muß dazu in der Regel in die Fabrik zurückgesandt werden. Die längere Garantie für eine hermetisch gekapselte Maschine läßt einen entsprechend höheren Kaufpreis gerechtfertigt erscheinen.

Die Absorptionsmaschinen sind in dieser Hinsicht wie die hermetisch gekapselten Maschinen zu bewerten; die Abnutzung ist bei ihnen recht gering.

d) Schmiermittel.

Die richtige Wahl des Schmiermittels ist für die Betriebssicherheit und die Lebensdauer einer Kleinkältemaschine von ausschlaggebender Bedeutung. Für verschiedene Kältemittel sind durchaus nicht die gleichen Ölsorten geeignet. Es bedarf in jedem Fall des verständnisvollen Zusammenarbeitens zwischen dem Kältemaschinenfabrikanten und dem Schmiermittellieferanten, um das bestgeeignete Schmiermittel zu finden.

Als allgemeine Regel gilt, daß der Stockpunkt des verwendeten Öls unterhalb —25° liegen muß. Das Öl muß säure- und wasserfrei sein und es darf auch bei den höchsten vorkommenden Temperaturen weder mit dem Kältemittel chemisch reagieren, noch sich zersetzen. Sind diese Forderungen nicht erfüllt, dann bildet sich eine schlammige Masse, die sich auf den Metallteilen absetzt. Eintretende Luft und Feuchtigkeit begünstigt diese Schlammbildung, die nicht nur die Schmierfähigkeit herabsetzt, sondern auch den Wärmeübergang verschlechtert und Verstopfungen der Kompressorventile sowie des Regulierventils zur Folge haben kann.

Bei Schwefligsäure-Maschinen muß daran gedacht werden, daß dieses Kältemittel Ölgemische selektiv löst; auf dieser Eigenschaft beruht ja das bekannte Ölraffinationsverfahren von Edeleanu[1]. Es dürfen daher hier nur weitgehend raffinierte, sog. entfärbte Öle verwendet werden.

Bei Methyl- und Äthylchloridmaschinen muß vor allem auf absolute Säurefreiheit des Öls geachtet werden, da sonst elektrolytische Einwirkungen in Form eines Kupferbelages auf den Eisenteilen eintreten. Da diese Kältemittel in Mineralölen löslich sind und die Öle verdünnen, muß die Zähigkeit so gewählt werden, daß sie auch nach erfolgter Verdünnung genügt. Für diese Kältemittel wurde schon oft Glyzerinschmierung empfohlen, doch sind die damit gemachten Erfahrungen nicht immer günstig gewesen. Vielfach wird dem Glyzerin, das natürlich auch vollkommen säurefrei sein muß, Äthylalkohol zugesetzt, und zwar in Mengen von 10 bis 50%. Reines Glyzerin wird schon bei 0° außerordentlich zähe, während es bei Temperaturen von 50 bis 60° schon sehr dünnflüssig ist. Glykol, das gelegentlich vorgeschlagen wird, scheint sich nicht bewährt zu haben.

Das wichtigste Kennzeichen eines Schmiermittels ist seine Zähigkeit. Die gewünschten Zähigkeiten der bei verschiedenen Kältemitteln zu verwendenden Mineralöle werden von den verschiedenen Firmen nicht ganz einheitlich angegeben. Die amerikanischen Firmen empfehlen meist die in Tabelle 8 wiedergegebenen Zähigkeiten in Saybolt-Sekunden bei 100° F = 38° C. In Deutschland ist es üblicher, die Zähigkeiten in Englergraden zu messen. Für verschiedene Werte des spez. Gewichts γ in kg/l sind in der Tabelle 8 auch die absoluten Zähigkeiten in Zentipoisen angegeben.

Tabelle 8.

Kältemittel	Empfehlenswerte Zähigkeit der Mineralöle bei + 100° F = 38° C					
	in Saybolt-Sekunden	in Engler-Graden	in Zentipoisen beim spezifischen Gewicht 1,0	0,95	0,90	0,85
SO_2	100 bis 250	2,88 6,86	20,0 51,8	19,0 49,2	18,0 46,6	17,0 44,0
CF_2Cl_2	300	8,22	62,4	59,3	56,2	53,0
CH_3Cl	300 bis 500	8,22 13,70	62,4 104	59,3 99	56,2 93,5	53,0 88,4
C_2H_5Cl	500 bis 800	13,70 21,92	104 166	99 158	93,5 149,5	88,4 141

[1] Vgl. z. B. Plank, R.: Z. VDI Bd. 72 (1928) S. 1613.

e) Füllung mit Kältemittel und Öl.

Die Angaben der einzelnen Firmen über die notwendige Füllung der Anlagen mit Kältemittel und Öl stimmen untereinander nicht immer überein. Die in Tabelle 9 zusammengestellten Zahlen sind daher nur als Mittelwerte für kleine luftgekühlte Haushaltmaschinen zu verstehen. Es ist klar, daß die Füllung mit einem bestimmten Kältemittel von der Bauart des Verdampfers und von dem Inhalt des Flüssigkeitssammlers abhängt. Ein überfluteter Verdampfer braucht stets eine größere Füllung als ein trockener; er erhält außerdem stets auch noch eine zusätzliche Ölfüllung. Die Ölfüllung der Anlage hängt im übrigen von dem Inhalt des Kurbelgehäuses ab. Im allgemeinen ist man bestrebt, die Füllung so klein wie irgend möglich zu halten, da die meisten Kältemittel nicht unschädlich sind und man im Falle einer Undichtigkeit möglichst geringe Mengen in den Aufstellungsraum ausströmen lassen will.

Tabelle 9. Füllungen der Maschinen mit Kältemittel und Öl.

		mit trockenem Verdampfer				mit überflutetem Verdampfer			
	Motor PS	$^1/_6$	$^1/_4$	$^1/_3$	$^1/_2$	$^1/_6$	$^1/_4$	$^1/_3$	$^1/_2$
SO_2	Kältemittel in kg	1,5	1,8	2,2	2,6	1,75	2,5	3,5	5,4
	Öl in kg . .	0,5	0,7	0,9	1,2	0,9	1,1	1,4	1,8
CH_3Cl	Kältemittel in kg	1,0	1,2	1,4	1,8	1,3	1,8	2,5	4
	Öl in kg . .	0,4	0,5	0,6	0,8	0,5	0,75	1,1	1,8

f) Trockner, Absperrventile.

Es wurde schon oft betont, daß das Eindringen von Feuchtigkeit in das System sehr nachteilige Wirkungen ausübt; da sich dieses Eindringen aber nicht immer vollständig vermeiden läßt, so baut man in die Flüssigkeitsleitung einen besonderen Trockner ein, der entweder dauernd dort belassen wird, oder nur vorübergehend nach einer Reparatur oder einer neuen Füllung eingesetzt wird. Der Trockner (Abb. 77) besteht aus einem Rohr *a*, in das wasserfreies gekörntes Kalziumchlorid *b* eingefüllt wird. An beiden Rohrenden ist eine Schicht Glaswolle *c*, die vom Kalziumchlorid durch eine poröse Asbestplatte *d* getrennt ist, und ein engmaschiges Sieb *e* vorgesehen. Es muß darauf geachtet werden, daß die Kalziumchloridfüllung von Zeit zu Zeit erneuert wird, ehe sich das Salz durch zu reichliche Aufnahme von Feuchtigkeit zu verflüssigen beginnt. In kleingewerblichen Anlagen werden manchmal zwei solche Trockner parallel geschaltet und abwechselnd benutzt. Manche Firmen ziehen es vor, Kalziumoxyd- oder Silica Gel-Patronen als Trockner zu verwenden.

Der dauernde Einbau eines Trockners *q* in eine hermetisch gekapselte Maschine ist z. B. aus Abb. 69 (Ice-O-Matic) zu ersehen.

Für vorübergehende Einschaltung des Trockners müssen in der Flüssigkeitsleitung Absperrventile eingebaut sein. Solange man die Spindel dieser Ventile mit Stopfbüchsen verpackte, boten sie eine Quelle von Störungen durch Undichtigkeiten. Neuerdings hat man die

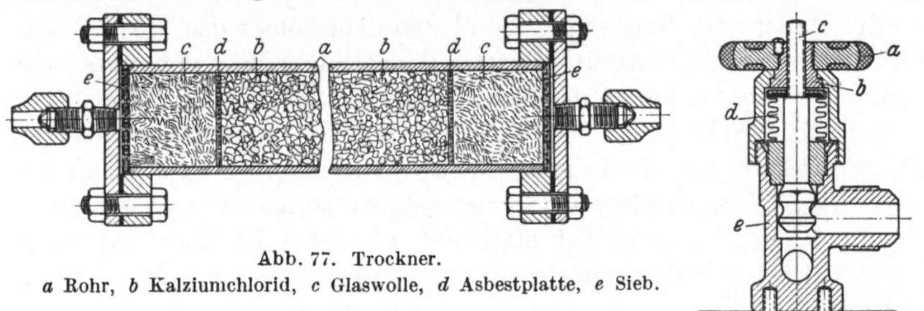

Abb. 77. Trockner.
a Rohr, *b* Kalziumchlorid, *c* Glaswolle, *d* Asbestplatte, *e* Sieb.

Stopfbüchse durch einen Metallbalg ersetzt (Abb. 78, Kerotest Mfg. Co., Pittsburgh, Pa.). Durch das mit dem Handrad *a* verschraubte Gewindestück *b* bewegt sich die Ventilspindel *c* ohne Drehung auf und ab. Der Metallbalg *d* ist auf der einen Seite gegen das Ventilgehäuse *e* und auf der anderen Seite gegen die Ventilspindel abgedichtet.

Abb. 78. Stopfbüchsenloses Absperrventil.
a Handrad, *b* Gewindestück, *c* Ventilspindel, *d* Metallbalg, *e* Ventilgehäuse.

Solche Absperrungen findet man oft auch in den Dampfleitungen der nicht hermetisch gekapselten Kompressionsmaschinen. Man bedient sich ihrer für den Transport, bei Instandsetzungen und bei der Füllung.

4. Kondensatoren.

Die Verflüssigung der im Kompressor verdichteten Dämpfe des Kältemittels erfolgt im Kondensator entweder mit Hilfe von Kühlwasser oder nur durch Wärmeabgabe an die umgebende Luft. Der wassergekühlte Kondensator kommt natürlich mit kleinerer Kühlfläche aus und gestattet die Einhaltung eines niedrigeren Kondensatordrucks mit entsprechend geringem Stromverbrauch. In der Regel liegt die Kondensationstemperatur nur etwa 3° oberhalb der Kühlwasserablauftemperatur. In vielen Fällen, z. B. in den Tropen steht aber kein Kühlwasser zur Verfügung, oder es muß teuer bezahlt werden; die Verlegung der Wasserzu- und Ableitungen bedeutet auch eine unerwünschte Komplikation bei der Aufstellung eines Kühlschranks. Nicht unerwähnt bleibe ferner, daß bei Kühlung des Kondensators durch Wasser die automatischen Sicherheitsvorrichtungen komplizierter werden, da dafür gesorgt werden muß, daß bei unvorhergesehenem Ausbleiben des Kühlwassers der Kompressor sofort ausgeschaltet wird.

Alle diese Gründe haben dazu geführt, daß die kleinsten Kältemaschinen bis zu Antriebsleistungen von $^1/_2$ PS fast ausschließlich mit luftgekühlten Kondensatoren gebaut werden. Ausgenommen bleiben natürlich die Fälle, in denen die Maschine in sehr kleinen, ungenügend belüfteten Räumen aufgestellt werden muß. Aber auch bei größeren Leistungen versucht man in steigendem Maße, ohne Kühlwasser auszukommen.

Die im folgenden behandelten Bauarten können auch in Verbindung mit Absorptionsmaschinen verwendet werden; spezielle Anordnungen werden im betreffenden Abschnitt (S. 131) behandelt.

a) Kondensatoren mit Wasserkühlung.

Bei den automatischen Kleinkältemaschinen findet man vorwiegend den Mantel- und Rohrschlangenkondensator (shell and coil) in verschiedenen Ausführungsformen. Er wird in der Regel als vertikaler Zylinder ausgebildet und neben dem Kompressor auf einer gemeinsamen Grundplatte mit dem Elektromotor aufgestellt. Das Kühlwasser strömt durch eine kupferne Rohrschlange, die konzentrisch im Mantel angeordnet ist und die Kältemitteldämpfe werden in den Mantel eingeblasen, so daß die Kondensation an der äußeren Oberfläche der Rohrschlangen stattfindet und das gebildete Kondensat sich im unteren Teil des Mantels sammelt, wo es mit dem kältesten Wasser in Berührung kommt. Dank der hohen Wassergeschwindigkeit und der raschen Abführung des Kondensats erreicht man bei dieser Bauart sehr hohe Wärmedurchgangszahlen bis zu $1000 \frac{\text{kcal}}{\text{m}^2 \, {}^\circ\text{C h}}$.

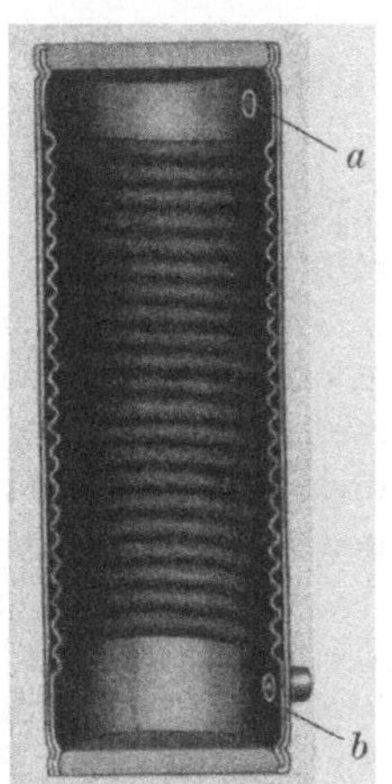

Abb. 79. Wassergekühlter Kondensator (Frigidaire). *a*, *b* Ammoniakein- und Austritt.

Einen solchen Kondensator verwendet auch die Maschinenfabrik Sürth (Linde) bei ihrem Autopolar-Automaten (Abb. 65), wobei der Kondensator konzentrisch um das den Kompressor und Elektromotor fassende Gehäuse gelegt ist. Eine ähnliche Anordnung findet man bei der Autofrigor-Maschine von Escher-Wyss & Co (Abb. 64). Bei der Frigodom-Maschine von Sürth (Abb. 66) ist der Kondensator durch eine um das Kompressorgehäuse gelegte Rohrschlange *g* gebildet, in der das Kältemittel kondensiert und die vom Kühlwasser umspült wird. Der Kühlwassermantel ist abnehmbar, so daß eine leichte Reinigung der Kondensatorschlange möglich ist. Das vom Kondensator abfließende Kühlwasser dient noch zur Kühlung des Öls im Motorgehäuse. Die neue Ausführung der Frigidaire Corp. ist aus Abb. 79

zu ersehen. Der äußere, glatte Zylindermantel wird dabei über den inneren, spiralförmig gewellten Zylinder gepreßt. Der Dampf tritt bei *a* ein und die Flüssigkeit wird bei *b* abgeleitet. Seltener findet man den aus dem Großkältemaschinenbau bekannten Doppelrohrkondensator und zwar entweder in der dort meist gebrauchten Ausführungsform zweier ineinander gesetzter glatter Rohre oder in der Form zweier Rippenrohre nach Abb. 80. Manchmal wird auch eine eben gewundene Rohrschlange zwischen 2 Platten mit halbkreisförmig eingepreßten Windungen gelegt, z. B. bei den größeren Kühlaggregaten von A. Teves, Frankfurt.

Eine Sonderbauart ist der wassergekühlte Kondensator des A-S-Kälteautomaten von Brown Boveri & Co (Abb. 62). Hier ist der Kondensator *a* als eine den Kompressor umgebende rotierende Trommel ausgebildet, die zur Hälfte in den Kühlwasserbehälter *c* eintaucht. Die verflüssigte schweflige Säure *f*, die spezifisch schwerer ist als das Schmieröl *d*, wird durch die Zentrifugalkraft an den Trommelumfang gedrängt und durch ein Kapillarrohr in den Verdampfer *g* eingespritzt.

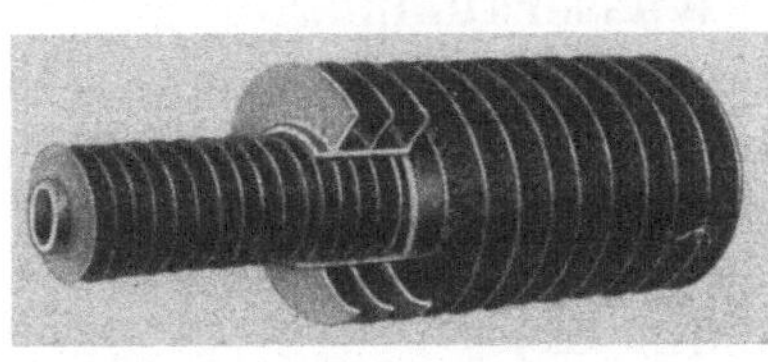

Abb. 80. Doppel-Rippenrohr-Kondensator (McCord).

Eine andere Sonderausführung ist der Kondensator der hermetisch gekapselten Kältemaschine von F. Klimsch (Abb. 74). In der rotierenden Trommel *c* dieser Maschine ist ein System von Rohrschlangen untergebracht, die, nach Schraubenlinien gleicher Steigung verlaufend, koaxial angeordnet sind. An den beiden Enden sind die Rohrschlangen radial abgebogen und münden in die Bohrungen *v* und *w* der hohlen Welle *b*, die an den Wasserzulauf und -ablaufstutzen *t* und *u* angeschlossen ist. Der Querschnitt der Rohre hat die Gestalt eines flachen auf einer Spitze stehenden Rhombus, wodurch eine große Kühlfläche bei geringerem Raumbedarf erzielt wird und das Kondensat bei der Rotation von den Spitzen leicht abgeschleudert wird.

b) Kondensatoren mit Luftkühlung und Ventilator.

Diese Kondensatoren bestehen entweder aus glatten oder aus berippten kupfernen Rohrschlangen in sehr verschiedenen Windungsarten. Der Querschnitt der kupfernen Rohre ist meist kreisrund, gelegentlich aber auch elliptisch oder stromlinienförmig, um die angeblasene Luft mit einem größeren Teil der Rohroberfläche in Berührung zu bringen. Die Rippenrohre werden entweder durch Aufsetzen einzelner Rippen (Abb. 81) oder durch schraubenförmiges Aufwickeln eines Blechstreifens (Abb. 82) hergestellt. Der Rohrdurchmesser beträgt meist

$^3/_8''$ und der Durchmesser der Rippen $^7/_8''$ bei einem Rippenabstand von $^1/_4''$ und einer Rippendicke von 0,006 bis 0,008″ (0,15 bis 0,2 mm). Die Kühlfläche beträgt dann 0,24 m² je laufendes Meter Rohr. Einen Kondensator mit Schraubenrippenrohren und darunter gesetztem Flüssigkeitssammler zeigt Abb. 83. Eine originelle Anordnung des Schraubenrippenrohr-Kondensators in kreisförmigen Windungen um das Kompressorgehäuse zeigt die Ice-O-Matic-Maschine (Abb. 69). Der von einem besonderen kleinen Hilfsmotor *n* angetriebene Ventilator *o* saugt die Außenluft zwischen den Rippen der drei untersten Rohrwindungen an und drückt sie am Leitblech *p* entlang an den drei obersten Rohrwindungen vorbei.

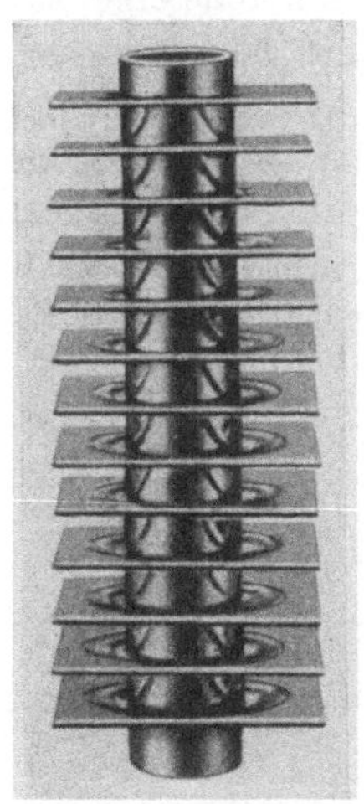
Abb. 81. Rippenrohr mit Einzelrippen.

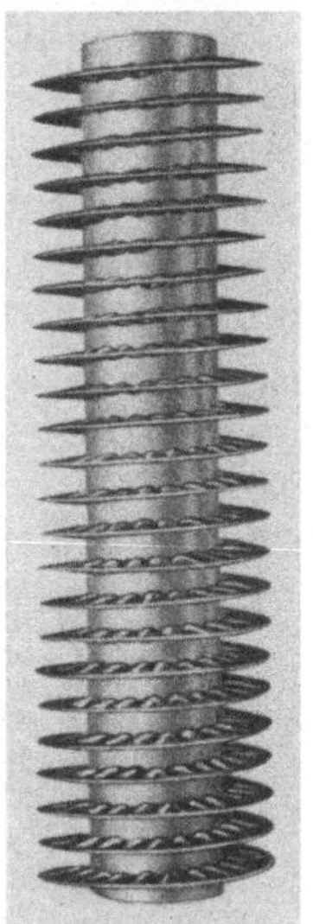
Abb. 82. Schraubenrippenrohr.

Aus Abb. 84 ist zu ersehen, daß das Rippenrohr auch spiralförmig gewunden werden kann, wobei die Dämpfe in die äußere Windung eintreten und die Flüssigkeit aus der innersten Windung entnommen wird. Diese Bauart hat den Vorzug, daß die Kühlfläche vom Ventilator sehr gleichmäßig und vollständig angeblasen wird.

Die Einzelrippen umfassen häufig nicht nur ein einzelnes Rohr, wie in Abb. 81, sondern ganze Rohrbündel. Diese gemeinsamen Rippen werden aus dünnen rechteckigen Kupferblechen hergestellt; die ebenen gestanzten Rippen (Abb. 85a) werden von der Seite auf die in Schablonen eingespannten Rohrbündel aufgesetzt. Der metallische Kontakt zwischen Rippe und Rohr wird auf verschiedene Weise sichergestellt: entweder werden die blanken kupfernen Teile nach ihrem Zusammenbau in ein Zinnbad versenkt, oder das Rohr und die Rippen werden vorher einzeln verzinnt und der Apparat wird nach dem Zusammenbau

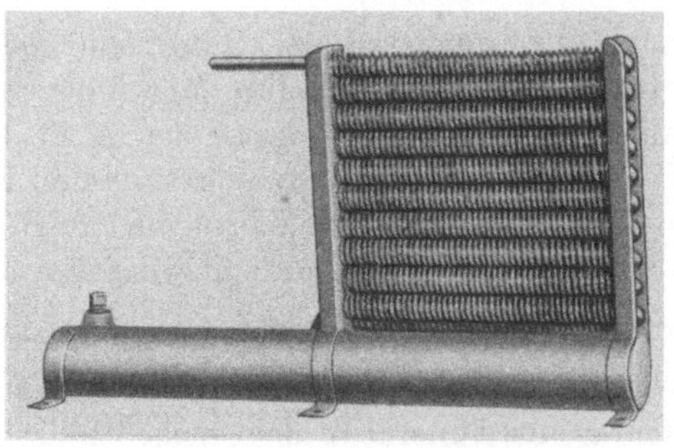
Abb. 83. Schraubenrippenrohr-Kondensator mit Flüssigkeitssammler.

in einen genau temperierten Ofen für eine genau abgemessene Zeit geschoben, wobei etwas Zinn abschmilzt und die kleinen Lücken ausfüllt.

Neben den ebenen Rippen findet man häufig auch Profilrippen nach Abb. 85b, die eine lamellenartige Struktur der Kühlfläche ergeben.

Um den Wärmeübergang von der Kühlfläche des Kondensators an die umgebende Luft zu verbessern, wird die Luft von einem Ventilator angesaugt und über die Kühlfläche geblasen. Gelegentlich wird der Ventilator konstruktiv mit dem Schwungrad des Kompressors verbunden in der Weise, daß die Speichen des Schwungrads als Ventilatorflügel ausgebildet sind (Abb. 55). Sehr oft wird der Ventilator aber auch auf die Motorwelle gesetzt (z. B. bei Gibson). Bei den hermetisch gekapselten Maschinen wird der Ventilator durch einen kleinen Hilfsmotor angetrieben, z. B. bei Westinghouse (Abb. 70) Ice-O-Matic (Abb. 69) und Majestic. Er muß jedenfalls so angeordnet sein, daß der erzeugte Luftstrom die Kühlfläche möglichst vollständig trifft. Die Luftgeschwindigkeit beträgt in der Regel etwa 10 m/sek. Man kann dabei mit einer Wärmeübergangszahl von etwa 30 $\frac{\text{kcal}}{\text{m}^2\ {}^\circ\text{C h}}$ rechnen, die praktisch mit der Wärmedurchgangszahl zusammenfällt. Die Kondensationstemperatur liegt meist 12 bis 15° C über der mittleren Lufttemperatur, so daß 1 m² Kühlfläche etwa 400 kcal/h überträgt.

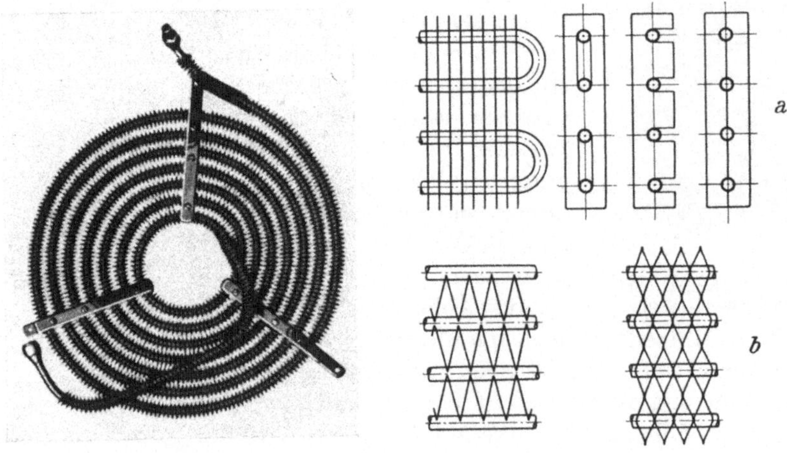

Abb. 84. Spiralförmig gewundenes Rippenrohr. Abb. 85. Rippenrohrbündel.

Genaue Versuche liegen für das Modell „Junior" der Kelvinator Corporation in Detroit vor[1]. Der Kompressor hat einen einfachwirkenden Zylinder mit 47 mm Durchmesser und 38 mm Kolbenhub; die Drehzahl

[1] Philipp, L. A., u. C. C. Spreen: Refr. Eng. Bd. 13 (1927) S. 310 und Bd. 14 (1927) S. 355.

ist 310/min. Die folgenden Zahlenwerte beziehen sich auf eine Verdampfungstemperatur von —9,5°.

Tabelle 10.

Lufttemperatur	20°	25°	30°	35°	40°
Kondensationstemperatur	35,0°	38,8°	42,7°	46,5°	50,4°
Kälteleistung kcal/h	213	196	180	162	145
Leistungsverbrauch am Elektromotor PS	0,29	0,28	0,285	0,295	0,31

Für den „Frigidaire"-Kühlschrank gelten bei einer Verdampfungstemperatur von —7° folgende Zahlen:

Tabelle 11.

Lufttemperatur	15°	18°	21°	24°	27°	32°	35°	40°
Kälteleistung kcal/h	278	272	263	257	248	235	227	214

c) Kondensatoren mit Luftkühlung ohne Ventilator.

Bei den vollkommen gekapselten Aggregaten ist es bei Wasserkühlung möglich, den Kondensator mit einzukapseln (Abb. 65, 66 u. 74); bei Luftkühlung dagegen muß er natürlich der Außenluft ausgesetzt sein, und es wird die Forderung erhoben, die Kondensationswärme ohne Zuhilfenahme eines Ventilators allein durch den natürlichen Zug (freie Konvektionsströmung) abzuführen. Die Lösung dieser Aufgabe ist recht schwierig, selbst wenn man bereit ist, eine Temperaturdifferenz von 18 bis 20° C zwischen dem kondensierenden Kältemittel und der Luft zuzulassen.

In Abb. 68 ist die Bauart der General Electric Co. dargestellt. Das Gehäuse, das den Elektromotor und den Kompressor aufnimmt, ist auf der Decke des Kühlschranks frei aufgestellt; es ist mit zahlreichen radialen Rippen von etwa 5 cm Länge versehen, und um den äußeren Umfang dieser Rippen sind 15 Windungen eines Kupferrohres von $^5/_{16}$″ äußerem Durchmesser mit einem Windungsdurchmesser von 360 mm gelegt, die den Kondensator darstellen. Die Rippen dienen sowohl zur Ableitung der Wärme vom Gehäuse wie auch von der Kondensatorschlange. Um die gegenseitige Beeinflussung der beiden entgegengesetzt gerichteten Wärmeströme zu verhindern, sind auf halber Rippenbreite zahlreiche Löcher gestanzt. Die erwärmte Luft steigt zwischen den Rippen hoch.

Im Gegensatz zu dieser Bauart setzt Servel bei seiner hermetisch gekapselten Bauart (vgl. S. 76, Abb. 71) das Gehäuse mit dem Elektromotor und dem Kompressor sowie den Kondensator in ein Schrankfach unterhalb des zu kühlenden Raumes (Abb. 86). Das Gehäuse ist hier auch mit radialen Rippen versehen, während der Kondensator aus Rippenrohrsystemen zusammengesetzt ist, die das Gehäuse von 2 oder

3 Seiten rahmenförmig umgeben. An einem Gerüst aus Profileisen wird unten das Gehäuse mit dem Kondensator und oben der Verdampfer befestigt. Dieses Aggregat stellt die versandfertige Maschineneinheit dar, die an Ort und Stelle in den zugehörigen Kühlschrank eingesetzt wird. Die Luft tritt von unten zwischen den Kühlschrankfüßen an den Kondensator heran und steigt an der Rückwand des Kühlschrankes längs der senkrechten Profilträger in einem schmalen rechtwinkligen Kanal empor, der eine schornsteinartige Wirkung ausübt. Diese Einheit wird für Motorleistungen von $^1/_8$ und $^1/_6$ PS und für Kälteleistungen von 150 und 225 kcal/h gebaut.

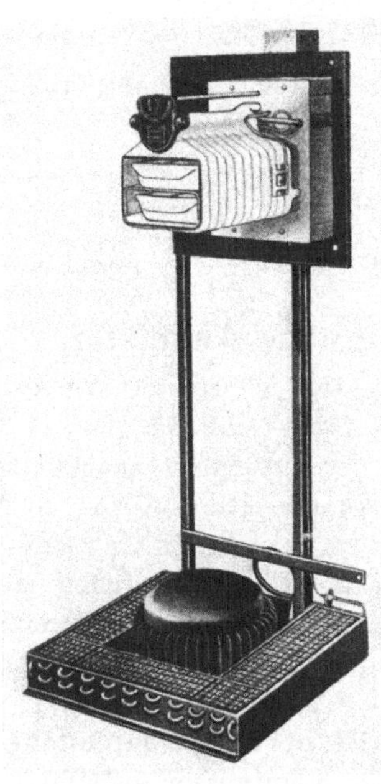

Abb. 86. Kühlaggregat von Servel.

Auch bei der von der Firma Robert Bosch in Stuttgart neuerdings herausgebrachten kleinen hermetisch gekapselten luftgekühlten Maschine mit einer Kälteleistung von 75 kcal/h wird auf den Ventilator verzichtet. Der aus Rippenrohrsystemen bestehende Kondensator liegt hier frei an der Rückseite des zylindrischen Kühlschranks (Abb. 93).

Schließlich hat die Frigidaire Corp. eine kleine hermetisch gekapselte Einheit mit Rotationskompressor entwickelt (S. 78), bei der der Kondensator an der Rückwand des Kühlschranks angeordnet ist und nur durch den natürlichen Luftzug gekühlt wird.

d) Sonderausführungen.

Die Kondensatorrohre werden gelegentlich in einen mit Wasser gefüllten Behälter versenkt, dessen Wasserfüllung jedoch nicht ständig erneuert wird. Diese Anordnung hat bei periodisch wirkenden Absorptionsmaschinen eine gewisse Berechtigung und wird in dem betreffenden Abschnitt (S. 141) erwähnt.

Eine wesentlich größere Speicherwirkung kann bei absatzweisem Betrieb dadurch erzielt werden, daß die Kondensationswärme während der Laufzeit des Kompressors bzw. während der Heizperiode einer Absorptionsmaschine zunächst an einen Zwischenstoff übertragen wird, der dabei eine Aggregatzustandsänderung erfährt. Bei der anschließenden Betriebspause der Kompressionsmaschine bzw. in der Kühlperiode der Absorptionsmaschine wird die aufgespeicherte Wärme dann an die umgebende Luft abgegeben. Der Zwischenstoff kann z. B. ein fester Stoff sein, der bei einer geeigneten Temperatur schmilzt. Das Kondensatorrohr wird durch einen Behälter geleitet, der mit dem schmelzenden Stoff gefüllt ist und der außen mit Rippen versehen ist. Eine solche Anordnung hat L. Szilard vorgeschlagen, wobei als Zwischenstoff beispielsweise Phenol (Schmelzpunkt + 43 °C) genannt wird[1].

Das vom Kondensator abfließende Kühlwasser wird manchmal noch zur Kühlung des Zylinderkopfs des Kompressors verwendet. Diese Kühlung kann aber auch durch Verdampfung eines Teils des bereits kondensierten Kältemittels unter Kondensatordruck erfolgen, wonach dieser Teil wieder zu kondensieren ist (S. 55 u. Abb. 47).

Neben den Kühlschlangen des Kondensators findet man gelegentlich auch noch einige Rohrwindungen, die als Ölkühler dienen (S. 83).

5. Verdampfer.

Das im Kondensator verflüssigte Kältemittel wird bei Kompressionsmaschinen entweder durch ein automatisches Regulierventil (Expansionsventil) in eine Verdampferschlange eingespritzt oder durch ein Schwimmerventil in eine Verdampferkammer eingelassen, die als Sammelstück ausgebildet ist und in die die einzelnen Verdampferrohre einmünden. Im ersten Fall spricht man von einem trockenen Verdampfer (dry system, direct expansion), im zweiten von einem überfluteten Verdampfer (flooded system). Ein trockener Verdampfer kann jedoch auch in Verbindung mit einem Schwimmerventil gebaut werden, wenn man dieses in einen Flüssigkeitssammler auf der Hochdruckseite anordnet. Beide Systeme sind in zahlreichen Ausführungsformen in Gebrauch und es ist noch unentschieden, ob das eine oder das andere System obsiegen wird. Während ursprünglich das Expansionsventil aus dem Großkältemaschinenbau übernommen und nur automatisiert wurde (S. 25), hat man später für die kleinsten Kältemaschinen das Schwimmerventil entwickelt und zwar mit solchem Erfolg, daß es sogar im Großkältemaschinenbau Eingang fand. Gegen geringe Verschmutzungen ist das Schwimmerventil weniger empfindlich. Die Abkehr vom Expansionsventil wurde auch dadurch begründet, daß seine Automatisierung bei stark wechselnder Belastung lange Zeit nicht einwandfrei gelingen wollte. Auch traten bei nicht ganz wasserfreiem Kältemittel (CH_3Cl) häufig Verstopfungen ein. Nachdem es aber in neuerer Zeit gelungen ist, diese Schwierigkeiten zu überwinden, stehen Expansions- und Schwimmerventil wieder im offenen Wettbewerb.

In nicht stationären Anlagen sind Schwimmerventile wegen der auf-

[1] Szilard, L.: DRP 508486 (1927) und Brit. Pat. 299783 (1928), Normelli, W.: Schw. Pat. 143121 (1929).

tretenden Erschütterungen weniger geeignet. Man hat sogar gelegentlich festgestellt, daß die Sitze der Schwimmerventile beim Transport gefüllter Anlagen ausgeschlagen wurden.

Die Verdampfer von Absorptionsmaschinen hängen mit der Wirkungsweise dieser Maschinen eng zusammen und werden daher erst in den betreffenden Abschnitten (S. 131 und ff.) behandelt.

a) Trockene Verdampfer.

Eine typische ältere Ausführungsform zeigt Abb. 87 (Copeland Products Inc.). Die kupfernen Verdampferschlangen sind in einen allseitig geschlossenen Behälter aus verzinntem Kupferblech versenkt, wobei ein Teil der Rohrwicklung die zur Aufnahme der Eispfannen *p* vorgesehenen Fächer eng umschließt. Der Behälter ist mit einer nicht gefrierenden wässerigen Lösung von $CaCl_2$, Alkohol, Glyzerin oder Glykol gefüllt. Diese Lösung überträgt die Wärme von der Kühlschrankluft an das verdampfende Kältemittel und dient zugleich als Kältespeicher. Um die Speicherwirkung zu erhöhen, verwendet man manchmal so schwach konzentrierte Glyzerinlösungen, daß sie zu einer breiigen Masse gefrieren. Oberhalb des Behälters ist das automatische Expansionsventil *r* und der häufig von den letzten Verdampferwindungen umschlossene Thermostat *t* angeordnet, der die Zuführung des elektrischen Stromes zum Antriebsmotor ein- und ausschaltet (vgl. auch Abb. 2). Die äußere Kühlfläche dieser früher viel verwendeten Bauart ist verhältnismäßig klein, so daß mit tiefer Verdampfungstemperatur gearbeitet werden mußte, was nicht nur unwirtschaftlich ist, sondern auch eine sehr geringe relative Feuchtigkeit der Kühlraumluft zur Folge hatte. Es ist ja bekannt, daß den maschinellen Kühlschränken eine zu große Trockenheit der Luft und eine dadurch bedingte scharfe Austrocknung und Verfärbung des Kühlgutes zur Last gelegt wurde; es war in der Tat keine Seltenheit, daß in solchen Schränken eine relative Feuchtigkeit unterhalb 50% bezogen auf $+5°$ C herrschte, wogegen man in Eisschränken 90% und darüber vorfinden konnte. Diesem Übelstand konnte nur durch bedeutende Vergrößerung der Kühlfläche abgeholfen werden.

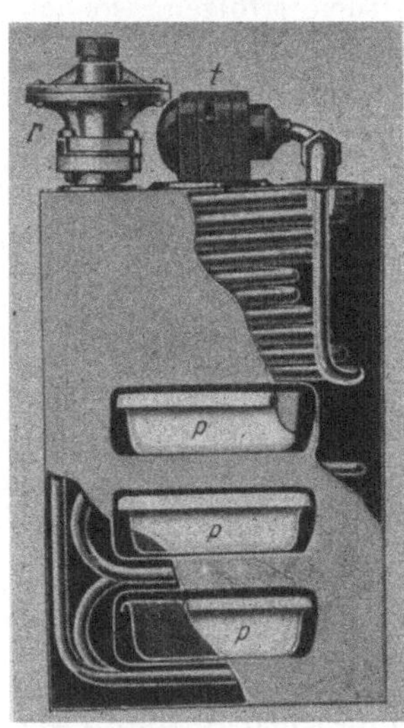

Abb. 87. Trockener Verdampfer (Copeland). *p* Eispfannen, *r* Expansionsventil, *t* Thermostat.

In neueren Bauarten wird auf die Zwischenflüssigkeit meist verzichtet. Abb. 88 zeigt die Bauart der Fedders Mfg. Co. in Buffalo, N. Y., bei der die Verdampferschlange in mehreren rechteckigen Windungen um die Eisschubfächer gewickelt ist. Beim Ate-Verdampfer der Firma A. Teves in Frankfurt a. M. (Abb. 89) sind die Verdampferrohre schlangenförmig auf die Außenflächen eines rechteckigen Kastens aufgelötet, der im Inneren die Schubfächer mit den Eiswürfeln enthält. Zur Vergrößerung der Kühlfläche sind an beiden Seiten Rippen aufgelötet. In Abb. 90 ist der Verdampfer der McCord Radiator & Mfg. Co. dargestellt, bei dem an Stelle von Rohren Elemente aus gepreßten und verlöteten Kupferblechen verwendet sind.

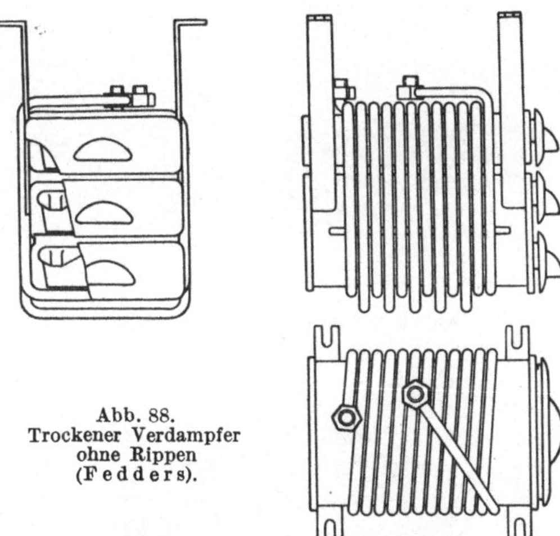

Abb. 88. Trockener Verdampfer ohne Rippen (Fedders).

Eine moderne Ausführungsform des trockenen Verdampfers zeigt Abb. 91 (Detroit Lubricator Co.). Die kupferne, rechteckig gewundene Verdampferschlange ist in ein mit Rippen versehenes Gehäuse aus Aluminiumguß eingebettet, das im Inneren die Schubfächer mit den Einteilungen für die Eiswürfel enthält. An die oben sichtbaren Rohrstutzen wird das automatische Expansionsventil und die Saugleitung angeschlossen.

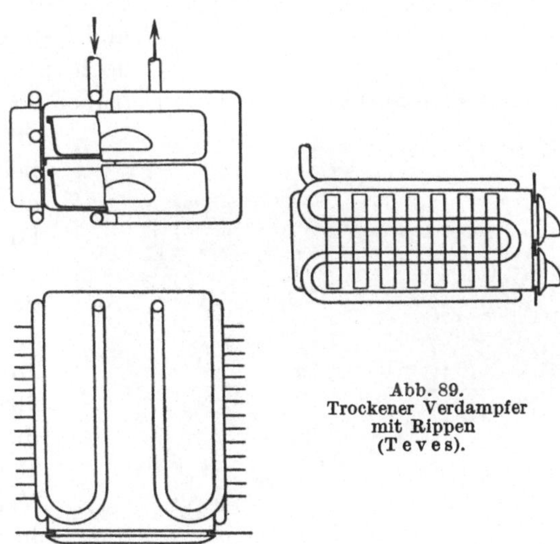

Abb. 89. Trockener Verdampfer mit Rippen (Teves).

Für größere Kühlschränke und kleingewerbliche Kühlräume verwendet man neuerdings Kühlelemente, bei denen auf die Verdampferschlangen sehr große und eng nebeneinander angeordnete Rippen von rechteckigem Querschnitt aufgesetzt sind (s. g. Larkin Coils von der

Larkin-Warren Refrigerating Corp. in Atlanta, Ga.). Ein Ausführungsbeispiel zeigt Abb. 92, in der die Anordnung eines solchen Verdampfers auf der falschen Decke eines Kleingewerbekühlraums dargestellt ist. Neben den bereits erwähnten Vorteilen der großen Kühlfläche wird dadurch auch noch die Vereisung der Flächen vermieden, da die Temperatur der Rippen größtenteils über 0° liegen kann. Dadurch entfallen unerwünschte Betriebsunterbrechungen. Bei der Bemessung dieses Verdampfers gilt als Regel, daß die gesamte Kühlfläche ebenso groß gewählt wird wie die äußere Oberfläche (Wände, Boden und Decke) des zu kühlenden Raumes. Die mittlere Temperaturdifferenz zwischen Kühlfläche und Luft beträgt dabei häufig nur noch 2 bis 3° C, während man früher oft Differenzen von 15 bis 20° zugelassen hat. Wird neben der Raumkühlung auch Eiserzeugung verlangt, dann muß die Verdampfungstemperatur mindestens —5° betragen.

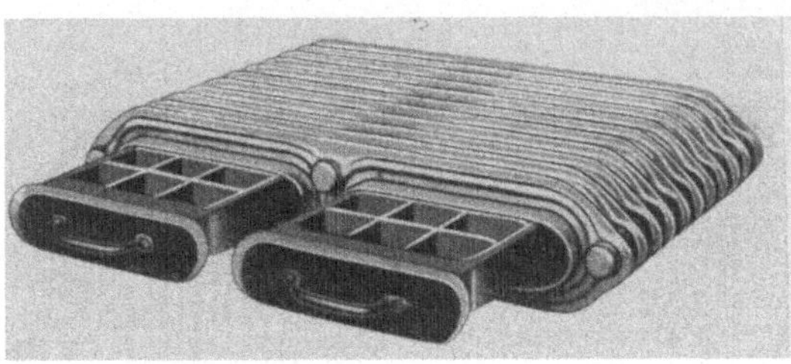

Abb. 90. Trockener Verdampfer (McCord).

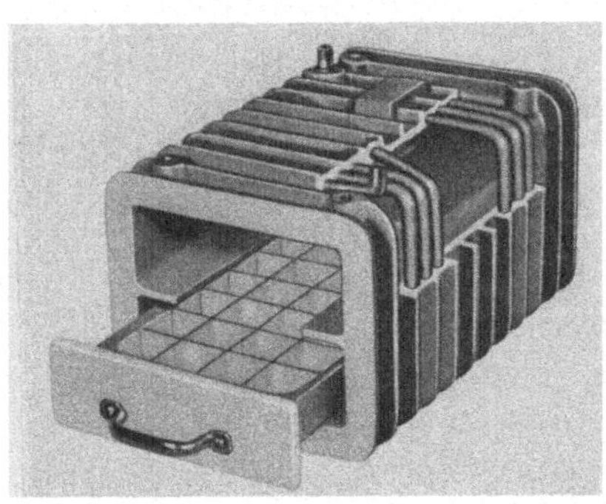

Abb. 91. Trockener Verdampfer (Detroit Lubricator).

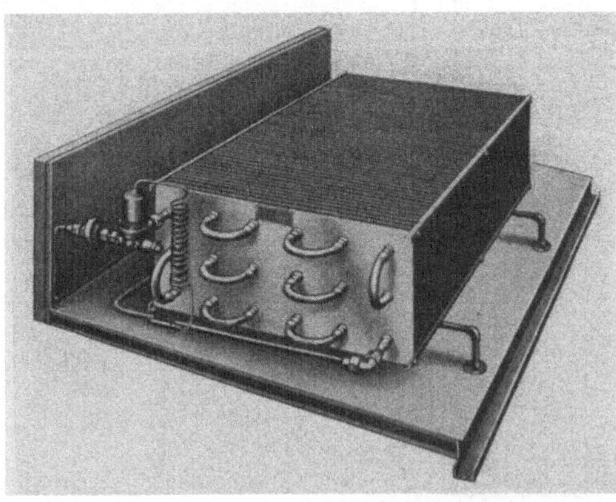

Abb. 92. Trockener Verdampfer (Larkin).

Eine völlig abweichende Anordnung des Verdampfers im Kühlschrank zeigt die Bauart der Firma Robert Bosch. Der SO_2-Verdampfer befindet sich hier nicht im Kühlschrank, sondern in einem den zylindrischen Kühlraum *a* umgebenden Mantel (Abb. 93 u. S. 81). Das Regulierventil ist hier durch ein längeres Kapillarrohr *b* ersetzt, in dem sich der Drosselvorgang abspielt. Die verdampfende schweflige Säure befindet sich in den äußeren Windungen *c* und die Dämpfe werden durch die Leitung *d* abgesaugt. Die Windungen *e* sind mit einem Kältespeicher gefüllt. Als Kühlfläche dient also hier die ganze innere Mantelfläche des Kühlraums und es geht darin kein Nutzraum verloren. Als gewisser Nachteil kann empfunden werden, daß sich die Feuchtigkeit hier unmittelbar auf den Innenwänden des Schranks niederschlägt.

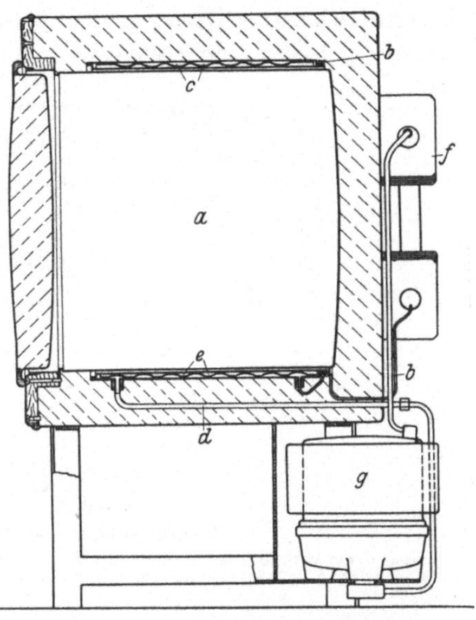

Abb. 93. Kühlschrank und Kühlaggregat von Bosch.
a Kühlraum, *b* Kapillarrohr, *c* SO_2-Windungen, *d* Saugleitung, *e* Kältespeicher, *f* Kondensator, *g* Maschinenaggregat.

Ein ähnlicher Vorschlag, bei dem jedoch im Mantel des Kühlschranks ein sekundäres Niederdruckkältemittel verdampft, ist in Abb. 94 schematisch dargestellt. Der primäre Verdampfer *a* (z. B. für SO_2 oder CH_3Cl) ist dabei sehr klein, da er nur den Wärmeaustausch mit dem kondensierenden sekundären Kältemittel (z. B. Äthylchlorid oder Äthyläther) zu bewirken hat; der primäre Verdampfer mit einer Temperatur von $-5°$ bis $-10°$ kann auch zur Eiserzeugung dienen. Im sekundären Verdampfer *b* genügt dank der großen Kühlfläche eine Temperatur von 0 bis $+2°$, um im Kühlraum $+5°$ aufrechtzuerhalten.

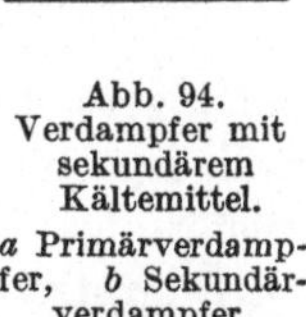

Abb. 94. Verdampfer mit sekundärem Kältemittel.
a Primärverdampfer, *b* Sekundärverdampfer.

b) Überflutete Verdampfer.

Die übliche Bauart eines SO_2-Verdampfers ist in Abb. 95 (Maschinenfabrik Sürth der Gesellschaft für Lindes Eismaschinen) dargestellt. Sie wird mit geringen Abweichungen von den meisten führenden Firmen benutzt. Der Verdampfer besteht aus einem horizontalen zylindrischen Kessel *a*, in dessen Unterteil die *U*-förmigen Rohre *b* einmünden, welche den Hauptanteil der Kühlfläche bilden und die Eispfannen *c* aufnehmen. Der Kessel ist seitlich durch den Deckel *d* verschlossen, in den die Flüssigkeitsleitung *e* und die Saugleitung *f* einmünden. Die Flüssigkeitsleitung mündet in den Rohrstutzen *g*, dessen Ende als Ventilsitz ausgebildet ist. Häufig setzt man vor diesen Stutzen noch ein feinmaschiges Sieb, um eine Verstopfung des engen Durchgangsquerschnitts im Ventil zu vermeiden. Auf dem Stutzen *g* ist der Träger *h* montiert, an dem der Schwimmer *i* durch einen Arm gelenkig befestigt ist. Die Drehung des Armes wird durch eine kleine Kurbel auf die gelenkig eingesetzte Ventilnadel *k* übertragen. Diese Nadel

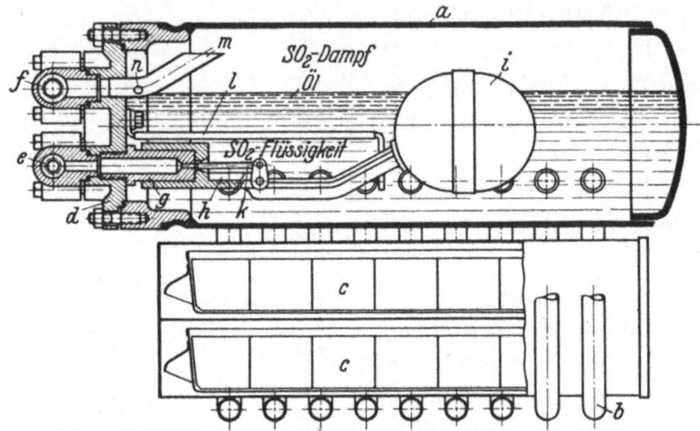

Abb. 95. Überfluteter Verdampfer (Sürth).
a Kessel, *b* Verdampferrohre, *c* Eispfannen, *d* Deckel, *e* Einspritzleitung, *f* Saugleitung, *g* Stutzen mit Ventilsitz, *h* Träger, *i* Schwimmer, *k* Ventilnadel, *l* Führungsblech, *m* Saugstutzen, *n* Öffnung.

wird aus einem sehr harten Spezialstahl hergestellt, der Titan- oder Wolframhaltig ist, während für den Ventilsitz meist Messing oder Bronze gewählt wird. Erfahrungsgemäß treten an der Nadel leicht Anfressungen ein, die teils auf mechanische Wirkungen (Erosionen), teils auf chemische Einflüsse (Korrosionen) zurückzuführen sind. *l* ist ein Führungsblech für den Schwimmerarm. Vor der Saugleitung *b* befindet sich ein nach oben gebogener Saugstutzen *m*, der in den Dampfraum mündet. Im Kessel wird die schwere SO_2-Flüssigkeit unten liegen und darüber lagert sich eine Ölschicht, während der Oberteil von SO_2-Dampf erfüllt ist. Im Saugstutzen *m* ist auf der Höhe des Ölniveaus eine kleine kreisförmige Öffnung *n* vorgesehen, durch die der vorbeistreichende SO_2-Dampf dauernd etwas Öl mitsaugt und es auf diese Weise in den Kurbelkasten des Kompressors zurückführt. Diese Ölrückführung ist ein wesentlicher Punkt, dessen Nichtbeachtung schwere Störungen zur Folge haben kann.

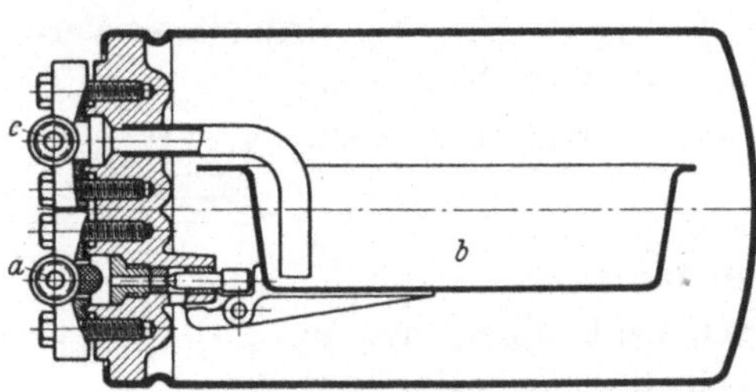

Abb. 96. Überfluteter Verdampfer (Fedders).
a Einspritzstutzen, *b* Schwimmer, *c* Saugstutzen.

Bei Methylchloridverdampfern ist die Rückführung des Schmieröls in der geschilderten Weise nicht möglich, weil das Öl schwerer ist als das flüssige Methylchlorid und weil sich das Öl in CH_3Cl sehr gut löst. Durch die Dampfblasen entsteht an der Oberfläche ein Schaum. Der Schwimmer wird nun nach Abb. 96 (Fedders Mfg. Co., Buffalo) als offene Pfanne ausgebildet, in die der Schaum überläuft. An die Saugleitung ist ein Rohrkniestück angeschlossen, das bis zum Boden der Schwimmerpfanne reicht. Das verdampfende Kältemittel kann auf diese Weise den Ölschaum mit ansaugen, wobei allerdings nicht ganz vermieden werden kann, daß auch ein kleiner Teil des Kältemittels flüssig mitgerissen wird. In gleicher Weise wirkt auch der Verdampfer des Temprite-Trinkwasserkühlers (Abb. 17). In manchen Ausführungen wird das Öl aus dem Verdampferkessel durch einen Docht *a* (Abb. 97) in eine besondere Kammer *b* hochgesaugt, aus der es durch den Rohrstutzen *c* von den durch die Saugleitung *d* strömenden Dämpfen abgesaugt wird.

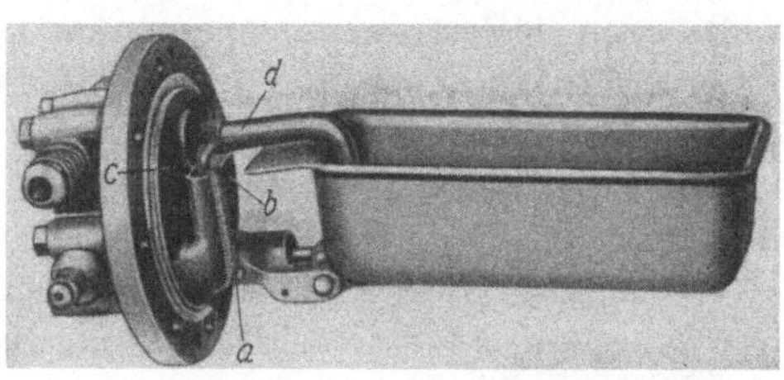

Abb. 97. Ölrückführung aus dem Verdampfer (Servel). *a* Docht, *b* Ölkammer, *c* Ölsaugstutzen, *d* Saugleitung.

Eine weitere Vorrichtung zur Ölabscheidung bei Methylchloridverdampfern zeigt Abb. 98. Mit fortschreitender Verdampfung wird das schwerere Öl im Kessel herabsinken. Es wird nun durch das senkrechte Rohr *a* in einen kleinen Sammelbehälter *b* geleitet, steigt dann im kommunizierenden Innenrohr *c* wieder hoch und bleibt darin vermöge seines höheren spezifischen Gewichts unterhalb des Niveaus im Kessel stehen (bei *d*). In das von hier ab erweiterte Innenrohr *c* ragt von oben das Saugrohr *e* hinein, so daß die abziehenden Dämpfe immer auch etwas Öl ansaugen (Stierlen-Werke, Rastatt).

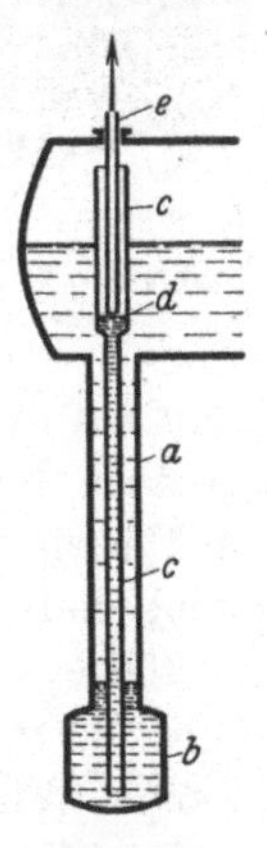

Abb. 98. Ölrückführung aus dem Verdampfer (Stierlen-Werke). *a* Fallrohr, *b* Sammelbehälter, *c* Steigrohr, *d* Ölspiegel, *e* Saugleitung.

Auch bei den überfluteten Verdampfern werden die U-Rohrbündel manchmal durch Elemente aus gepreßtem Kupferblech ersetzt (Abb. 99, McCord); diese Bauart lehnt sich fabrikatorisch an die Ausführung des trockenen Verdampfers nach Abb. 90 an. Fabrikatorisch interessant ist auch der Verdampfer der General Electric Co. (Abb. 68), bei dem sowohl die Verdampferrohre wie auch der Kessel nur aus einem glatten und einem gewellten Blech hergestellt sind, die aufeinandergelegt, paßgerecht zu einer Kastenform gebogen und verschweißt

werden[1]. **Als Material** dient entweder verzinntes Kupferblech oder Eisenblech mit einem Überzug aus feuerfester Emaille.

Um die Kühlfläche auch bei den überfluteten Verdampfern zu vergrößern, werden auf die Verdampferrohre Rippen aufgesetzt (Abb. 100, Frigidaire Corp.).

Bei den bisher besprochenen Ausführungen lag der Schwimmer hinter der Drosselstelle, also auf der Niederdruckseite im verdampfenden Kältemittel. Nicht selten findet man den Schwimmer aber auch auf der Hochdruckseite in einem besonderen Flüssigkeitssammler, der unmittelbar an den Kondensator angeschlossen ist (z. B. General Electric Co., Abb. 68 und Westinghouse, Abb. 70). Diese Anordnung hat den Vorteil, daß der Schwimmer in ruhender, nicht in Wallung befindlicher Flüssigkeit liegt; bei außen emaillierten Verdampfern kann sich der Verdampferkörper auch leicht etwas verziehen, wodurch dann ein im Verdampfer angeordnetes Schwimmerventil ecken und undicht werden könnte. Dagegen kann zugunsten der Anordnung des Schwimmers auf der Niederdruckseite angeführt werden, daß auch nach einem gewissen Kältemittelverlust der Verdampfer auf Kosten der Reserve im Flüssigkeitssammler stets überflutet bleibt. Außerdem lassen sich leicht mehrere Verdampfer mit Niederdruckschwimmer an ein Maschinenaggregat anschließen. Der Niederdruckschwimmer ist daher bei nicht hermetisch gekapselten Maschinen im Vorteil. Bei hermetisch gekapselten Aggregaten, bei denen zu jeder Maschine nur ein Verdampfer gehört, findet man meist einen Hochdruckschwimmer vor.

Abb. 99. Überfluteter Verdampfer (McCord).

Abb. 100. Überfluteter Verdampfer (Frigidaire).

c) Siedeverzug.

Beim Betrieb von überfluteten SO_2-Verdampfern wurde vielfach beobachtet, daß die flüssige schweflige Säure mit darüber gelagertem Öl sehr weit über die Siedetemperatur erhitzt werden kann, ohne daß die Verdampfung einsetzt. Solche Überhitzungen, die in Glasgefäßen über 25° C und in Kupferbehältern bis 15° C erreichen, wirken sich im praktischen Betrieb natürlich sehr störend aus, da sie nicht nur die Kälteleistung verringern, sondern auch eine geregelte Ölrückführung behindern. In systematischer Weise wurden diese Erschei-

[1] Vgl. hierzu Heath, D. P.: Refr. Eng. Bd. 22 (1931) S. 27.

nungen erstmalig von L. A. Philipp und B. E. Tiffany[1] untersucht, die auch die Mittel zur Beseitigung dieser Störungen angaben. Sie stellten zunächst fest, daß keine oder doch nur eine sehr geringe Überhitzung eintritt, wenn man durch die SO_2-Ölmischung Dampfblasen, von SO_2 oder Luftblasen hindurchläßt. An der Oberfläche der Blasen stellt sich dann leicht eine Verdampfung ein, was am Wachsen der Blasen zu erkennen ist. Daher werden auch an trockenen Verdampfern bei denen der im Regulierventil gebildete Dampfteil durch die ganze Verdampferschlange durchgehen muß, kein Siedeverzug beobachtet. Die Verhinderung des Siedeverzugs durch vorhandene Dampfblasen entspricht der Verhinderung des Gefrierverzugs beim Erstarren von Flüssigkeiten in Gegenwart von Kristallisationskernen. Philipp und Tiffany untersuchten zahlreiche feste Substanzen, deren Eintauchen in die Flüssigkeit den beobachteten Siedeverzug aufhebt oder verringert. Eine Substanz, die diese Eigenschaften besitzt, nennen sie „Ebullator", wofür man etwa „Siedebeschleuniger" sagen könnte. Von zahlreichen untersuchten Materialien erwiesen sich pflanzliche Faserstoffe, insbesondere Holzfasern, am besten geeignet. Genannt werden Schilfrohr, Walnußholz und Ahorn. Holzstäbe von 3 mm Durchmesser und 150 mm Länge werden in das eine Ende von jedem U-Rohr eines Verdampfers nach Abb. 95 nahe bei der Einmündung in den Kessel eingesetzt, wodurch der Siedeverzug praktisch völlig beseitigt wird. Die Firma Kelvinator Corp. in Detroit hat ihre sämtlichen überfluteten Verdampfer mit solchen Siedebeschleunigern ausgerüstet. Die Holzstäbe müssen vorher bei 135° C im Vakuum scharf getrocknet werden. Das Holz wird von SO_2 in keiner Weise angegriffen.

In geringerem Maße tritt ein Siedeverzug auch bei anderen Kältemitteln, z. B. CH_3Cl und CF_2Cl_2 auf. Durch Einbau von Schilfrohrstäben wurden auch hier die Schwierigkeiten insbesondere der Ölrückführung behoben. Überhitzte CF_2Cl_2-Flüssigkeit kann man sofort zum Sieden bringen, wenn man ein paar Stückchen Karborundum zugibt.

d) Sonderbauarten, Zubehörteile.

Von den normalen Bauarten weichen die in den Abb. 62 bis 64 dargestellten Verdampfer ab. Der rotierende Verdampfer der A-S-Maschine (Abb. 62) taucht zur Hälfte in ein Solebad. Das flüssige Kältemittel wird durch ein in der hohlen Welle verlegtes Kapillarrohr in den Verdampfer abgedrosselt und durch die Zentrifugalkraft an den Umfang der rotierenden Kugel gedrängt. Die entstehenden Dämpfe werden durch die hohle Welle in den Kompressor gesaugt. Beim Autofrigor (Abb. 64) wird die Einspritzung des Kältemittels in den Verdampfer durch einen kugelförmigen Schwimmer geregelt. Der Verdampfer ist

[1] Refr. Eng. Bd. 25 (1933) S. 140.

als zylindrischer Behälter mit Längsrippen und einem Verdränger ausgebildet. Es sei ferner auf die Verdampfer der Autopolar- und Frigodom-Maschinen verwiesen (Abb. 65 u. 66).

Der Verdampfer des zur Kühlung von Wohnräumen bestimmten Kälteaggregats von Klimsch (Abb. 74) besteht aus flachen Rohren x, die im Kreise angeordnet und nach Art der Flügel eines Ventilators schräg gestellt sind. Die Rohre sind an einem Ende geschlossen und in einen Kranz eingesetzt, der mit der Welle b durch Arme y verbunden ist. Mit dem anderen offenen Ende münden sie in die Stirnwand eines zylindrischen Sammelstückes z, das durch eine Ringscheibe a_1 in zwei Kammern b_1 und c_1 unterteilt ist. In der Kammer b_1 befindet sich ein Überlaufrohr d_1, das in der Scheibe a_1 mündet, und ein zweites Rohr n, das die Saugleitung zum Kompressor bildet; diese Kammer ist ferner durch die U-Rohre r mit der Trommel c verbunden. Bei der Rotation wird die zu kühlende Luft durch die Rohre x getrieben. Das verdampfende Kältemittel tritt in die Kammer c_1 und strömt durch die Öffnung in der Scheibe a_1 in die Saugleitung n.

Sehr zahlreich sind die Bau- und Herstellungsarten der Eispfannen, doch würde ihre vollständige Aufzählung zu viel Platz beanspruchen. Die Herstellung von Eiswürfeln wird in Amerika stärker verlangt als in Europa, weil dort viel Eisgetränke hergestellt werden. Technisch-wirtschaftlich gedacht ist die Eiserzeugung in einem Haushaltkühlschrank zu verwerfen, denn sie zwingt, die Verdampfungstemperatur viel tiefer zu halten als zur Kühlung des Schrankes allein erforderlich wäre. Die tiefe Verdampfungstemperatur erhöht den Energieverbrauch und setzt die relative Feuchtigkeit im Schrank in unerwünschtem Maße herab. Getränke können auch durch rechtzeitiges Einbringen in den Kühlschrank genügend abgekühlt werden. Die Eiswürfel gestatten nur eine viel raschere Abkühlung. Auch auf die Forderung der Bereitung von Speiseeis (Gefrorenem) im Kühlschrank sollte vernünftigerweise verzichtet werden. Es ist sehr zu begrüßen, daß die Firma Robert Bosch in ihrem Kühlschrank (Abb. 93) entgegen der herrschenden Mode auf eine Eiserzeugung vollständig verzichtet.

IV. Absorptionskältemaschinen.

1. Allgemeine Bemerkungen.

Neben den bisher behandelten Kompressionsmaschinen sind in letzter Zeit auch die Absorptionsmaschinen für Haushaltzwecke stark in den Vordergrund getreten. Diese Tatsache wird verständlich, wenn man bedenkt, daß die Einfachheit und Betriebssicherheit bei Haushalt-Kältemaschinen stärker betont wird als die Wirtschaftlichkeit. Die

Absorptionsmaschinen haben keinerlei bewegten Teile, es gibt also hier keine mechanische Abnutzung, keine Abdichtungsschwierigkeiten, keine Schmierungsprobleme und keine Geräuschbekämpfung. Diese Vorteile würden allein genügen, um eine eingehende Beschäftigung mit den Absorptionsmaschinen zu rechtfertigen. Es kommt noch das psychologische Moment hinzu, daß viele Hausfrauen keine „Maschinen" in ihrem Haushalt wünschen, da sie häufige Reparaturen fürchten. Wenn diese Befürchtung gegenüber den hochwertigen Kompressionsmaschinen auch unbegründet ist, so bieten trotzdem die unbeweglichen Absorptionsapparate die denkbar einfachste Lösung des Problems der Kälteerzeugung im Haushalt.

Der Weg zur Verwirklichung dieser Lösung war allerdings dornenvoll und führte über manche Irrwege, auf welchen das klare Urteil der Fachleute und der Verbraucher nicht unerheblich getrübt wurde. Der vielfach geübte verantwortungslose Vertrieb halbfertiger Konstruktionen hat die kleinen Absorptionsmaschinen zeitweise stark in Mißkredit gebracht. Es zeigten sich hier gleichartige Fehler wie am Beginn der Entwicklung kleinster Kompressionsmaschinen: man übernahm zu vieles aus dem Großkältemaschinenbau und wurde sich nicht von vornherein bewußt, daß in den völlig neuartigen Verhältnissen auch ganz andere Mittel am Platze waren. Der große Schritt, den man wagte, war der Übergang von der kontinuierlich wirkenden Großkältemaschine zur periodisch wirkenden Kleinkältemaschine; verhängnisvoll wurde aber, daß man versäumte, zugleich einen Systemwechsel vorzunehmen und sich vom althergebrachten Absorptionsmittel (Wasser) zu trennen. Unter Beibehaltung von Wasser als Absorptionsmittel war es richtiger, auch die kontinuierliche Arbeitsweise beizubehalten und nur Mittel und Wege zu finden, die Absorptionsmaschine wirklich bewegungslos zu machen, also die Lösungspumpe zwischen Absorber und Kocher zu umgehen.

Für den wirtschaftlichen Vergleich von Kompressions- und Absorptionsmaschinen gelten etwa folgende Gesichtspunkte: die Herstellungskosten eines Kompressors sinken keinesfalls proportional mit der Verringerung seines Hubvolumens; man kommt an eine Grenze, deren Unterschreitung sich nicht mehr rechtfertigt. Ähnliche Überlegungen gelten auch für den Antriebselektromotor. Für sehr kleine Leistungen der Kältemaschine sinkt ferner die Menge des umlaufenden Kältemittels so stark, daß die Regulierung schwierig wird. Man findet daher nur selten Kompressionsmaschinen, deren Kälteleistung unterhalb 100 kcal/h bei $-10°$ Verdampfungstemperatur liegt. In der üblichen Ausführung der Kühlschränke entspricht diese Kälteleistung einem Nutzinhalt von etwa 100 l, der in amerikanischen Bauarten auch kaum je unterschritten wird. Für europäische Verhältnisse werden aber sehr oft noch wesentlich kleinere Schränke am Platze sein; ein Nutzinhalt von 50 bis 60 l ist in vielen Fällen vollkommen ausreichend. Es werden heute sogar schon in großer Zahl maschinell betriebene Kühlschränke auf den Markt gebracht, deren Nutzinhalt knapp 30 l erreicht (Elektrolux, S. 162). Die dabei notwendigen Kälteleistungen gehen bei entsprechend gewählter Isolierung des Schrankes auf 25 bis 30 kcal/h herunter. Für so kleine Kälteleistungen lassen sich Kompressionsmaschinen kaum noch wirtschaftlich bauen. Bei der Absorptionsmaschine liegen die Verhältnisse in dieser Beziehung günstiger. Der Schritt von 100 auf 30 kcal/h ist noch mit einer wesentlichen Verringerung der Herstellungskosten der Maschine verbunden. Die Verwirklichung eines „Volkskühlschranks" ist daher unseres Erachtens leichter auf dem Wege über die Absorptionsmaschine möglich.

Neben den Herstellungskosten spielen natürlich die Betriebskosten eine sehr wichtige, aber in gewissen Grenzen doch keine entscheidende Rolle. Es ist nicht ganz einfach, hier die richtige Vergleichsbasis für Kompressions- und Absorptionsmaschinen zu finden. Die Kompressionsmaschine im Haushalt kann natürlich nur elektrisch betrieben werden, sie ist also auf die höchstwertige Energieform angewiesen. Beheizt man den Kocher einer kleinen Absorptionsmaschine elektrisch, so wird der Stromverbrauch für den gleichen Schrank 3 bis 4mal so hoch wie bei einer Kompressionsmaschine. Dieses scheinbare Mißverhältnis schließt jedoch die elektrische Heizung bei Absorptionsmaschinen nicht grundsätzlich aus, da nicht der Stromverbrauch allein, sondern auch die Struktur der Stromtarife entscheidet.

Zahlreiche Elektrizitätswerke bieten ihren Stromabnehmern billige Nachttarife, die oft bis auf ein Viertel des Tagestarifs heruntergehen. Bei periodischen Absorptionsmaschinen, die als Speichermaschinen aufzufassen sind, ist es ohne weiteres möglich, die Heizperiode in die billigen Nachtstunden zu legen, und man findet, daß die Stromkosten dann trotz des größeren Stromverbrauchs kaum höher werden als bei guten Kompressionsmaschinen[1].

Die kontinuierliche Absorptionsmaschine mit ununterbrochener Heizung kann natürlich gestaffelte Tarife nicht besser ausnutzen als eine Kompressionsmaschine. Hier ist es immer geboten, von unmittelbaren Wärmequellen für die Beheizung des Kochers Gebrauch zu machen, also z. B. städtisches Leuchtgas, Naturgas oder flüssige Brennstoffe zu verwenden. Sämtliche von der Elektrolux-Servel-Gesellschaft in Amerika gebauten kontinuierlichen Absorptionsmaschinen werden in folgerichtiger Weise nicht elektrisch beheizt.

Bei nicht gestaffelten Stromtarifen sind auch die periodischen Ab-

[1] Vgl. Laufer, J.: Fortschritte in der Elektrifizierung des Haushalts. Verlag Vereinigung der Elektrizitätswerke E. V., Berlin 1931, S. 63.

sorptionsmaschinen bei elektrischer Beheizung im Nachteil. Man wird in Europa der Gasheizung von Absorptionsmaschinen ganz allgemein größere Beachtung schenken müssen als es bisher geschehen ist. Solange die meisten Kochherde mit Gas beheizt werden, wird man auch gegen die Gasheizung bei Kühlschränken keine ernsten Einwände machen dürfen.

Schließlich ist zu bedenken, daß es in vielen Gegenden, z. B. in Süd-Amerika, aber auch in den Vereinigten Staaten von Nord-Amerika, weder Elektrizität noch Gas gibt. In solchen Fällen ist man ausschließlich auf flüssige Brennstoffe (Petroleum, Benzin, Spiritus) zur Beheizung von Absorptionsmaschinen angewiesen; die Durchbildung solcher Einheiten ist daher durchaus wirtschaftlich geboten. Die Gibson Electric Refrigerator Corp. hat neuerdings eine solche Maschine unter der Bezeichnung Kero-Unit und Trukold herausgebracht (S. 146), desgleichen die Perfection Stove Co. in Cleveland, Ohio.

2. Arbeitsstoffe von Maschinen mit flüssigem Absorptionsmittel.

Während man für den Kreisprozeß der Kompressionsmaschine einfache Stoffe als Kältemittel verwendet, braucht man für den Prozeß der Absorptionsmaschine mindestens ein Zweistoffsystem, bestehend aus dem eigentlichen Kältemittel und einem Absorptionsstoff, der dieses Kältemittel in starkem Maße löst oder bindet. Nicht selten tritt noch ein dritter Stoff in die Erscheinung, z. B. zum Zwecke der Steigerung der Absorptionsfähigkeit des verwendeten Absorptionsmittels, oder für den Druckausgleich zwischen den verschiedenen Teilen der gesamten Apparatur. Die thermodynamischen Vorgänge sind bei diesen Maschinen infolgedessen wesentlich verwickelter als bei Kompressionsmaschinen; diese Schwierigkeiten beziehen sich jedoch nur auf die Berechnung und den Entwurf solcher Maschinen, sie treffen also nur den Konstrukteur. Im praktischen Betrieb sind Absorptionsmaschinen keinesfalls komplizierter als Kompressionsmaschinen.

An Stelle der aus dem Großkältemaschinenbau bekannten kontinuierlich wirkenden Absorptionsmaschinen, die in industriell bedeutungsvollen Ausführungen erstmals von F. Carré (seit 1857) gebaut wurden[1] und die neben einer ziemlich umfangreichen Apparatur auch noch eine Lösungspumpe zur Förderung der reichen Lösung aus dem Absorber in den Austreiber erfordern, entwickelte man für die kleinsten Kälteleistungen die viel einfacheren aber thermisch weniger vollkomme-

[1] Die erste Veröffentlichung über diese Maschinen findet man in Comptes rendus Bd. 51 (1860), S. 1023.

nen periodisch wirkenden Absorptionsmaschinen. In diesen Maschinen (S. 132) folgt auf eine relativ kurze Heizperiode, in der die Kältemitteldämpfe aus dem Lösungsmittel ausgetrieben und verflüssigt werden, eine meist viel längere Kühlperiode, bei der das verflüssigte Kältemittel verdampft und vom Lösungsmittel wieder absorbiert wird. Mit dem Bau solcher periodisch wirkenden Maschinen in industriellem Maßstab wurde etwa um das Jahr 1910 in den Vereinigten Staaten von Amerika begonnen[1]. Nach dem Kriege wurden diese Maschinen in Deutschland zuerst von E. Rumpler gebaut, der sich an amerikanische Vorbilder anlehnte.

Erst als man Mittel und Wege gefunden hatte, die Lösungspumpe zu vermeiden, wurden auch kleinste Einheiten als kontinuierlich wirkende Absorptionsmaschinen gebaut. Ihre Entwicklung ist mit den Namen H. Geppert, E. Altenkirch, B. von Platen, C. G. Munters und G. Maiuri verknüpft.

Als Arbeitsmittel für kontinuierlich und periodisch wirkende Absorptionsmaschinen können zunächst folgende Stoffpaare verwendet werden:

Absorptionsmittel	Kältemittel
Schwefelsäure (H_2SO_4)	Wasser (H_2O)
Kalilauge (KOH), Natronlauge (NaOH) oder deren Gemische	Wasser (H_2O)
Wasser (H_2O)	Ammoniak (NH_3) Methylamin (CH_3NH_2) und andere aliphatische Amine
Ammoniumrhodanit (NH_4CNS)	Ammoniak (NH_3)
Tetrachloraethan ($C_2H_2Cl_4$)	Äthylchlorid (C_2H_5Cl)
Paraffinöl	Toluol (C_7H_8), Pentan (C_5H_{12})
Aethylenglykol ($C_2H_4(OH)_2$)	Methylamin (CH_3NH_2).

Zu diesen binären Systemen ist im einzelnen folgendes zu bemerken:

a) Schwefelsäure und Wasser wurden schon von Carré in den ältesten Absorptionsmaschinen (Vakuum-Maschinen) verwendet. Die größten Schwierigkeiten bereitet hierbei die Auswahl der Konstruktionsmaterialien, da die Schwefelsäure fast alle Metalle angreift. Einigermaßen widerstandsfähig erweisen sich Blei und Gußeisen. Auf die Dauer bleiben aber nur keramische Behälter beständig, deren Verwendung zwar durch die sehr niedrigen Drücke dieser mit Wasserdampf als Kältemittel arbeitenden Maschinen möglich ist, bei denen aber die Bruchgefahr als schwerer Nachteil empfunden werden muß. Dieses

[1] Der Gedanke an sich ist jedoch viel älter, vgl. z. B. die deutschen Patentschriften Nr. 35826 (1885) und Nr. 37127. Die Schwefelsäure-Absorptionsmaschinen (Vakuummaschinen) mit periodischer Wirkung wurden bereits von Leslie (1810) angegeben. Die periodische Ammoniak-Absorptionsmaschine wurde zuerst von Carré (1860, vgl. Fußnote S. 111) beschrieben.

System wird heute nur noch in den kleinsten Haushalt-Eismaschinen verwendet, die für die Tropen bestimmt sind[1]. Es wird dabei nur die kälteerzeugende Absorptionsperiode verwirklicht und zwar so oft, bis die erreichte Verdünnung der Schwefelsäure die Maschine unwirksam macht. Es wird dann die verdünnte Schwefelsäure weggegossen und neue konzentrierte eingefüllt. Diese Maschinen sind nicht bewegungslos, es gehört vielmehr eine Vakuumpumpe dazu, weil das Wasser unter gewöhnlichem Luftdruck bei tiefen Temperaturen nur sehr langsam verdunsten würde. Die Maschinen werden entweder von Hand oder durch einen kleinen Elektromotor betrieben.

E. Altenkirch hat eine mit Schwefelsäure und Wasser betriebene, kontinuierlich wirkende und völlig bewegungslose Kältemaschine entwickelt, in der ein geschlossener Kreisprozeß ohne Verbrauch von Chemikalien durchlaufen wird (s. S. 163).

b) Unter Beibehaltung von Wasser als Kältemittel hat man versucht, Schwefelsäure durch Kalilauge oder Natronlauge zu ersetzen. Die mit der Verwendung dieser Laugen verbundenen Materialschwierigkeiten sind aber kaum geringer. Nach neueren Untersuchungen sollen Vernickelung und Verchromung einen sehr wirksamen Schutz gegen die Korrosion durch diese Laugen bilden[2]. Etwas weniger aggressiv sind Gemische von Kali- und Natronlaugen. Die durch die Korrosionswirkung gebildeten Fremdgase (H_2) setzen auf die Dauer die Leistung der Kältemaschinen stark herab. Die Notwendigkeit der regelmäßigen Entfernung dieser Fremdgase durchbricht das Prinzip der vollautomatischen Betriebsweise im Haushalt und Kleingewerbe. Bei größeren Anlagen ließe sich diese „Entlüftung" schon eher durchführen.

c) Wesentlich bedeutungsvoller ist das binäre System Wasser und Ammoniak, bei welchem letzteres als Kältemittel dient. Große Absorptionsmaschinen werden ausschließlich nach diesem System gebaut, das erstmalig ebenfalls von Carré angegeben wurde. Die Auswahl des Materials bietet hier viel weniger Schwierigkeiten als bei Schwefelsäure oder Kalilauge und es kann von allen Eisensorten Gebrauch gemacht werden. Immerhin muß man sich darüber klar sein, daß siedende wäßrige Ammoniaklösungen (Salmiakgeist) gegen Eisen nicht ganz neutral sind; es wurde beobachtet, daß besonders die Schweißnähte mit der Zeit angegriffen werden. C. G. Munters[3] berichtet, daß die Leistung der Maschinen aus diesem Grund nach 4—5jährigem Betrieb beeinträchtigt wird. Es ist jedoch bekannt, daß man durch geringe Zusätze von Kalium-, Natrium- oder Ammoniumbichromat (0,2 Ge-

[1] Vgl. z. B. Schneider, E.: Z. ges. Kälteind. Bd. 34 (1927) S. 7.
[2] Berl, E., und F. van Taack: Forschungsheft VDI Nr. 330 (1930) S. 20.
[3] Munters, C. G.: Z. ges. Kälteind. Bd. 39 (1932) S. 218.

wichtsprozent der Füllung) die chemische Aktivität heißer wäßriger Ammoniaklösungen wesentlich einschränken kann[1]. Kupfer und Kupferlegierungen werden nur bei Abwesenheit von Wasserdampf und Sauerstoff von Ammoniak nicht angegriffen; ihre Verwendung ist also im vorliegenden Fall ausgeschlossen.

Einen wesentlichen Nachteil des Systems Wasser-Ammoniak bildet die Tatsache, daß beim Aufkochen der Lösung neben Ammoniak auch merkliche Mengen Wasserdampf ausgetrieben werden. Wird z. B. die Lösung unter einem Druck von 10 at auf 100° erwärmt, dann enthält das gebildete Dampfgemisch 8% Wasserdampf, und bei Erwärmung auf 120° schon 17,5% Wasserdampf. Das Mitverdampfen des Absorptionsmittels (H_2O) neben dem Kältemittel (NH_3) ist sehr schädlich, da der Wasserdampf bis zum Verdampfer vordringt, hier einen Teil des Ammoniaks in Lösung hält und so seine nutzbare Verdampfung verhindert. Durch das Verdampfen des Wassers wird auch der Bedarf an Heizwärme nutzlos erhöht. Man kämpft gegen das Mitverdampfen des Wassers während der Kochperiode dadurch an, daß man hinter den Kocher einen Dampfkühler schaltet, in welchem sich ein großer Teil des Wasserdampfs niederschlägt und in den Kocher zurückfließt. Etwas Wasserdampf wird aber trotzdem in den Kondensator und von dort in den weiteren Kreislauf der Maschine gelangen. Bei periodischen Maschinen muß daher dieses Wasser von Zeit zu Zeit in den Kocher zurückgeführt werden, was stets mit konstruktiven oder betriebstechnischen Komplikationen verbunden ist. Das Mitverdampfen des Absorptionsmittels wird um so geringer sein, je weiter die Dampfdruckkurven der beiden Komponenten des binären Gemisches auseinanderliegen. Der Unterschied der normalen Siedepunkte beträgt bei Wasser (+100°) und Ammoniak (—33°) nur 133°. Es ist daher naheliegend, Stoffpaare mit größerem Abstand in den Dampfdruckkurven der Komponenten zu suchen.

Eine weitere Schwierigkeit bei allen periodischen Absorptionsmaschinen mit flüssigem Absorptionsmittel liegt darin, daß das absorbierte Mittel (NH_3) zwar leicht bei der Kochperiode von der Oberfläche aufsteigt, aber bei der Kühlperiode nur dann rasch absorbiert wird, wenn es in die absorbierende Flüssigkeit hineingeleitet wird; für das Austreiben und die Absorption braucht man also getrennte Gaswege, von denen der eine immer geschlossen sein muß. Das führt zu konstruktiven Schwierigkeiten: man muß entweder Ventile in den Leitungen vorsehen, die zu Undichtigkeiten Veranlassung geben und deren Bedienung Handgriffe oder automatische Vorrichtungen erfordert, oder man muß

---

[1] McKelvy, E. C., u. Aaron Isaacs: Causes and the Prevention of non condensible Gases in Ammonia Absorption Refrigerating Machines, Technological Papers U. S. Bureau of Standards Nr. 180, Washington 1920.

besonders sinnreiche Schaltungen und Hilfsmittel anwenden, auf die noch eingegangen werden wird.

Die thermischen Eigenschaften wäßriger Ammoniaklösungen sind sehr genau bekannt dank den Untersuchungen von Hilde Mollier[1], Th. A. Wilson[2] und neuerdings von J. Wucherer[3], sowie I. L. Clifford und E. Hunter[4]. Die Zusammensetzung siedender Flüssigkeiten und der daraus entwickelten Dämpfe hat Wucherer für verschiedene Drücke und Temperaturen in Form von Tabellen und Diagrammen dargestellt. Die Berechnung von kontinuierlichen Ammoniak-Absorptionsmaschinen erfolgt am besten an Hand des von F. Merkel und F. Bošnjaković vorgeschlagenen Wärmeinhalt-Zusammensetzungsdiagramm (i/ξ)[5], das allerdings noch auf der Grundlage der älteren Beobachtungen Wilsons aufgebaut ist. Für die Berechnung periodischer Maschinen hat erstmalig E. Altenkirch[6] einige Unterlagen mitgeteilt; später hat K. Linge[7] ausführliche Berechnungsgrundlagen geliefert, aus denen hervorgeht, daß die Kälteleistung der mit Wasser und Ammoniak betriebenen Maschinen mit sinkender Verdampfungstemperatur und steigender Kondensationstemperatur rasch abnimmt. Die Kühlung des Kondensators in der Heizperiode und des Absorbers in der Kühlperiode nur durch die umgebende Luft ist daher bei diesem System praktisch kaum möglich, wodurch seine Anwendbarkeit eingeschränkt wird (vgl. S. 166).

d) Unter Beibehaltung von Wasser als Absorptionsmittel kann man daran denken, Ammoniak durch aliphatische Amine zu ersetzen, um in den Maschinen mit geringeren Drücken auszukommen. Methylamin (CH_3NH_2)[8] und Äthylamin ($C_2H_5NH_2$) werden von Wasser in großen Mengen absorbiert; 100 g Wasser absorbieren bei einem Druck von 760 mm Quecksilbersäule nebenstehende Gewichtsmengen.

Tabelle 12.

t	CH_3NH_2	$C_2H_5NH_2$
20°	140 g	
40°	75 g	
60°	30 g	44 g

[1] Mollier, H.: Mitt. über Forschungsarbeiten des VDI, Heft 63/64, Berlin 1909.

[2] Wilson, Th. A.: Bull. Univ. of Illinois, Bd. 22 (1925) Nr. 23; vgl. auch Z. ges. Kälteind. Bd. 33 (1926) S. 164.

[3] Wucherer, J.: Dissertation Dresden und Z. ges. Kälteind. Bd. 39 (1932) S. 97.

[4] Clifford, I. L., u. E. Hunter: J. physic. Chem. Bd. 37 (1933) Jan.

[5] Merkel, F., u. F. Bošnjaković: Diagramme und Tabellen zur Berechnung von Absorptions-Kältemaschinen, Berlin: Julius Springer 1929.

[6] Altenkirch, E.: Lehrbuch d. Techn. Physik von G. Gehlhoff, Bd. 1, Abschn. Kältetechnik S. 337, Leipzig: A. Barth 1924.

[7] Linge, K.: Über periodische Absorptionsmaschinen. Dissertation Karlsruhe und Beihefte zur Z. ges. Kälteind., Reihe 2, Heft 1, Berlin, Ges. f. Kältewesen 1929.

[8] DRP 436988.

Die Sättigungskonzentrationen von Methylamin in Wasser bei Temperaturen von 0 bis 90° und bis zu Drücken von 6,5 ata wurden von W. A. Felsing und A. R. Thomas gemessen[1].

In Tabelle 13 sind die wichtigsten thermischen Eigenschaften dieser beiden Amine nach den neuesten Untersuchungen von W. Mehl zusammengestellt[2]. Vergleichshalber sind auch die entsprechenden Werte von Ammoniak angegeben.

Tabelle 13.

	NH_3	CH_3NH_2	$C_2H_5NH_2$
Molekulargewicht	17	31	45
Dampfdruck in at. abs bei + 30°	11,895	4,326	1,738
Dampfdruck in at. abs bei — 10°	2,966	0,891	0,309
Siedetemperatur bei 760 mm Hg	—33,4	—6,7	+16,5
Kritische Temperatur	133	156,9	183,4
Erstarrungstemperatur	—77	—92,5	—81,0
Verdampfungswärme bei — 10° in kcal/kg	309,64	201,3	153,2
Spezifisches Gewicht der Flüssigkeit bei 0° in kg/l	0,652	0,686	0,706
Spezifische Wärme der Flüssigkeit bei 0°	1,11	0,76	0,64

Die Lösungswärme von gasförmigem Methylamin in Wasser beträgt etwa 350 kcal je Kilogramm Methylamin[3].

Da die Dampfdruckkurven dieser Amine derjenigen des Wassers noch näher liegen als die Dampfdruckkurve des Ammoniaks, so wird während der Kochperiode noch mehr Wasserdampf mitgerissen werden, und die Dampfkühler sind noch sorgfältiger durchzubilden. Die Darstellung der Amine bietet besonders in wäßrigen Lösungen keine Schwierigkeiten, wird aber in Deutschland noch nicht industriell betrieben; die Preise sind daher noch ziemlich hoch. Bei der kältetechnischen Verwendung ist ferner darauf zu achten, daß die erwähnten Mono-Amine weder durch Ammoniak noch durch Di- oder Tri-Amine verunreinigt sind. Neuerdings ist es gelungen, diese Amine auf synthetischem Wege billig und rein darzustellen.

e) Das Mitverdampfen des Wassers aus wäßrigen Ammoniaklösungen hat schon lange den Wunsch wachgerufen, andere Absorptionsmittel für Ammoniak zu verwenden, die nicht so leichtflüchtig sind. Die konsequenteste Erfüllung dieses Wunsches bietet die Anwendung fester Absorptionsstoffe (S. 118). Es gibt aber auch flüssige Absorptionsstoffe (oder wenigstens solche, die bei der Absorption von Ammoniak flüssig werden), deren eigener Dampfdruck selbst bei den höchsten in Frage kommenden Temperaturen der Kochperiode vernachlässigbar klein ist.

[1] Felsing, W. A., u. A. R. Thomas: Ind. Engng. Chem. Bd. 21 (1929) S. 1272, Tabelle 5.

[2] Mehl, W.: Dissertation Karlsruhe und Beiheft zur Z. ges. Kälteind., Reihe 1, Heft 3 (vollständige thermodyn. Tabellen u. Diagramme).

[3] Felsing, W. A., und P. H. Wohlford: J. Amer. chem. Soc. Bd. 54 (1932) S. 1442.

Hier ist vor allem Ammoniumrhodanit (Ammoniumthiocyanat NH_4CNS) zu nennen, das etwa die gleichen Ammoniakmengen absorbiert wie Wasser[1], bei dem aber viel höhere Endtemperaturen in der Kochperiode zulässig sind und daher mit größeren Entgasungsbreiten gearbeitet werden kann. Die thermischen Eigenschaften des Systems Ammoniumrhodanit-Ammoniak wurden neuerdings von L. H. D. Fraser untersucht, der auch die ältere Literatur angibt[2]. Läßt man hier eine Kocher-Endtemperatur von 150° zu, bei einem Wasser-Ammoniakgemisch aber nur 120°, so erhält man für je 1 kg des Absorptionsstoffes bei Ammoniumrhodanit eine um 50% größere Kälteleistung als bei Wasser. Ein großer Nachteil der Ammoniumrhodanit-Ammoniak-Gemische besteht jedoch darin, daß sie alle gebräuchlichen Metalle mit Ausnahme von Aluminium stark angreifen, wodurch sich zweifellos ihre bisherige praktische Zurücksetzung erklärt. Korrosionen könnten nach Fraser dadurch vermieden werden, daß man den Kocher innen mit einer Schutzschicht eines Edelmetalls überzieht. Günstige Wirkungen erwartet er auch davon, daß man dem Ammoniumrhodanit einen Zusatz eines nicht flüchtigen organischen oder metallischen Amins gibt, oder daß man ein flüchtiges Amin an Stelle von Ammoniak als Kältemittel verwendet.

f) Ferner seien noch einige Systeme erwähnt, die in neuerer Zeit vorgeschlagen wurden, deren praktische Erprobung aber auch noch aussteht. E. Altenkirch empfiehlt Toluol als Kältemittel und Paraffinöl als Absorptionsmittel[3]. Das führt zu einer Vakuum-Maschine, da der Dampfdruck des Toluols bei 40° nur etwa 60 mm Quecksilbersäule beträgt (normaler Siedepunkt 110°). Ein Mitverdampfen des Paraffinöls findet nicht statt und beide Komponenten greifen die Metalle nicht an. An Stelle von Toluol kann man als Kältemittel auch Pentan verwenden; die Drücke sind dann entsprechend höher (normaler Siedepunkt 37°). L. Szilard empfiehlt für eine von ihm entwickelte Sonderbauart als Absorptionsmittel ein schwer flüchtiges Petroleumdestillat oder Tetrahydronaphtalin und als Kältemittel Propan, Butan oder Pentan[4]. R. S. Taylor (Elektrolux-Servel) empfiehlt als Absorptionsmittel Aethylenglykol und als Kältemittel Methylamin[5].

Schließlich wurde noch als Absorptionsmittel Dichlororthobenzol ($C_6H_4Cl_2$) und als Kältemittel Dichlormethan (CH_2Cl_2) vorgeschlagen. Will man als Kältemittel Äthylchlorid verwenden (normaler Siedepunkt +12,5°), so eignet sich als Absorptionsmittel nach E. Alten-

[1] U. S. Patente 925039 und 926080 (1909) sowie 1258017 und 1267772 (1918).
[2] Fraser, L. H. D.: Refr. Eng. Bd. 24 (1932) S. 20.
[3] DRP. 546507 (1929).
[4] DRP. 494810 (1928).
[5] U. S. Pat. 1914222 und DRP. 531218 (1929).

kirch Tetrachloräthan ($C_2H_2Cl_4$), dessen normaler Siedepunkt bei 146° liegt[1]. Bei diesem System wird man jedoch ohne Dampfkühler nicht auskommen, da die beiden Siedepunkte doch zu nahe beieinander liegen.

3. Arbeitsstoffe von Maschinen mit festem Absorptionsmittel.

Von einem geeigneten Absorptionsmittel muß, wie bereits erwähnt wurde, nicht nur verlangt werden, daß es große Mengen des Kältemittels absorbiert, und daß dieser Absorptionsvorgang schnell genug erfolgt, sondern es muß bei entsprechender Erhitzung dieses Kältemittel auch wieder abgeben, ohne selbst in nennenswerter Menge zu verdampfen. Der normale Siedepunkt des Absorptionsmittels muß infolgedessen wesentlich höher liegen als beim Kältemittel. Es ist zweckmäßig, eine Differenz der Siedepunkte von mindestens 200 besser 300° zu verlangen. Die größte Sicherheit bietet der Übergang von flüssigen zu festen Absorptionsstoffen. Man erhält dabei auch den Vorteil, daß man nicht mehr getrennte Gaswege für die Austreibung und für die Absorption des Kältemittels braucht, so daß die Konstruktion solcher Maschinen sehr einfach wird. Selbstverständlich kann man mit festen Absorptionsmitteln nur periodisch wirkende Kältemaschinen betreiben. Es darf auch nicht außer Acht gelassen werden, daß die Wärmeleitzahl der festen Absorptionsmittel unabhängig von dem Grade ihrer Sättigung mit Kältemittel recht niedrig ist, so daß man sie zwecks rascher Wärmezu- und -ableitung im Kocher-Absorber in dünnen Schichten mit dazwischen liegenden gut leitenden Metallwänden (Rippen, Teller, Späne) anordnen muß.

a) Ammoniakate.

Den Übergang von flüssigen zu festen Absorptionsstoffen bildet Ammoniumnitrat (NH_4NO_3)[2], das in reinem Zustand fest ist, aber bei Sättigung mit 35 Gewichtsprozenten NH_3 flüssig wird. Man hat vorgeschlagen, diese Flüssigkeit durch geglühte Kieselgur oder einen anderen porösen Stoff aufsaugen zu lassen. Die geringe Absorptionsfähigkeit des Ammoniumnitrats und die inaktive, nur als Ballast anzusprechende poröse Masse erfordern schon bei kleinen Kälteleistungen recht große und daher unwirtschaftliche Apparaturen.

Wesentlich größere Vorteile bieten bei ihrer Verwendung als feste Absorptionsmittel die Halogenverbindungen der Alkalimetalle und besonders der Erdalkalien[3]. Diese Salze können in wasserfreiem

[1] DRP. 549052 (1929). [2] U. S. Pat. 925039 und DRP. 363826.

[3] Da über das Verhalten dieser Systeme in der Literatur nur spärliche Angaben zu finden sind, wollen wir sie hier etwas ausführlicher behandeln.

Zustand sehr große Ammoniakmengen anlagern unter Bildung sogenannter „Ammoniakate“. Es handelt sich dabei um chemische Reaktionen mit großer Wärmeentwicklung und starker Quellung der Salze. So kann z. B. 1 Mol Kalziumchlorid ($CaCl_2$) 1, 2, 4 und 8 Mole NH_3 anlagern. Der höchsten Sättigung entspricht die Verbindung $CaCl_2 . 8NH_3$, bei der 100 Gewichtsteile $CaCl_2$ 123 Gewichtsteile NH_3 gebunden haben. Bei einem Verdampferdruck von 3 ata, entsprechend einer Verdampfungstemperatur des Ammoniaks von —10° kann diese höchste Konzentration stets erreicht werden, wenn die Temperatur des Absorbers nicht höher als 53° ist. Während der Heizperiode zerfällt das Oktoammoniakat in reines Ammoniak und in das Tetraammoniakat nach der Gleichung

$$CaCl_2 . 8NH_3 = 4NH_3 + CaCl_2 . 4NH_3 .$$

Dieser Zerfall geht bei einem Druck von 16 ata (entsprechend einer Kondensationstemperatur des Ammoniaks von +40°, die bei einem luftgekühlten Kondensator kaum zu hoch sein dürfte) vor sich, sobald die Temperatur im Kocher auf 95° gestiegen ist. Die Temperatur steigt erst wieder, wenn der Zerfall nach obiger Gleichung beendet ist. Bei weiterer Erwärmung des Kocherinhalts auf 106° geht der Zerfall weiter nach der Gleichung

$$CaCl_2 . 4NH_3 = 2NH_3 + CaCl_2 . 2NH_3 .$$

Ein weiterer Abbau tritt erst bei viel höheren Temperaturen ein, die man jedoch wegen der Gefahr der Ammoniakzersetzung vermeiden muß. Man sieht also, daß von 8 Molen nur 6 für die Kälteerzeugung ausnutzbar sind. Auf 1 kg $CaCl_2$ entfallen also für die Kälteleistung rund 0,92 kg NH_3. Die Kälteleistung von 1 kg NH_3 beträgt etwa 250 kcal, da man von der gesamten Verdampfungswärme den Betrag für die Abkühlung der Flüssigkeit von +40 auf —10° abziehen muß. Auf jedes Kilogramm trockenen Kalziumchlorids erhält man also eine Kälteleistung von 0,92.250 = 230 kcal je volle Periode. In Wirklichkeit kommt man bei der Austreibung nicht in allen Teilen des Kochers bis auf 2 Mole NH_3 herunter, und bei der Absorption wird die volle Sättigung mit 8 Molen nicht schnell genug erreicht. Die Absorption geht um so langsamer vor sich, je mehr man sich dieser Sättigungsgrenze nähert. Praktisch wird man etwa zwischen 2,5 und 7 Molen NH_3 pendeln und je Kilo $CaCl_2$ eine Nutzkälteleistung von 170 kcal erwarten. Werden beispielsweise 1000 kcal je Periode verlangt, so müssen im Kocher rund 6 kg $CaCl_2$ untergebracht werden, die bei voller Sättigung 7,4 kg NH_3 absorbieren.

Zwischen zwei benachbarten Abbaustufen verhalten sich die Ammoniakate bei ihrem Zerfall (Austreibung) und bei ihrer Bildung (Absorption) genau so wie Einstoffsysteme bei ihrer Verdampfung und Kondensation. Bei konstanter Temperatur bleibt also auch der Druck innerhalb einer Aufbau- oder Abbaustufe unveränderlich. In dieser Beziehung unterscheiden sich die Ammoniakate sehr wesentlich von wäßrigen Ammoniaklösungen, bei denen der Dampfdruck bei unveränderlicher Temperatur mit zunehmendem Ammoniakgehalt stetig wächst. Das ganz verschiedene Verhalten wäßriger Ammoniaklösungen und fester Ammoniakate geht aus den Abb. 101 und 102 hervor. In beiden Abbildungen ist der Verlauf der Isotherme von $+20°$ gezeichnet, wobei der Dampfdruck über der Konzentration aufgetragen ist; die Konzentration ist hier durch die Anzahl Mole NH_3 auf 1 Mol des Absorptionsmittels definiert. Während die Isotherme der wäßrigen Ammoniaklösung ganz stetig verläuft und sich asymptotisch dem Wert des Dampfdrucks über reinem NH_3 (8,74 ata) nähert, ist der Verlauf beim Kalziumchloridammoniakat treppenförmig; nach Überschreitung der dem Oktoammoniakat entsprechenden Konzentration steigt der Druck plötzlich bis zum Wert für reines NH_3, weil Kalziumchlorid kein weiteres Ammoniak anzulagern vermag. Man erkennt auch, daß die molare Dampfdruckerniedrigung des Ammoniaks durch Kalziumchlorid viel stärker ist als durch Wasser.

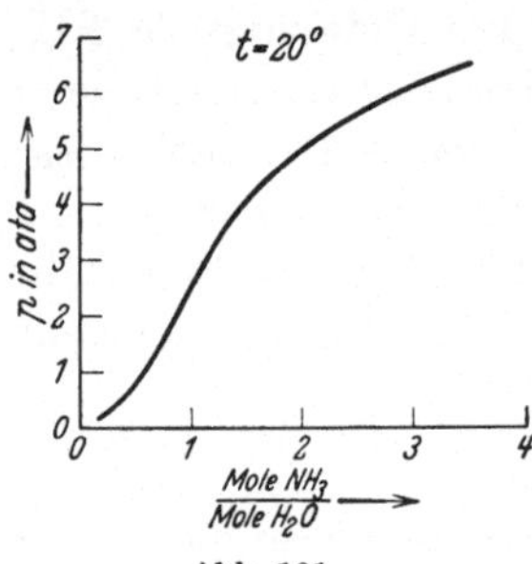

Abb. 101. Isotherme eines Ammoniak-Wassergemisches im Druck-Konzentrations-Diagramm.

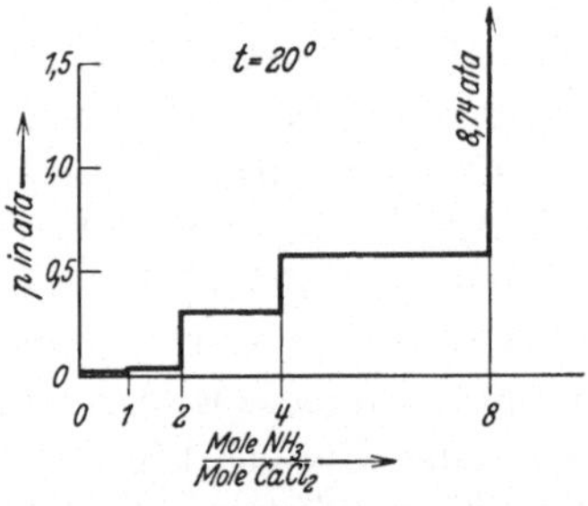

Abb. 102. Isotherme des $CaCl_2$-Ammoniakats im Druck-Konzentrations-Diagramm.

Mit wachsender Temperatur steigt natürlich auch der Dampfdruck in jeder Abbaustufe eines Ammoniakates. Man findet für jede Stufe eine „Dampfdruckkurve", die man hier besser als „Dissoziationsdruckkurve" bezeichnet und die sich in nicht allzuweiten Grenzen stets durch die einfache Formel

$$\log p = a - \frac{b}{T}$$

darstellen läßt. Darin sind a und b für jedes Ammoniakat und jede Abbaustufe individuelle Konstanten, während T die absolute Temperatur bedeutet. Für die Darstellung der Dissoziationsdruckkurven verwenden wir ein Koordinatensystem, bei dem als Abszisse der negative reziproke Wert der absoluten Temperatur und als Ordinate der Logarithmus des Drucks aufgetragen ist. Wir erhalten gerade Linien, die in gewissen Grenzen extrapoliert werden dürfen. In Abb. 103 sind neben der Dampfdruckkurve des reinen NH_3 auch noch die Dissoziationsdruckkurven der $CaCl_2$-Ammoniakate für die Abbaustufen 8 bis 4 Mole und 4 bis 2 Mole NH_3 aufgetragen.

Da es sich bei den Ammoniakaten um chemische Verbindungen handelt, so treten bei ihrer Bildung Reaktionswärmen auf. Für die Vorgänge im Kocher-Absorber kommen nur die Teilbildungswärmen in Frage, die beim Übergang von einer Sättigungsstufe in die nächst höhere frei werden. In Tab. 14 sind die Werte der Teilbildungswärmen bei verschiedenen Temperaturen eingetragen, die K. Linge aus fremden und eigenen Messungen und mit Hilfe thermodynamischer Berechnungen ermittelt hat[1].

Tabelle 14. Teilbildungswärmen der $CaCl_2$-Ammoniakate in kcal/kg NH_3.

$t°$	für die Reaktion $CaCl_2 \cdot 4NH_3 + 4NH_3 = CaCl_2 \cdot 8NH_3$	für die Reaktion $CaCl_2 \cdot 2NH_3 + 2NH_3 = CaCl_2 \cdot 4NH_3$
0	588	608
20	581	601
40	573	593
60	563	586
80	537	570
100	517	550

Diese Wärmemengen müssen also beim Absorptionsvorgang an die Umgebung (Luft oder Kühlwasser) abgeführt werden. Umgekehrt müssen sie beim Austreibungsvorgang als Heizwärme zugeführt werden.

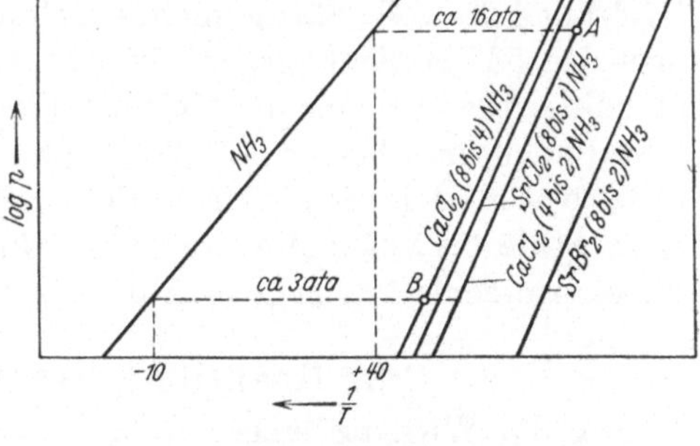

Abb. 103. Dissoziationsdruckkurven der $CaCl_2$-, $SrCl_2$- und $SrBr_2$-Ammoniakate.

Die bisherigen Betrachtungen zeigen, daß für die Beurteilung der thermischen Eignung eines Ammoniakats als Arbeitsmittel in einer Absorptionsmaschine folgende Eigenschaften in erster Linie maßgebend sind:

1. Möglichst hohe Anzahl „freier" Mole NH_3 je Mol Salz in den Arbeitsgrenzen zwischen der höchsten erreichbaren Sättigung im Absorber und der geringsten Sättigung am Ende der Austreibung.

2. Temperatur am Ende der Austreibung beim höchsten Kondensatordruck (Lage des Punktes A in Abb. 103), die nur so hoch sein darf, daß keine Zersetzungsgefahr für das Ammoniak eintritt.

3. Temperatur am Ende des Absorptionsvorgangs beim normalen Verdampferdruck (Lage des Punktes B in Abb. 103), die noch so hoch sein muß, daß selbst im tropischen Klima eine ausreichende Tempe-

[1] Linge, K.: a. a. O.

raturdifferenz für die rasche Ableitung der Absorptionswärme an die Umgebung vorhanden ist.

Daneben sind aber noch folgende Anforderungen zu stellen:

4. Das Ammoniakat darf in keiner Phase des Prozesses flüssig werden.

5. Bei der Austreibung darf nur das Kältemittel (NH_3) entweichen, der Dampfdruck des Salzes muß also auch bei den höchsten vorkommenden Temperaturen verschwindend klein sein.

6. Das Salz darf bei der Anlagerung des Ammoniaks kein so feines Pulver bilden, daß dieses bei der Austreibung mitgerissen wird.

7. Das Salz muß möglichst billig sein.

Das Kalziumchlorid-Ammoniakat genügt diesen Anforderungen recht gut. Im Kältetechnischen Institut der Technischen Hochschule in Karlsruhe wurden von den Verfassern und L. Vahl sehr zahlreiche Salze geprüft, wobei sich jedoch nur wenige dem Kalziumchlorid gleichwertig oder überlegen zeigten. Hier muß vor allem Strontiumchlorid ($SrCl_2$) genannt werden, dessen höchste Sättigungsstufe mit Ammoniak der Verbindung $SrCl_2 \cdot 8NH_3$ entspricht, und das in einer Stufe bis auf $SrCl_2 . NH_3$ abgebaut werden kann; wir verfügen also über 7 „freie" Mole[1]. Die Lage der Dissoziationsdruckkurve des Strontiumchloridammoniakats ist aus Abb. 103 zu erkennen. Die höchste Austreibertemperatur bei 16 ata beträgt dabei nur etwa 98° (gegenüber 106° bei $CaCl_2$) und die volle Sättigung mit 8 Molen NH_3 wird im Absorber sogar noch bei 58° erreicht (gegenüber 53° bei $CaCl_2$). Strontiumchlorid ist allerdings etwas teurer als Kalziumchlorid, doch spielt der Preisunterschied keine entscheidende Rolle. Sehr beachtenswert ist ferner Strontiumbromid ($SrBr_2$), das 8 Mole NH_3 anlagern kann und sich in einer Stufe bis auf 2 Mole abbauen läßt. Die Dissoziationsdruckkurve dieses Ammoniakats liegt in Abb. 103 noch weiter rechts[2].

b) Reaktionsgeschwindigkeit.

Für die Wirkung einer Absorptionsmaschine ist es von entscheidender Bedeutung, welche Zeit für die Austreibung oder Absorption einer bestimmten Ammoniakmenge notwendig ist. Diese Frage hängt mit der „Reaktionsgeschwindigkeit" bei der Bildung und beim Zerfall der Ammoniakate zusammen. Diese Reaktionsgeschwindigkeiten wurden für einige Ammoniakate im Kältetechnischen Institut in Karlsruhe bestimmt.

Innerhalb jeder Abbaustufe hängt die Reaktionsgeschwindigkeit bei konstantem Druck und konstanter Temperatur zunächst von dem Abstand der jeweils vorhandenen Konzentration von dem erreichbaren

[1] Die Abbaustufe $SrCl_2 \cdot 2NH_3$ ist entweder nicht vorhanden oder es liegt ihre Gleichgewichtstemperatur nahe bei $SrCl_2 \cdot NH_3$.

[2] Vgl. auch Buffington, R. M.: Refr. Eng. Bd. 26 (1933) S. 137.

Konzentrationsendwert ab. Will man z. B. in einer Absorptionsperiode von $CaCl_2 \cdot 4NH_3$ auf $CaCl_2 \cdot 8NH_3$ kommen, also 4 Mole NH_3 aufnehmen, so braucht man für die Aufnahme der ersten 2 Mole (also der Hälfte der möglichen NH_3-Menge) eine bestimmte Zeit z_0, die man die „Halbwertzeit" nennt. Die Versuche zeigen, daß die gleiche Zeit z_0 notwendig ist, um ein weiteres Mol NH_3 aufzunehmen, und damit auf drei Viertel der möglichen Höchstmenge zu gelangen. Im weiteren Verlauf verlangsamt sich der Absorptionsvorgang immer mehr, und in den folgenden Zeitabschnitten z_0 wird nur noch $^1/_2$ Mol, $^1/_4$ Mol, $^1/_8$ Mol usw. absorbiert, womit der Sättigungsgrad auf $^7/_8$, $^{15}/_{16}$, $^{31}/_{32}$ usw. steigt. Um Zeit zu sparen, ist es daher zweckmäßig, auf die letzten Prozente der vollen Sättigung zu verzichten. Das geschilderte Verhalten entspricht dem Gesetz der Reaktionsgeschwindigkeit von monomolekularen Reaktionen[1]. Bezeichnet man die in der Zeit z absorbierte NH_3-Menge mit G und die bei voller Sättigung absorbierbare Menge mit G_s, dann läßt sich der zeitliche Verlauf der Absorption durch die Gleichung

$$\frac{G}{G_s} = 1 - e^{-kz}$$

beschreiben. Für die „Halbwertzeit" z_0 wird mit $G = \frac{1}{2} G_s$

$$\frac{1}{2} = 1 - e^{-k z_0}$$

und es ist daher $k = \frac{\ln 2}{z_0}$. In Abb. 104 ist z. B. der experimentell ermittelte zeitliche Verlauf der Absorption von Ammoniak durch Strontiumchlorid in der Aufbaustufe zwischen $SrCl_2 . NH_3$ und $SrCl_2 . 8NH_3$ bei einer Temperatur des Absorbers von 40° und unter einem NH_3-Druck von 3 at. abs. dargestellt. Man sieht, daß die beschriebene Gesetzmäßigkeit hier gut erfüllt ist:

$$\text{für } G/G_s = 0 \quad \frac{1}{2} \quad \frac{3}{4} \quad \frac{7}{8} \quad \text{usw.}$$

$$\text{wird } z = 0 \quad 1\,z_0 \quad 2\,z_0 \quad 3\,z_0\,,$$

wobei $z_0 = 140$ min erhalten wurde. Will man z. B. 95% der Höchstmenge absorbieren, so muß man 600 min = 10 h warten. Begnügt man sich aber mit 75%, so braucht man nur knapp die halbe Zeit[2]. Die Verkürzung der Absorptionszeit kann insbesondere dann erwünscht sein, wenn man im Interesse einer möglichst weitgehenden Verringerung der Abmessungen der Maschine mit mehreren vollen Perioden in 24 h arbeiten will.

[1] Vgl. **Vahl, L.**: Z. ges. Kälteind., Bd. 38 (1931) S. 177 und Bd. 39 (1932) S. 7.

[2] In Wirklichkeit wäre die Absorptionsperiode etwas länger, weil sich der Absorber erst von der hohen Endtemperatur in der Kochperiode auf 40° abkühlen müßte.

Die reziproke Halbwertzeit $\frac{1}{z_0}$ ist ein sehr bequemes Maß für die Reaktionsgeschwindigkeit der Ammoniakate. Praktisch wählt man am besten den Wert $\frac{10^3}{z_0}$ und drückt z_0 in Minuten aus.

Wir wollen jetzt noch den Einfluß der Temperatur auf die Reaktionsgeschwindigkeit bzw. auf die reziproke Halbwertzeit untersuchen, wobei wir den Druck konstant halten; diese letzte Annahme entspricht durchaus den tatsächlichen Verhältnissen, da ja der Kondensator- bzw. Verdampferdruck während eines großen Teils der Austreibe- bzw. der Absorptionsperiode konstant bleibt. Bei den Gleichgewichtszuständen auf den Dissoziationsdruckkurven (Abb. 103) können die Reaktionen in beiden Richtungen, also sowohl im Sinne des Aufbaus wie auch des Abbaus verlaufen. Sie verlaufen aber unendlich langsam (reversibel). Um die Austreibung mit endlicher Geschwindigkeit durchzuführen, muß bei einem bestimmten Druck die Temperatur höher sein, als der Gleichgewichtskurve entspricht. Man braucht also eine bestimmte „Überhitzung“ des Ammoniakats; je höher die Überhitzung, um so rascher erfolgt die Austreibung. Ebenso braucht man, um die Absorption in endlicher Zeit durchzuführen, eine bestimmte „Unterkühlung“, mit deren Größe die Absorptionsgeschwindigkeit wächst. Bei einer Maschine, die eine volle Periode in 24 Stunden durchführen soll, kann z. B. vorgeschrieben werden, daß die Austreibung in 3 Stunden und die Absorption in 21 Stunden beendet sein muß. Im Interesse einer möglichen Verkleinerung der Maschinenabmessungen kann aber

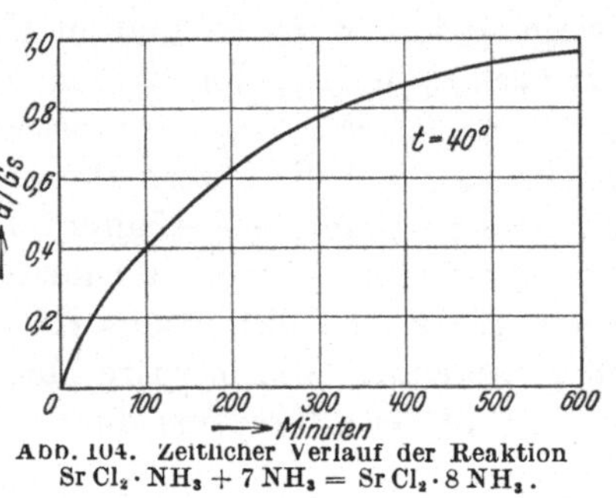

Abb. 104. Zeitlicher Verlauf der Reaktion $SrCl_2 \cdot NH_3 + 7\,NH_3 = SrCl_2 \cdot 8\,NH_3$.

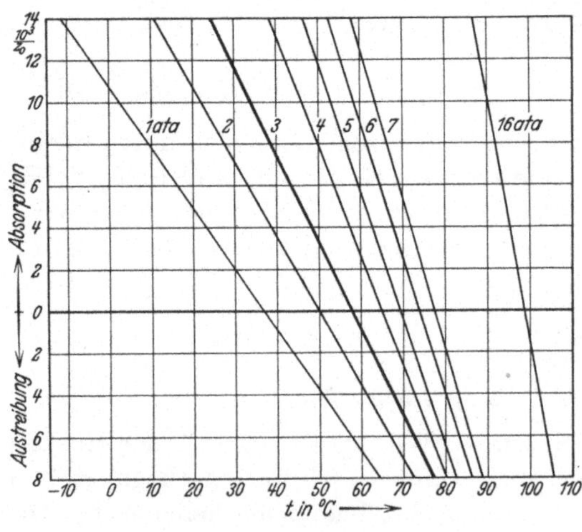

Abb. 105.
Reaktionsgeschwindigkeit des $SrCl_2$-Ammoniakats abhängig von der Temperatur des Kocher-Absorbers.

auch verlangt werden, daß in 24 Stunden zwei oder drei volle Perioden ablaufen. Dann braucht man entsprechend höhere Überhitzungen und Unterkühlungen. Die notwendige Überhitzung ist stets leicht zu verwirklichen, weil die Temperatur der Heizquelle (elektrischer Heizkörper, Gas- oder Petroleumflamme) stets viel höher ist als die erforderliche Kochertemperatur. Da bei den hohen Temperaturen die Reaktionsgeschwindigkeit ohnehin schon recht groß wird, so kommt man auch meist mit wenigen Graden Überhitzung aus.

Viel wesentlicher ist die Realisierung der notwendigen Unterkühlung bei der Absorption. Hier ist man meist an enge Grenzen gebunden. Ist z. B. die Raumtemperatur 30° und soll die Verdampfungstemperatur des Ammoniaks —10° betragen, so muß das Ammoniak unter dem Verdampferdruck von 3 at. abs. absorbiert werden. Beim $SrCl_2$-Ammoniakat entspricht dann einer Sättigung mit 8 Molen eine Absorbertemperatur von 58°. Soll die Kühlung des Absorbers mit der umgebenden Luft erfolgen, so beträgt die höchstmögliche Unterkühlung 58—30 = 28°. Davon wird aber noch ein bestimmtes Temperaturgefälle für die Ableitung der Reaktionswärme vom Absorber an die Umgebung verbraucht. Man erkennt also, daß die Lage des Punktes *B* in Abb. 103 sehr wichtig ist, und daß es von Vorteil ist, wenn dieser Punkt möglichst weit nach rechts liegt.

In Abb. 105 sind vorläufig bestimmte Werte der reziproken Halbwertzeit über der Temperatur des Kocher-Absorbers für den konstanten Druck von 3 at. abs. aufgetragen (stark ausgezogene Linie). In den für die Absorptionsmaschinen in Frage kommenden Temperaturgrenzen kann diese Linie durch eine Gerade angenähert werden. Bei der Gleichgewichtstemperatur von 58° ist die Reaktionsgeschwindigkeit Null; mit sinkender Temperatur setzt der Absorptionsvorgang nach der Gleichung $SrCl_2 \cdot NH_3 + 7NH_3 = SrCl_2 \cdot 8NH_3$ ein und verläuft um so schneller, je größer die Unterkühlung ist. Umgekehrt findet bei steigender Temperatur eine Austreibung im Sinne der Umwandlung $SrCl_2 \cdot 8NH_3 = 7NH_3 + SrCl_2 \cdot NH_3$ statt, deren Reaktionsgeschwindigkeit mit wachsender Überhitzung zunimmt. Will man z. B. in 10 Stunden $^7/_8 =$ 87,5% der Höchstmenge absorbieren, dann ist $3\,z_0 = 600$ min, also $\frac{1000}{z_0} = 5$. Aus Abb. 105 findet man die notwendige Absorbertemperatur bei 3 at. abs. zu 46°, man braucht also eine Unterkühlung von 58—46 = 12°. Wollte man die Absorption in 6 Stunden erzwingen, so wäre $\frac{1000}{z_0} = 8{,}3$ und die Temperatur des Absorbers müßte auf 38° gesenkt werden, so daß für die Wärmeableitung nur noch ein Temperaturgefälle von 8° verbliebe, was kaum ausreichen dürfte. Man wird sich daher in diesem Fall mit einem geringeren Sättigungsgrad begnügen müssen, also die Füllung der Maschine schlechter ausnützen.

Schließlich wäre noch der Einfluß des Drucks auf die Reaktionsgeschwindigkeit zu untersuchen. Hält man die Temperatur konstant, dann ergeben die Versuche in nicht zu weiten Druckgrenzen eine lineare Abhängigkeit der Reaktionsgeschwindigkeit vom Druck nach Abb. 106 (für die Reaktion $SrCl_2 \cdot NH_3 + 7NH_3 \rightleftarrows SrCl_2 \cdot 8NH_3$ bei 56°).

Aus dem Verlauf dieser Isotherme in Verbindung mit den Gleichgewichtspunkten nach Abb. 103, für die die Reaktionsgeschwindigkeit Null wird, lassen sich nun in Abb. 105 weitere Isobaren einzeichnen, so daß aus diesem Diagramm die Reaktionsgeschwindigkeit für verschiedene praktisch vorkommende Drücke und Temperaturen angenähert entnommen werden kann.

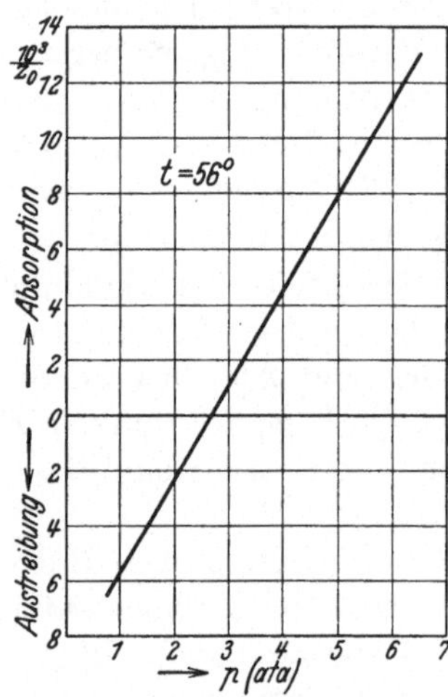

Abb. 106. Reaktionsgeschwindigkeit des $SrCl_2$-Ammoniakats, abhängig vom Druck.

Es ist der Vorschlag gemacht worden, die Reaktionsgeschwindigkeit der Ammoniakate durch Zusatz aktivierender Substanzen zu steigern. F. G. Keyes in Cambridge, Mass., empfiehlt, den $CaCl_2$-Ammoniakaten Oxy-Chloride gewisser Metalle zuzusetzen[1]. Es ist bekannt, daß Gemische von Metalloxyden mit Metallchloriden sich zu Oxychloriden umsetzen, die harte, zementartige Körper bilden. Es wird empfohlen, wasserfreies ZnO mit $ZnCl_2$ oder MgO mit $MgCl_2$ in molekularen Proportionen zu mischen und von dieser Mischung 10% dem wasserfreien Kalziumchlorid zuzusetzen. Die Substanzen werden in einer Kugelmühle sorgfältig zerrieben und dann mit einer wäßrigen Lösung von Natrium- oder Kaliumsilikat (Na_2SiO_3 oder K_2SiO_3) angefeuchtet. Die erhaltene pastenartige Masse wird dann zuerst im Luftstrom auf etwa 250° erwärmt und dann nach erfolgter Zerkleinerung in Gegenwart von NH_3 auf etwa 500° erhitzt. Es entsteht dabei eine äußerst poröse harte Masse, die Ammoniak mit großer Geschwindigkeit aufnimmt und die sich selbst bei Erhitzung auf 750° nicht zersetzt.

c) Quellung.

Es ist bereits darauf hingewiesen worden, daß die Salze bei der Aufnahme des Ammoniaks stark quellen. Wird diese Quellung beeinträchtigt, so entstehen nicht unerhebliche Quellungsdrücke, die aber trotzdem nicht gefährlich werden können, wenn der Kocher-Absorber so bemessen ist, daß dem Raumbedarf der absorbierten NH_3-Moleküle

[1] U. S. Pat. 1705482 bis 484.

Rechnung getragen wird. Das freie Schüttvolumen des gesättigten Komplexes, bezogen auf 1 Mol reinen Salzes setzt sich wie folgt zusammen:

1 Mol reinen Salzes	= 60 Liter
n Mole NH_3 je 22 l	= 22 · n Liter
Hohlräume	= 200 bis 250 Liter.

Wird die Masse locker gelagert, so daß sich die Quellung stark auswirken kann, dann kann sie beim Austreiben wieder schrumpfen und in sich zusammensacken. Viele Ammoniakate besitzen in der Tat keine genügende mechanische Stabilität und bilden ein sehr feines Pulver. Durch das Zusammensacken können örtliche Anhäufungen entstehen, die bei der Wiederabsorption gefährliche Quellungsdrücke verursachen. Es ist vorgeschlagen worden, das Zusammensacken dadurch zu verhindern, daß man dem Absorptionsmittel (z. B. $SrCl_2$) ein Bindemittel zusetzt, mit dem es ein stabiles Gerippe bildet[1]. Empfohlen wird ein Zusatz von 5% Lithiumnitrat ($LiNO_3$) zu $SrCl_2$. Beide Pulver werden in wasserfreiem Zustand sorgfältig vermischt und dann mit Ammoniak begast, bis sich $SrCl_2 . 8NH_3$ gebildet hat. Dabei nimmt aber auch $LiNO_3$ Ammoniak auf, wobei es zu einer zähen Flüssigkeit zerfließt, die das übrige pulverförmige Material tränkt. Die ganze Masse hat das Aussehen von feuchtem Schnee und ist in der Konsistenz zusammengeballtem Formsand vergleichbar. Bei der Austreibung von Ammoniak findet ein Zusammensacken nicht mehr statt, es entstehen nur im tragfähigen Gerippe zahlreiche Hohlräume. So erhält man z. B. für 1 Mol $SrCl_2$ mit 8 Molen NH_3 ein Schüttvolumen von

$$60 + 8 \cdot 22 + 250 = 486\ \mathrm{l/Mol\ Salz},$$

wobei keinerlei Quellungsdrücke auftreten. Läßt man Quellungsdrücke zu, so werden die Hohlräume entsprechend vermindert. Man wird es natürlich vermeiden, bis hart an die Grenze zu gehen, wo es gar keine Hohlräume mehr gibt. Für die meisten hier in Frage kommenden Salze ist das Volumen nur wenig verschieden. Das Volumen des Ammoniaks von etwa 22 l/Mol bezieht sich auf den festen Zustand (spez. Vol. 1,26 l/kg).

Will man z. B. eine $SrCl_2$-Maschine für eine Kälteleistung von 900 kcal/Tag bei drei vollen Perioden bauen, so entfallen auf eine Periode 300 kcal. Arbeitet man praktisch zwischen 2 und 7 Molen NH_3 je Mol $SrCl_2$ (159 kg), so werden 5 Mole (85 kg) NH_3 ausgetrieben und wieder absorbiert. Auf 1 kg $SrCl_2$ entfallen also 0,535 kg NH_3 mit einer Nutzkälteleistung von 0,535.250 = 134 kcal. Man braucht daher als Füllung des Kocherabsorbers $\frac{300}{134} = 2{,}24$ kg = 0,0141 Mole $SrCl_2$. Zur Erreichung der vollen Sättigung entsprechend der Verbindung

[1] U. S. Pat. 1791515 (1929) und DRP. 558377 (1930), Frigidaire Corp.

$SrCl_2 \cdot 8NH_3$ sind dazu $8 \cdot 0{,}0141 = 0{,}113$ Mole $NH_3 = 1{,}92$ kg NH_3 einzufüllen. Läßt man nun gewisse Quellungsdrücke zu und beschränkt die Hohlräume auf 100 l je Mol Salz, so beträgt das notwendige Volumen des Kocher-Absorbers für die Unterbringung der Füllung:

$SrCl_2$	$0{,}0141 \cdot 60$	$= 0{,}85$ l
NH_3	$0{,}0141 \cdot 8 \cdot 22$	$= 2{,}48$ l
Hohlräume . .	$0{,}0141 \cdot 100$	$= 1{,}41$ l
		4,74 l

d) Methyl- und Aethylaminate.

Wir haben im vorigen Abschnitt bei der Besprechung der nassen Absorptionsmaschinen schon hervorgehoben, daß man als Kältemittel an Stelle von Ammoniak auch die aliphatischen Amine verwenden kann, um mit geringeren Drücken in der Maschine auszukommen. Es zeigt sich nun, daß die für trockene Maschinen vorgeschlagenen Salze auch mit den Aminen komplexe Verbindungen eingehen[1]. An Stelle der Ammoniakate entstehen dabei die Aminate. Die Vorteile des niedrigeren Dampfdruckes wirken sich dabei aber nur dann voll aus, wenn die Quellungsdrücke durch reichliche Bemessung des Kocher-Absorbers nicht in Erscheinung treten. Nimmt man jedoch Quellungsdrücke in Kauf, dann können bei der Verwendung der Amine nur der Kondensator und der Verdampfer leichter gebaut werden. Von den bisher untersuchten Verbindungen erscheinen die Aminate des wasserfreien Magnesiumchlorids beachtenswert.

Mit Methylamin entspricht der vollen Sättigung die Verbindung $MgCl_2 \cdot 8CH_3NH_2$ und es lassen sich in einer Stufe 4 Mole Methylamin abbauen, wenn man die Verbindung unter 6 at. abs. (Kondensationstemperatur $+40°$) auf 138° erwärmt. Beim Druck von 0,89 at. abs. (Verdampfungstemperatur $-10°$) kann die vollständige Sättigung mit 8 Molen selbst noch bei 99° erreicht werden. Diese Eigenschaften sind sehr beachtenswert.

Mit Äthylamin erhält man bei voller Sättigung die Verbindung $MgCl_2 \cdot 4C_2H_5NH_2$. Es lassen sich in der Maschine in einer Abbaustufe 2 Mole Äthylamin austreiben, wenn man die Verbindung unter dem Druck von 2,4 at. abs. (Kondensationstemperatur $+40°$) auf 112° erhitzt. Beim Druck von 0,31 at. abs. (Verdampfungstemperatur $-10°$) kann dann die volle Sättigung mit 4 Molen NH_3 bei allen Temperaturen unterhalb $+56°$ erfolgen. Zur raschen Absorption unter diesem sehr niedrigen Druck ist aber eine bedeutende Unterkühlung unter $+56°$ notwendig. Bei Kühlung des Absorbers mit Luft wird man sich daher mit nur einer vollen Periode in 24 Stunden begnügen müssen.

---

[1] Vgl. z. B. Plank, R., u. L. Vahl, Z. Forschung Bd. 2 (1931) S. 11 und Vahl, L.: a. a. O.

e) Resorptionsmaschinen.

Eine Niederdruckmaschine kann man unter Beibehaltung von Ammoniak als Kältemittel auch dadurch erhalten, daß man das ausgetriebene Ammoniak nicht kondensiert, sondern von einem geeigneten Stoff reabsorbieren läßt. An die Stelle der Verdampfung tritt dann die Entgasung des Ammoniaks aus diesem Absorptionsmittel. Solche Kältemaschinen bezeichnet man nach Altenkirch[1] als Resorptionsmaschinen. Die Resorption kann bei nassen Maschinen durch wässerige NH_3-Lösungen erfolgen, wobei entsprechend hohe NH_3-Konzentrationen erhalten werden. Bei trockenen Maschinen kann man für die Füllung des Resorber-Entgasersystems geeignete Ammoniakate finden. W. B. Normelli beschreibt z. B. eine Resorptionsmaschine[2], deren Kocher-Absorber mit einem $MgBr_2$-Ammoniakat und deren Resorber-Entgaser mit einem LiCl-Ammoniakat gefüllt ist. Wir glauben, daß noch geeignetere Stoffpaare gefunden werden können. Die Absorption erfolgt unter dem niedrigen Druck des Entgasers stets recht langsam, es ist daher fraglich, ob man ohne Kühlwasser auskommt. Die Bemühungen in dieser Richtung sind aber deswegen sehr lohnend, weil man bei gleicher Heizwärme für die Kälteleistung nicht nur die Verdampfungswärme des Ammoniaks, sondern auch noch die recht bedeutende Teilbildungswärme des Ammoniakats im Resorbersystem nutzbar machen kann. Hier liegen interessante Zukunftsaufgaben.

f) Adsorptionsmaschinen.

Der Absorptionsvorgang entspricht einer chemischen Reaktion, bei der häufig große Reaktionswärmen frei werden. Es entstehen dabei neue chemische Verbindungen, wie NH_4OH, $NH_3 \cdot 6H_2O$*, $CaCl_2 \cdot 8NH_3$ u. a., die fest gefügt sind und zu deren Spaltung, d. h. zur Austreibung des Ammoniaks, wieder große Wärmemengen und erhebliche Temperatursteigerungen erforderlich sind. Daneben ist es aber seit langer Zeit bekannt, daß hochporöse feste Körper wie Holzkohle, Kieselgur, Bimsstein, Meerschaum u. a. an ihrer Oberfläche bedeutende Mengen von Gasen und Dämpfen festzuhalten vermögen. Diese Erscheinung, die man als Adsorption bezeichnet, gehört in das Gebiet der Kapillarchemie. Die Adsorption wurde früher als rein physikalischer Vorgang aufgefaßt; dem widerspricht aber die Tatsache, daß auch bei der Adsorption Wärmetönungen auftreten, die allerdings viel geringer sind als bei den Absorptionsvorgängen. Eine chemische Verbindung im gewöhnlichen Sinne stellt aber die Adsorption auch nicht dar, denn es ist bekannt, daß z. B. das chemisch völlig inaktive Argon von Holzkohle in nennenswertem Umfang adsorbiert wird. Wahrscheinlich ist

[1] Altenkirch, E.: Z. ges. Kälteind. Bd. 20 (1913) S. 114.
[2] DRP. 549343 (1927). * Wucherer, J.: a. a. O.

die Adsorption als eine lockere Verbindung aufzufassen, wie man sie sich in der Chemie durch Nebenvalenzen ausgeübt denkt[1]. Die adsorbierte Gasmenge nimmt mit wachsendem Gasdruck zu. Mit wachsender Temperatur nimmt sie erst rasch und dann langsam ab. Bei verschiedenen Gasen und gleichem Adsorbens ist die Adsorption meist um so stärker, je leichter sich die Gase verflüssigen lassen. Das Adsorptionsprinzip kann nun ebenso wie das Absorptionsprinzip auf die Kälteerzeugung angewendet werden.

Es hat sich gezeigt, daß getrocknete kolloidale Kieselsäure („Silica Gel“) nennenswerte Mengen Wasserdampf aufzunehmen vermag[2]. Da der Dampfdruck des Wasserdampfs bei tiefen Temperaturen sehr niedrig ist, verläuft der Kälteerzeugungsprozeß im starken Vakuum. Dadurch entstehen einerseits Schwierigkeiten mit der Abdichtung der Apparate und andererseits sind bei den niedrigen Dampfdrücken die adsorbierten Mengen verhältnismäßig klein, so daß die Apparate trotz der hohen Verdampfungswärme des Wassers ziemlich umfangreich werden. Für größere Leistungen braucht man zur dauernden Aufrechterhaltung des Vakuums eine besondere Vakuumpumpe. Das Silica Gel ist auch ein schlechter Wärmeleiter.

Um das hohe Vakuum zu vermeiden, hat man versucht, das Wasser durch ein anderes Kältemittel zu ersetzen; man hat gefunden, daß Silica Gel bis zu 40% seines Gewichts an schwefliger Säure (SO_2) zu adsorbieren vermag. Von dieser Menge können etwa $^3/_4$ für die Kälteerzeugung nutzbar gemacht werden. Diese nutzbare Menge ist also verhältnismäßig gering, jedenfalls viel kleiner als bei den im vorigen Abschnitt besprochenen trockenen Ammoniak-Absorptionsmaschinen. Beachtet man noch, daß die Verdämpfungswärme von SO_2 dreimal kleiner ist als bei NH_3, so erkennt man leicht, daß die Abmessungen der Kocher-Absorber dieser Maschinen recht groß werden; um dem entgegenzutreten, muß man bestrebt sein, die Zahl der täglichen Perioden so groß wie möglich zu machen.

Es sind oft Zweifel geäußert worden, ob die Adsorptionsfähigkeit des Silica-Gels dauernd unverändert erhalten bleibt. Gewisse Erfahrungen scheinen darauf hinzudeuten, daß in Glasgefäßen die Wirkung über sehr lange Zeiten ungeschwächt fortbesteht; in eisernen Behältern sollen sich aber die aktiven Poren mit der Zeit verstopfen, wobei die Adsorptionsfähigkeit merklich nachläßt. Die Safety Heating and Lighting Co. in New Haven, Conn., die Silica-Gel-Maschinen für

---

[1] Vgl. z. B. Freundlich, H.: Grundzüge der Kolloidlehre, Leipzig: Akad. Verlagsges. 1924.

[2] Über die Eigenschaften, die Herstellung und die Verwendung von Silica Gel, siehe Kausch, O.: Das Kieselsäuregel und die Bleicherden. Berlin: Julius Springer 1927.

Eisenbahnwagen erfolgreich baut, bestreitet allerdings die Richtigkeit dieser Behauptung. Für Haushaltmaschinen hat sich Silica-Gel nicht einführen können, trotzdem die Copeland Products Inc. es an ernsten Bemühungen nicht hat fehlen lassen.

Als wichtiges Adsorbens ist ferner die aktive Kohle anzusprechen. Als Ausgangsprodukt dienen Torf und Kokosnußschalen, deren kolloiddisperser Feinbau bei vorsichtigem Verkohlen erhalten bleibt. Das Material wird mit Zinkchlorid getränkt und bei 500 bis 700° in einer Kohlensäureatmosphäre verkokt; nach einem anderen Verfahren erfolgt die Aktivierung unter Anwendung von Wasserdampf bei 900 bis 1000°. Für die Kälteerzeugung kommt z. B. das System aktive Kohle-Ammoniak in Frage, doch können auch andere flüchtige Stoffe verwendet werden. Es werden schon heute aktive Kohlen hergestellt, die bei + 20° und 3 ata (— 10° im Verdampfer) etwa 30% ihres Gewichtes an Ammoniak adsorbieren, und es ist anzunehmen, daß bald noch höherwertige Qualitäten auf dem Markt erscheinen werden.

Die Amundsen Refrigerator Co. in Oslo hat vorgeschlagen, als Kältemittel Methylalkohol zu verwenden, um für Haushaltzwecke eine Maschine ohne inneren Überdruck zu erhalten. Versuchsmaschinen „Eskimo" mit einem Schüttvolumen von 6 l aktiver Kohle und einer Füllung von 1 l Methylalkohol lieferten bei Kühlung des Kondensators und Adsorbers mit 15-gradigem Wasser und bei einer Schranktemperatur von + 6° eine gesamte Kälteleistung von 60 kcal/h bei einer Stromaufnahme von 205 Watt. Das entspricht einem Wärmeverhältnis von $\zeta = \frac{60}{205 \cdot 0{,}860} = 0{,}34$, das recht befriedigend wäre. Unseres Wissens sind aber diese Maschinen noch nicht auf dem Markt erschienen. Die angegebene Kohlefüllung ist auf 2 Kocher-Adsorber verteilt, deren Betrieb so in der Phase verschoben ist, daß eine kontinuierliche Kühlung erfolgt. Will man diese Maschinen mit Luftkühlung betreiben, dann muß die Kohlefüllung nahezu verdoppelt werden; das Wärmeverhältnis ist dann bedeutend geringer.

4. Arbeitsweise und Ausführungsformen von Absorptionsmaschinen.

A. Periodische Maschinen mit flüssigem Absorptionsmittel.

Die Betrachtungen in diesem Abschnitt beziehen sich in erster Linie auf das gebräuchliche System Wasser-Ammoniak, sie gelten aber sinngemäß auch für alle anderen flüssigen binären Gemische.

Die Grundelemente sind bei allen Maschinen die gleichen: ein Kocher-

Absorber mit Heizquelle, Kühlvorrichtung und gelegentlich auch mit einem Dampfkühler zur Abscheidung des mitgerissenen Wasserdampfes, dazu ein Kondensator mit angeschlossenem Sammelbehälter für das verflüssigte Kältemittel, der während der Kühlperiode als Verdampfer dient. Die kennzeichnenden Merkmale der einzelnen Ausführungen beziehen sich auf folgende Operationen:

Steuerung der Ammoniakwege. (Austreibung von der Oberfläche, Absorption unter dem Flüssigkeitsspiegel.)

Rückführung des mitgerissenen Wassers.

Umschaltung von der Kochperiode auf die Kühlperiode und umgekehrt.

Das Schema der Wirkungsweise einer periodischen nassen Absorptionsmaschine ist in Abb. 107 dargestellt: bei der Kochperiode, die $1^1/_2$ bis $2^1/_2$ Stunden dauert, wird durch Beheizung des Kochers *A* (elektrisch oder mittels Gas) das Ammoniak ausgetrieben; das Ventil V_1 ist geöffnet, die Ventile V_2 und V_3 dagegen sind geschlossen. Das Ammoniak mit Spuren von Wasserdampf tritt durch die Rohrleitung *a* in den Kondensator *B*, wo es durch Kühlwasser verflüssigt wird und sammelt sich dann im Verdampfer *C*, der in den Haushalt-Kühlschrank eingebaut ist. Der Dreiweghahn *H* ist so gestellt, daß das Kühlwasser durch die Leitung *c* abfließt. Ist genügend Ammoniak in *C* angesammelt, so wird auf die Kühlperiode umgeschaltet. Dazu muß nach Abschaltung der Heizquelle Ventil V_1 geschlossen, V_2 geöffnet und der Dreiweghahn *H* um 90° gedreht werden. Jetzt tritt das Kühlwasser in die Schlange, kühlt den Kocher *A* und fließt durch die Leitung *d* ab. Die abgekühlte arme Lösung beginnt nun Ammoniakdämpfe zu absorbieren, wodurch der Druck in allen Teilen der Apparatur sinkt und das Ammoniak in *C* bei niedriger Temperatur verdampft. Die gebildeten Dämpfe treten durch die Leitung *b* in den unteren Teil des Behälters *A*, der jetzt als Absorber wirkt und werden unter Wasser absorbiert. Die Absorptionswärme wird durch das Kühlwasser dauernd abgeführt. Nach mehrfacher Wiederholung dieser Vorgänge sammelt sich am Boden von *C* so viel mitgerissenes Wasser, daß die Kälteleistung infolge Zurückhaltens eines großen Teiles Ammoniak stark beeinträchtigt wird. Das Wasser muß daher von Zeit zu Zeit in den Behälter *A* zurückgeführt

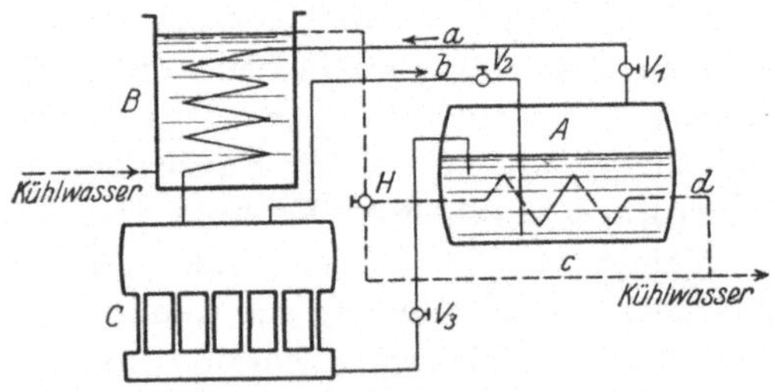

Abb. 107. Schematische Darstellung einer periodischen Absorptionsmaschine.
A Kocher-Absorber, *B* Kondensator, *C* Verdampfer, *a*, *b* Kältemittelleitungen, *c*, *d* Wasserleitungen, V_1, V_2, V_3 Ventile, *H* Dreiweghahn.

werden. Dazu werden nach einer Kochperiode die Ventile V_1 und V_2 geschlossen und V_3 geöffnet. Die im Verdampfer C gebildeten Dämpfe drücken dann den ganzen Verdampferinhalt in den Behälter A zurück.

Der Nachteil dieser Anordnung besteht in den zahlreichen Handgriffen zur Betätigung der Ventile, die außerdem zu Undichtigkeiten Veranlassung geben. Angestrebt wird eine ventillose Maschine mit automatischer Steuerung der Ammoniakwege und automatischer Rückführung des mitgerissenen Wassers.

a) Steuerung der Ammoniakwege.

Es sind folgende Mittel vorgeschlagen:

α. Anordnung eines Schwenkrohres.

β. Niveau-Verlegung im Kocher-Absorber.

γ. Anwendung von Sperrflüssigkeiten.

Zu α. Bei der älteren Bauart von Rumpler (Abb. 108) findet sich ein Schwenkrohr f. Während der Kochperiode liegt die Öffnung des Rohres über dem Flüssigkeitsspiegel des Kochers a, so daß die ausgetriebenen NH_3-Dämpfe durch das Rohr f in den Dampfkühler c (Wasserabscheider) und von da in den Doppelrohrkondensator h und Verdampfer i gelangen; das Kühlwasser tritt jetzt beim Hahn n ein, durchläuft im Gegenstrom den Kondensator h, dann den Dampfkühler c und tritt durch den Hahn g in das Ablaufrohr. Beim Umschalten auf die Kühlperiode wird das Schwenkrohr f durch Heben des Handgriffs in die arme Lösung gesenkt. Die im Verdampfer i gebildeten Dämpfe gelangen nun auf dem gleichen Wege zurück in den Kocher, treten aber da unter den Flüssigkeitsspiegel und werden rasch absorbiert. Mit der Schwenkung des Rohres f wird durch ein Hebelsystem gleichzeitig der Kühlwasserhahn g umgeschaltet, so daß das Kühlwasser jetzt vom Dampfkühler c in die Kühlschlange des Kochers tritt, die Absorptionswärme aufnimmt und durch den Wasserhahn l abläuft, der auf richtige

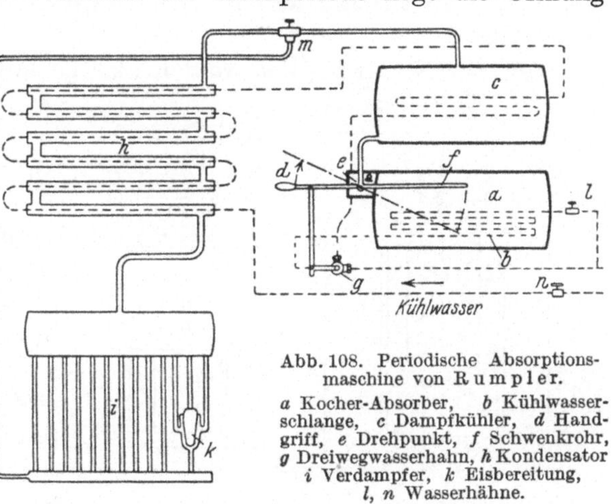

Abb. 108. Periodische Absorptionsmaschine von Rumpler.
a Kocher-Absorber, b Kühlwasserschlange, c Dampfkühler, d Handgriff, e Drehpunkt, f Schwenkrohr, g Dreiwegwasserhahn, h Kondensator i Verdampfer, k Eisbereitung, l, n Wasserhähne.

Durchflußmenge eingestellt ist. Natürlich kann bei der Schwenkbewegung auch die Heizquelle des Kochers abgeschaltet werden.

Auf demselben Prinzip beruht auch der Absorptionskühlapparat „Gnom“[1] der Immerbrand Ofenvertriebs Gesellschaft in Berlin (Abb. 109). Kocher *1* und Kondensator *2* sind durch die hohle Welle *3* fest miteinander verbunden. Die Welle trägt einen Rohrstutzen *4*, der dem Schwenkrohr bei der Bauart Rumpler entspricht, und der bei der Kochperiode über den Flüssigkeitsspiegel im Kocher hinausragt; gleichzeitig wird *1* durch den Brenner *5* geheizt und *2* durch das Kühlwasserschwenkrohr *6* berieselt. Beim Umschalten wird die Welle *3* um 180° verdreht, dadurch kommt der Stutzen *4* in die punktierte Stellung *4'* und gleichzeitig wird *6* nach *6'* verdreht und die Heizquelle abgeschaltet.

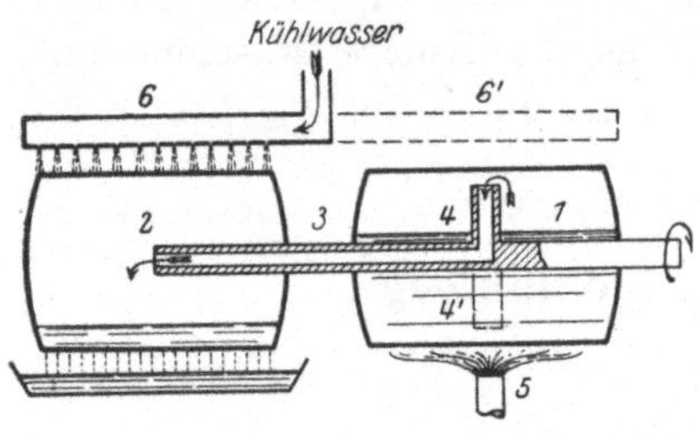

Abb. 109. Periodische Absorptionsmaschine Gnom.
1 Kocher-Absorber, *2* Kondensator-Verdampfer, *3* Hohle Welle, *4* Rohrstutzen, *5* Brenner, *6* Kühlwasser-Schwenkrohr.

Zu β. Die Steuerung der Ammoniakwege mit Hilfe der Niveauverlegung veranschaulicht Abb. 110 (AKA Absorptionskühlapparatebau G.m.b.H., Berlin). Der Kocher *a* ist von einem Heizmantel *b* umgeben und besitzt im Inneren einen unten offenen Einsatzzylinder *c*. Bei der Kochperiode wird die reiche Ammoniaklösung durch die im Einsatzzylinder gebildeten Dämpfe in den äußeren Ringraum gedrückt (Flüssigkeitsspiegel 1-1-1), wo sie der Wirkung der im Mantel *b* aufsteigenden Heizgase am stärksten ausgesetzt ist. Die gebildeten Dämpfe können nur durch die Leitung *d* in den Kondensator *e* und von da in verflüssigtem Zustand in den Verdampfer *f* entweichen. Dabei fließt das Kühlwasser im Gegenstrom durch den Kondensator und durch den Dreiweghahn *g* (Hebelstellung 1) in den Abfluß. Beim Übergang auf die Kühlperiode wird der Hebel des Dreiweghahns *g* in die Stellung 2

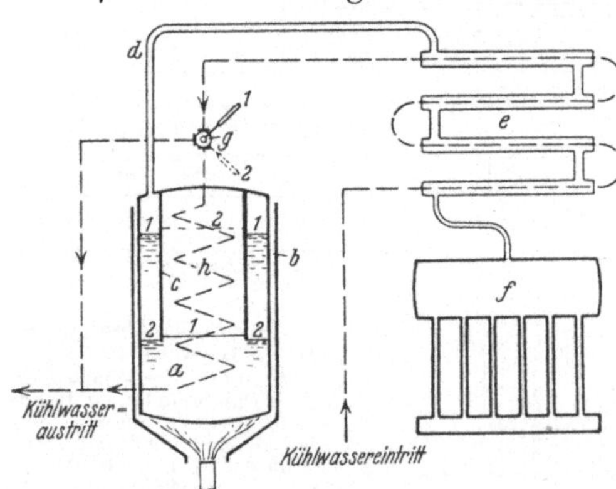

Abb. 110. Periodische Absorptionsmaschine der Absorptionskühlapparatebau G. m. b. H.
a Kocher-Absorber, *b* Heizmantel, *c* Einsatzzylinder, *d* Rohrleitung, *e* Kondensator, *f* Verdampfer, *g* Dreiweghahn, *h* Kühlschlange.

[1] DRP. 394651.

gedreht, wobei gleichzeitig die Heizquelle ausgeschaltet wird. Das Kühlwasser fließt nun durch die Kühlschlange h. Die im Verdampfer gebildeten Dämpfe drücken auf den Flüssigkeitsspiegel in a und heben die arme Ammoniaklösung in den Einsatzzylinder c (entsprechend dem punktierten Niveau 2-2-2). Die Ammoniakdämpfe können nun um die untere Kante des Einsatzzylinders in diesen eintreten und werden beim Aufsteigen von der Flüssigkeit absorbiert.

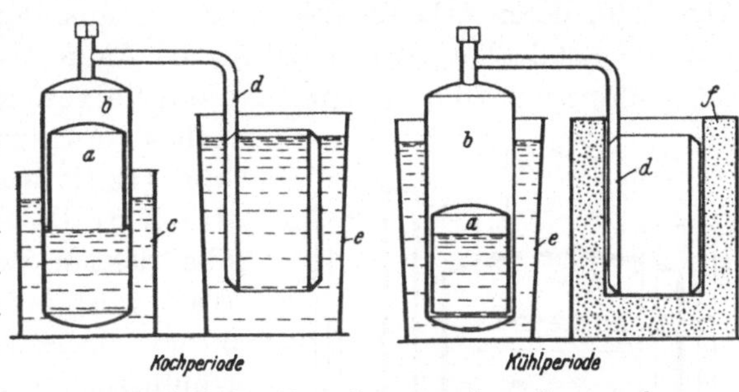

Abb. 111. Periodischer Absorptionsapparat von Senssenbrenner. a Glocke, b Kocher-Absorber, c Heißwasserbehälter, d Kondensator-Verdampfer, e Kühlwasserbehälter, f Isolierkasten.

Auf dem gleichen Prinzip beruht die Wirkung der kleinen Kühlapparate der Firma C. Senssenbrenner, Düsseldorf[1]. In Abb. 111 ist der unter der Bezeichnung „Kühljungens" vertriebene Flaschenkühlapparat dargestellt. Der die Niveauverlegung bewirkende Einsatzzylinder ist hier durch die Glocke a ersetzt. Bei der Kochperiode, die etwa 20 Min. dauert, wird der Kocher b in einen Behälter c mit siedendem Wasser gesetzt und der ringförmige Kondensator d in einen Eimer e mit kaltem Wasser versenkt. Bei der Kühlperiode wird das Kühlwasser erneuert und dann der Kocher in e versenkt, während der nun als Verdampfer wirkende Apparat d in einen isolierten Behälter gestellt wird. In dem Hohlraum von d wird die zu kühlende Flasche eingesetzt.

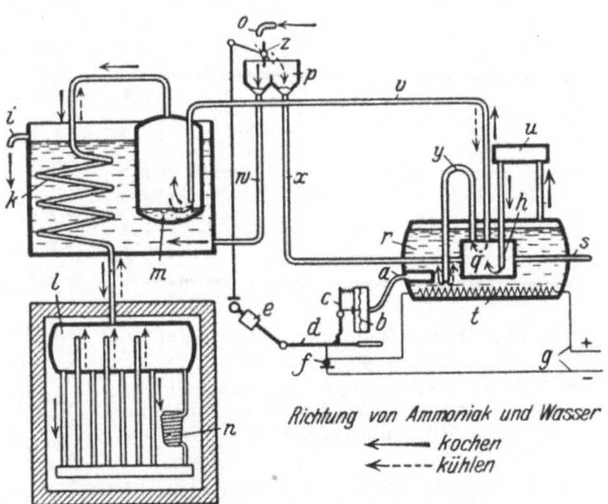

Abb. 112. Periodische Absorptionsmaschine von Mannesmann.
a Fühler, b Membran, c Schnapphebel, d Kontakthebel, e Gegengewicht, f Kontakte, g elektrische Leitungen, h Fallrohr, i Wasseraustritt, k Kondensator, l Verdampfer, m Wasserabscheider, n Eisbereitung, o Wasserzufluß, p Wasserrinnen, q Steuerkessel, r Kocher-Absorber, s Wasseraustritt, t Heizspirale, u, v, y Ammoniakwege, w, x Wasserwege, z Wasserumlenker.

Die Kälteleistung beträgt je Kochung etwa 60 kcal. Eine größere Ausführung dieses Apparates mit einer Kälteleistung von etwa 300 kcal je Kochung baut Senssenbrenner in Verbindung mit einer isolierten Kühlkiste, in der kleine Mengen von Lebensmitteln aufbewahrt werden

[1] DRP. 369578 und 418728.

können. Der Betrieb dieser Maschinen erfordert aufmerksame Bedienung.

Auf dem Prinzip der Niveauverlegung beruht auch die Wirkung der „Sorco"-Maschine der Gas Refrigeration Corp. in New York (Abb. 119), deren Arbeitsweise auf S. 143 ausführlich beschrieben ist[1].

Zu γ. Schließlich ist es möglich, die Ammoniakwege bei der Koch- und Kühlperiode durch Sperrflüssigkeiten zu steuern. Ein einfaches Ausführungsbeispiel ist in Abb. 112 (Mannesmann-Kälteindustrie A.-G. Döberitz) dargestellt[2]. Die Fließrichtung des Ammoniaks und des Wassers ist darin für die Kochperiode durch ausgezogene Pfeile, für die Kühlperiode durch gestrichelte Pfeile dargestellt; q ist der Steuerkessel mit der Sperrflüssigkeit (z. B. Quecksilber oder wäßrige Ammoniaklösung). Die in der Kochperiode gebildeten Dämpfe gelangen durch das Austreiberohr h in den Steuerkesssel q und von dort in den Wasserabscheider m und Kondensator k. Auf dem Rückweg wird die Sperrflüssigkeit aus dem Steuerkessel in das Rohr h gedrückt, so daß die Dämpfe gezwungen sind, durch das Rohr y unter der Oberfläche der Lösung in den Absorber einzutreten. (Das Kühlwasserrohr s geht am Behälter q vorbei.)

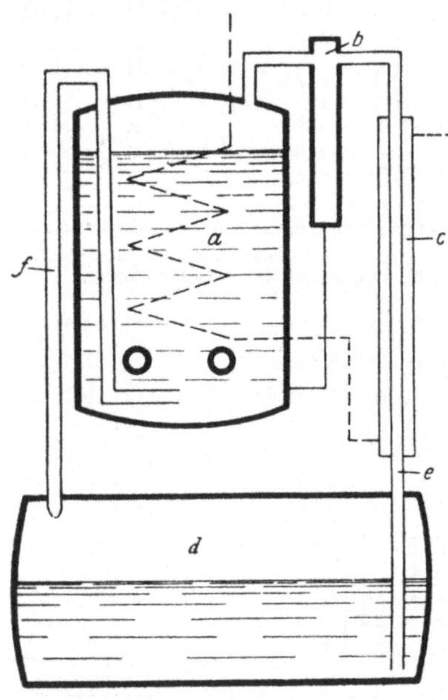

Abb. 113. Periodische Absorptionsmaschine von Gebr. Bayer.
a Kocher-Absorber, *b* Wasserabscheider, *c* Kondensator, *d* Verdampfer, *e* Kondensat- und Rückführungsrohr, *f* Saugrohr.

Ein ähnlicher Flüssigkeitsverschluß findet sich auch bei der Haushaltungsmaschine der Keith Electric Refrigerator Company in Toronto (Kanada).

Als Sperrflüssigkeit kann aber auch nach einem von Gebr. Bayer, Augsburg, stammenden Vorschlag direkt das im Verdampfer angesammelte flüssige Ammoniak verwendet werden. Eine solche Anordnung ist in Abb. 113 dargestellt[3]. Der im Kocher a gebildete Dampf tritt durch den Wasserabscheider b in den Kondensator c und von da in verflüssigtem Zustand in den Verdampfer d, wobei das Rohr e bis zum Boden des Verdampfers reicht. Bei der Kühlperiode ist dann der Weg durch das

[1] U. S. Pat. 1470638 (1923).

[2] Vgl. auch Mannesmann, H. R.: Beih. Z. ges. Kälteind. Reihe 2, Heft 3 (1930).

[3] DRP. 423042.

Rohr e gesperrt und die kalten Dämpfe werden durch das Rohr f unter den Flüssigkeitsspiegel des Kochers geleitet.

b) Rückführung des mitgerissenen Wassers.

Bei jeder Kochperiode wird in nassen Absorptionsmaschinen trotz der stets vorgesehenen Rückkühlvorrichtung eine kleine Menge Wasserdampf in den Verdampfer mitgerissen. Daher muß jede Maschine eine Vorrichtung zur Rückführung des mitgerissenen Wassers besitzen, die von Zeit zu Zeit oder auch in jeder Periode betätigt wird und am besten automatisch, mindestens aber ventillos arbeiten muß.

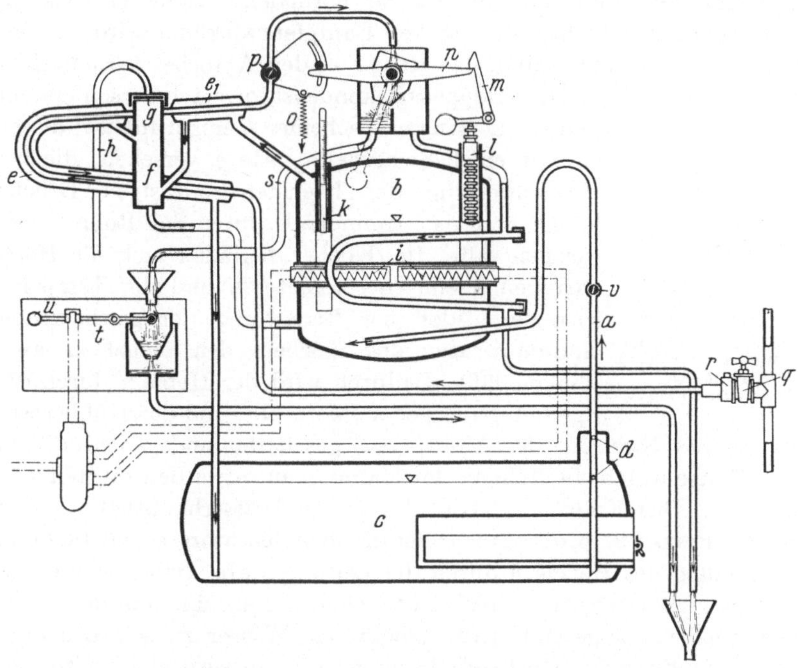

Abb. 114. Periodische Absorptionsmaschine von Gebr. Bayer.
a Saugleitung, b Kocher-Absorber, c Verdampfer, d Öffnungen, e Doppelrohr-Kondensator, e_1 Dampfkühler, f Wasserabscheider, g Sicherheitsplatte, h Rohr, i Heizpatronen, k Thermometer, l Temperaturregler, m Winkelhebel, n Kipphebel, o Feder, p Wasserhahn, q Wasserhaupthahn, r Druckregler, s Wasserleitung, t Wasserschutzschalter, u Signalscheibe, v Absperrventil.

In Abb. 114 ist die von Gebr. Bayer, Augsburg, vorgeschlagene Lösung dargestellt[1]. Die Leitung a, durch welche die kalten Ammoniakdämpfe während der Kühlperiode aus dem Verdampfer c in den Absorber b gelangen, reicht bis zum Boden des Verdampfers und besitzt im oberen Teil des Verdampfers verhältnismäßig enge Öffnungen d. Diese Öffnungen reichen im normalen Betrieb zur Abführung der kalten Dämpfe

[1] DRP. 419720.

aus dem Verdampfer aus. Zur gelegentlichen Rückführung des mitgerissenen Wassers, das sich am Boden des Verdampfers sammelt, wird durch künstlich erhöhte Wärmezufuhr im Verdampfer oder durch besonders starke Kühlung des Absorbers die Dampfbildung so verstärkt, daß die kleinen Austrittsöffnungen *d* nicht mehr ausreichen, der Dampf drückt dann die gesamte flüssige Füllung des Verdampfers durch die Leitung *a* in den Absorber *b* zurück. Eine gleichwertige Lösung für die Rückführung des Wassers ist in Abb. 113 dargestellt, wo die Verengung im Rohr *f* ebenfalls nur die bei normalem Betrieb entwickelte Dampfmenge durchläßt. Bei starker Dampfentwicklung wird die gesamte flüssige Füllung durch das Rohr *e* in den Absorber zurückgefördert. In Abb. 114 ist *e* der Doppelrohrkondensator, nach dessen erstem Teil e_1 ein Wasserabscheider *f* eingebaut ist; dieser ist mit einer Sicherheitsplatte *g* versehen, die bei Überschreitung des höchsten zulässigen Drucks bricht und das Ammoniak durch das Rohr *h* entweichen läßt. Im Kocher befinden sich die Heizpatronen *i*, ein Thermometer *k* und der Temperaturregler *l*, der bei Erreichung der gewünschten Endtemperatur des Kochers den Hebel *m* ausklinken läßt. Dadurch wird der Hebel *n* durch die Spannung der Feder *o* verdreht, und das Kühlwasser wird auf das Kühlrohr des Absorbers *b* geschaltet und gleichzeitig in seiner Menge durch Verstellung des Hahns *p* auf etwa den fünften Teil gedrosselt. Das Kühlwasser tritt durch den Wasserhaupthahn *q* und den Druckregler *r* in das Innenrohr des Kondensators *e* und fließt in Kochstellung des Hebels *n* durch die Leitung *s* ab. Dabei schaltet es im Wasserschutzschalter *t* den elektrischen Strom ein, was durch die Signalscheibe *u* angezeigt wird. Fließt das Wasser zu schwach oder wird es am Ende der Kochperiode umgelenkt, so wird gleichzeitig der Heizstrom ausgeschaltet.

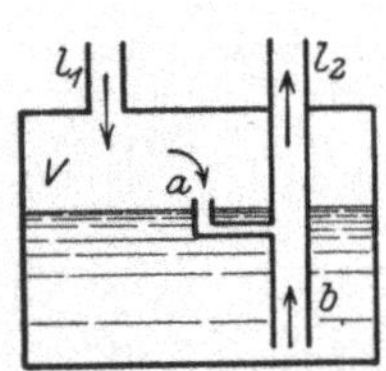

Abb. 115. Rückführung des Wassers aus dem Verdampfer (Francke-Werke).

Nach dem Vorschlag der Francke-Werke in Bremen wird das mitgerissene Wasser nach Abb. 115 in folgender Weise zurückgeführt[1]: das im Kondensator verflüssigte Ammoniak tritt durch die Leitung l_1 in den Verdampfer *V*, den es bei Abwesenheit von Wasser nur so weit füllt, daß der Rohransatz *a* in den Dampfraum herausragt. In der Kühlperiode tritt dann der Dampf durch *a* in die Leitung l_2 zum Absorber. Mit wachsender Wassermenge steigt der Flüssigkeitsspiegel bis über den Rohransatz *a*, wodurch der Dampfweg gesperrt wird. Der Dampf drückt dann zunächst das sich am Boden sammelnde, spezifisch schwerere Wasser durch das Tauchrohr *b* und die Leitung l_2 in den Ab-

[1] DRP. 411892.

sorber zurück, bis der Flüssigkeitsspiegel so weit sinkt, daß der Rohransatz *a* wieder freigegeben ist.

Bei den Mannesmann-Maschinen ist im Verdampfer eine kleine Überlaufschale *a* (Abb. 116) angeordnet, in die das unten erweiterte Verbindungsrohr *b* vom Kondensator mündet; diese Schale füllt sich während der Kochperiode mit flüssigem Ammoniak. In der Mitte der Schale führt ein senkrechtes gerades Rohr *c* bis auf den Boden des Verdampfers, während es in seinem oberen Teil konzentrisch in die Erweiterung des Rohres *b* einmündet, so daß hier eine Ejektordüse entsteht. Zu Beginn der Kühlperiode ist durch die mit Flüssigkeit gefüllte Überlaufschale *a* der Dampfweg vom Verdampfer zum Absorber versperrt. Der wachsende Dampfdruck treibt daher den Inhalt der Überlaufschale durch den engen Ringquerschnitt des Ejektors mit großer Geschwindigkeit in das Rohr *b*. Dadurch entsteht im Rohr *c* eine Saugwirkung, wobei die wasserhaltige Flüssigkeit vom Boden des Verdampfers gehoben und in den Absorber befördert wird. Sobald die Überlaufschale *a* entleert ist, kann der gebildete Dampf in normaler Weise durch das Rohr *b* entweichen. Die durch die Ejektorwirkung geförderte Flüssigkeitsmenge ist, wie Versuche gezeigt haben, ziemlich großen Schwankungen unterworfen.

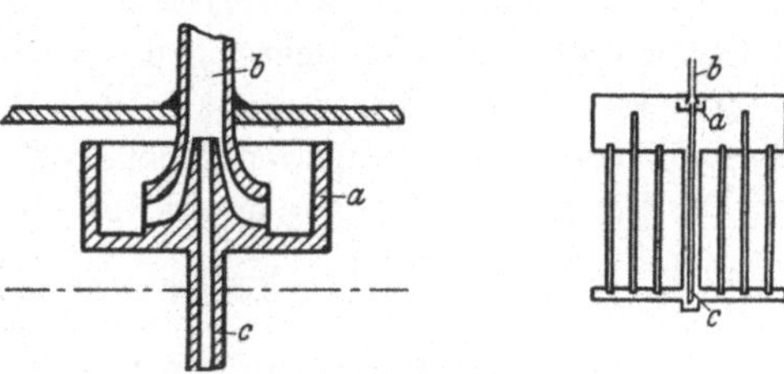

Abb. 116. Rückführung des Wassers aus dem Verdampfer (Mannesmann).
a Überlaufschale, *b* Rohrleitung vom Kondensator, *c* Steigrohr.

Eine einfache und sinnreiche Lösung des Problems der Rückführung stammt von E. Wirth-Frey[1] (Abb. 117). Darin bedeutet *a* den Kocherabsorber und *b* den Kondensator. Der Verdampfer besteht aus einem Oberteil *c* und einem Unterteil *d*, die durch eine Verengung *e* miteinander verbunden sind. Vom Deckel des Oberteils *c* führt das Saugrohr *f* bis unter den Flüssigkeitsspiegel in den Kocher-Absorber *a*. Vom Boden des Unterteils *d* führt ein Rohr *g*, das in der Höhe der Verengung *e* in das Saugrohr *f* einmündet. Solange sich im Verdampfer noch kein Wasser angesammelt hat, füllt das verflüssigte Ammoniak den Unterteil *d* nur so weit aus, daß durch das Rohr *g* nichts überlaufen kann. Ist dagegen am Ende der Kühlperiode ein größerer Wasserrest am Boden

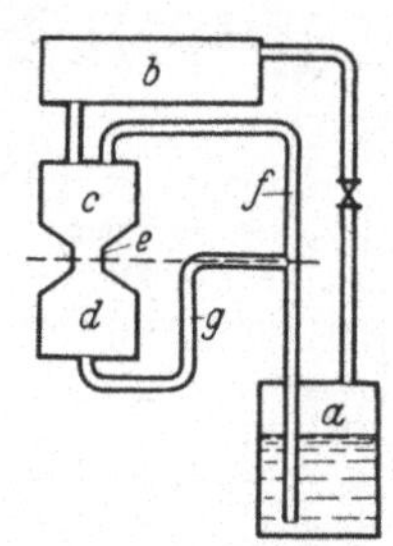

Abb. 117. Rückführung des Wassers aus dem Verdampfer (Wirth-Frey).
a Kocher-Absorber, *b* Kondensator, *c*, *d* Verdampfer, *e* Verengung, *f* Saugrohr, *g* Überlaufrohr.

[1] DRP. 397 327 und U. S. Pat. 1720160 (1929).

des Verdampfers verblieben, dann wird er in der Kochperiode in das enge Rohr *g* vorgedrängt und der Spiegel im Unterteil *d* steigt so hoch, daß dieser Wasserrest (mit etwas Ammoniak) durch das Saugrohr *f* in den Kocherabsorber überläuft. Dabei tritt aber keine Siphonwirkung auf, so daß nicht etwa der ganze Verdampfer leerläuft; es wird vielmehr nur der überschüssige wasserreiche Teil zurückfließen. Eine Siphonwirkung mit völliger Entleerung des Verdampfers würde nur dann eintreten, wenn das Rohr *g* nicht in das Saugrohr *f*, sondern parallel zu diesem verlaufen und in den Kocher-Absorber einmünden würde.

Die Rückführung des Wassers bei der „Sorco"-Maschine (Abb. 119) ist auf S. 144 erläutert.

c) Die Umschaltung von der Kochperiode auf die Kühlperiode.

Diese Umschaltung wird vielfach von Hand bewirkt. Man benutzt eine Weckeruhr, die nach Ablauf der Kochperiode durch das Klingelsignal an die Ausführung des Umschaltehandgriffs erinnert, wobei das Abstellen der Heizquelle und das Umsteuern des Wasserweges zwangläufig gekuppelt ist. Will man die Umschaltung automatisch machen, so gibt es hierfür verschiedene Möglichkeiten: die Schaltbewegung kann beispielsweise durch die Temperatur der heißen Lösung am Ende der Kochperiode beeinflußt werden; diese Temperatur darf nicht wesentlich über 120° steigen, wenn das Mitreißen größerer Wassermengen verhindert werden soll[1]. Das Fühlrohr *a* des Schalters (Abb. 112, Mannesmann) ragt in den Kocher herein; die Membran *b* unterbricht bei ihrer Ausdehnung den Kontakt *f* des Heizstroms

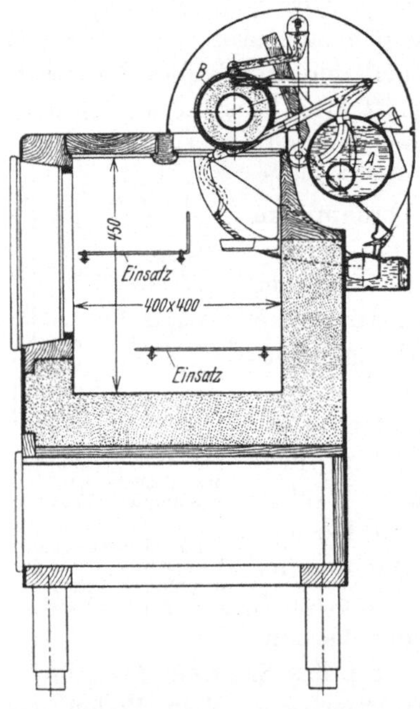

Abb. 118. Periodische Absorptionsmaschine der Metallwerke Frankenberg. *A* Kocher-Absorber, *B* Kondensator-Verdampfer.

[1] Bei höheren Temperaturen sind auch wiederholt Zersetzungen des Ammoniaks in Wasserstoff und Stickstoff beobachtet worden, wobei die Kälteleistung stark abnahm. Diese Zersetzungen treten um so schwächer auf, je reiner die innere Oberfläche der Behälter und Leitungen ist. Ölschichten, Zunder, Rost und dgl. üben offenbar katalytische Wirkungen aus. Durch eine Schutzschicht aus Aluminium kann die Zersetzung weitgehend herabgesetzt werden.

und schaltet gleichzeitig das Kühlwasser vom Kondensator auf den Absorber. Ähnliche Schalter besitzen auch die Maschinen von Gebr. Bayer, Augsburg (System „Polaris“). Bei der gasgeheizten „Sorco“-Maschine (Abb. 119) schaltet der im Kocher angeordnete Thermostat zunächst das Dreiwegventil für das Kühlwasser. Der Wasserdruck betätigt dann das Gasventil (vgl. S. 144). Nach Ablauf der Kühlperiode kann die Wiedereinschaltung der Heizquelle durch einen Thermostaten erfolgen, der von der Temperatur im Verdampfer oder im Kühlschrank beeinflußt wird. Die Schaltbewegung könnte auch durch Schwimmer bewirkt werden, die den veränderlichen Flüssigkeitsspiegeln im Kocher und im Verdampfer folgen. Ein anderer Weg besteht darin, daß man die ganze Apparatur um einen festen Drehpunkt schwenkbar anordnet. Kocher und Verdampfer liegen auf verschiedenen Seiten von diesem Drehpunkt. Während der Kochperiode wird der Kocher immer leichter und der Verdampfer immer schwerer. Die Gewichtsverschiebung leitet eine Kippbewegung ein, durch welche die Umschaltung auf die Kühlperiode bewirkt wird. Ebenso wird durch die entgegengesetzte Kippbewegung von neuem die Kochperiode eingestellt. Das Festhalten der Apparatur in der Kühlstellung kann auch dadurch bewirkt werden, daß ein Hebel oder Haken in eine Wasserschale taucht, deren Inhalt bei der Kühlperiode zum Gefrieren gebracht wird (Keith Electric Refrigerator Company, Toronto). Die Kippbewegung kann neben der Umschaltung natürlich auch zur Umsteuerung der Ammoniakwege und zur Rückführung des mitgerissenen Wassers verwendet werden[1]. Nach diesem Prinzip arbeitet die kleine Absorptionsmaschine „Framo“ der Metallwerke Frankenberg in Frankenberg (Sachsen). Die Wirkungsweise ist aus Abb. 118 ohne weiteres zu erkennen: *A* ist der Kocher-Absorber, *B* der Kondensator-Verdampfer; das ganze System ist um einen Drehpunkt kippbar. In Abb. 118 befindet es sich in der Kochstellung. Die Maschine ist halbautomatisch, da die Einleitung jeder neuen Kochperiode von Hand erfolgen muß.

Schließlich kann die Umschaltung auch mit Hilfe eines mit einem Uhrwerk versehenen Zeitschalters bewirkt werden.

d) Beispiele.

Das Zusammenwirken verschiedener bisher besprochener Einzelheiten soll nun an praktisch bedeutungsvollen Ausführungsformen veranschaulicht werden.

1. Die Absorptionsmaschine System „Sorco“ der Gas Refrigeration Corporation, die von Stuart Otto in New York geschaffen wurde.

Der Kocher-Absorber (Abb. 119) besteht aus zwei übereinander-

[1] Z. B. in DRP. 435994 und in der französ. Patentschrift 606700 der Société Anonyme „Frigor“.

liegenden zylindrischen Behältern a_1 und a_2, die durch das U-förmige

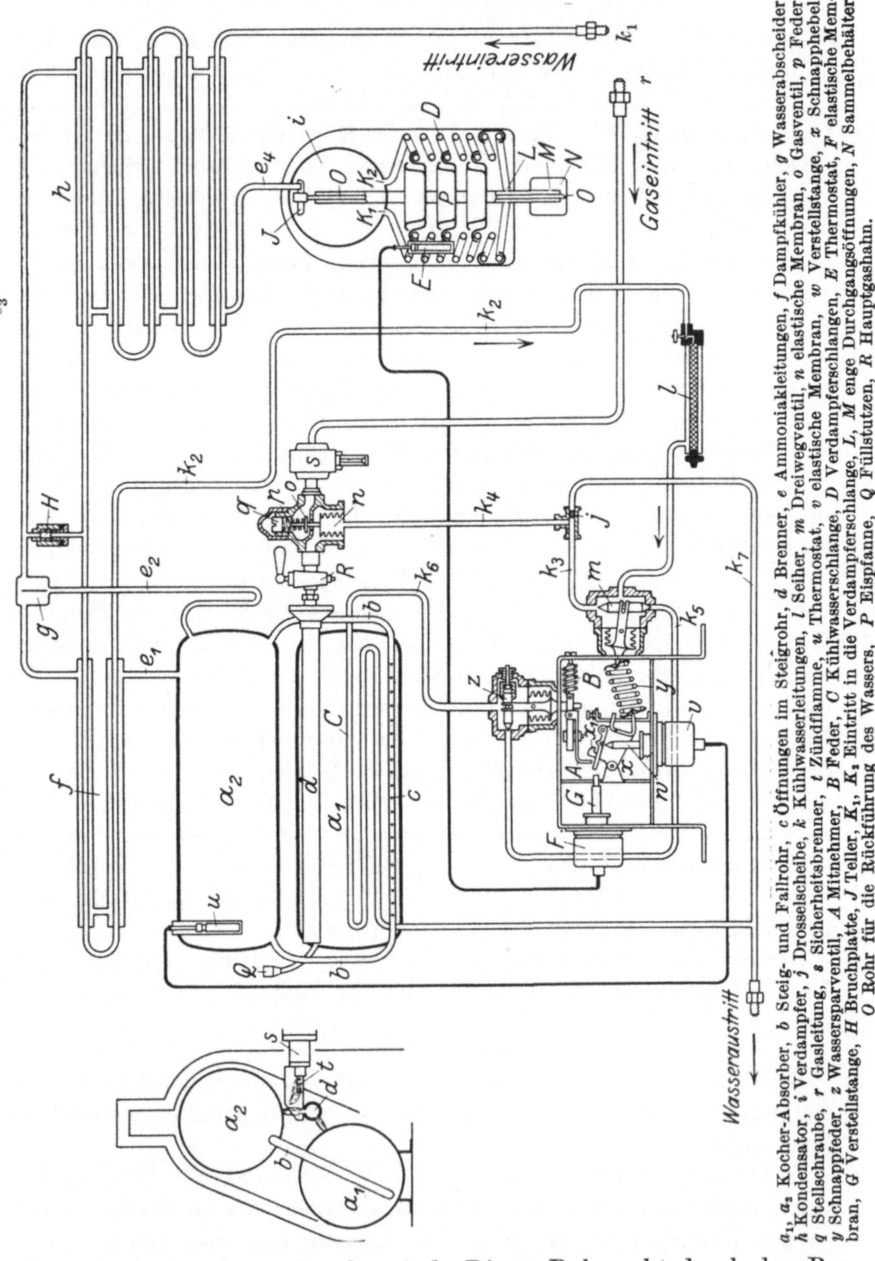

a_1, a_2 Kocher-Absorber, b Steig- und Fallrohr, c Öffnungen im Steigrohr, d Brenner, e Ammoniakleitungen, f Dampfkühler, g Wasserabscheider, h Kondensator, i Verdampfer, j Drosselscheibe, k Kühlwasserleitungen, l Seiher, m Dreiwegventil, n elastische Membran, o Gasventil, p Feder, q Stellschraube, r Gasleitung, s Sicherheitsbrenner, t Zündflamme, u Thermostat, v elastische Membran, w Verstellstange, x Schnapphebel, y Schnappfeder, z Wassersparventil, A Mitnehmer, B Feder, C Kühlwasserschlange, D Verdampferschlangen, E Thermostat, F elastische Membran, G Verstellstange, H Bruchplatte, J Teller, K_1, K_2 Eintritt in die Verdampferschlange, L, M enge Durchgangsöffnungen, N Sammelbehälter, O Rohr für die Rückführung des Wassers, P Eispfanne, Q Füllstutzen, R Hauptgashahn.

Rohr b miteinander verbunden sind. Dieses Rohr geht durch den Behälter a_1 hindurch und ist darin mit zahlreichen Öffnungen c versehen.

Zu Beginn der Kochperiode befindet sich die ganze reiche Lösung von Ammoniak und Wasser in a_1. Wird das Gas im Brennerrohr d entzündet, so schlägt die Flamme gegen a_1 und a_2, wie aus dem Seitenriß zu erkennen ist. Der Dampfdruck des in a_1 ausgetriebenen Ammoniaks treibt die ganze flüssige Füllung in den oberen Behälter a_2 (Verlegung der Niveaufläche!), der als eigentlicher Kocher dient und aus dem das ausgetriebene Ammoniak mit etwas mitgerissenem Wasserdampf durch das Rohr e_1 über den Doppelrohr-Dampfkühler f, den Wasserabscheider g und den Doppelrohrkondensator h in den Verdampfer i gelangt. In g wird ein großer Teil des mitgerissenen Wassers ausgeschieden und durch das Rohr e_2 mit Flüssigkeitsverschluß in den Kocher a_2 zurückgeführt. Während der Kochperiode tritt das Kühlwasser durch das Rohr k_1 im Gegenstrom in den Kondensator h, durchläuft dann den Dampfkühler f und tritt durch das Rohr k_2 und den Seiher l in das Wassersteuerventil m*, das als Dreiwegventil ausgebildet ist. In diesem Ventil ist jetzt der Weg nach der Leitung k_3 und zum Ausfluß k_7 geöffnet. Der Wasserdruck in k_3, der durch den Einbau einer Drosselscheibe j aufrecht erhalten wird, dehnt durch die Leitung k_4 die blasebalgartige Membran n, wodurch das Hauptgasventil o geöffnet bleibt und die Flamme im Brenner d weiterbrennen kann. Die Feder p und die Stellschraube q gestatten die Regelung der Ventileröffnung und damit der Gaszufuhr in Abhängigkeit vom Wasserdruck und von der Qualität des Gases. In der Gasleitung r liegt vor dem Hauptgasventil o noch der Sicherheitsbrenner s (vgl. S. 23 und Abb. 26), der die Zündflamme t liefert.

Wenn im Kocher a_2 eine Temperatur von 125° erreicht ist, hat der darin befindliche Thermostat u, gefüllt mit einer siedenden Flüssigkeit, die blasebalgartige Membran v so stark gedehnt, daß der damit verbundene Stift w den Ausklinkhebel x und die Feder y zum Überschnappen zwingt, wodurch zugleich das Dreiwegventil m umgesteuert wird. Leitung k_3 ist nun geschlossen und k_5 geöffnet. Dadurch sinkt sofort der Druck in Leitung k_4 und das Gasventil o wird geschlossen, womit die Kochperiode beendet ist. Jetzt fließt das Kühlwasser durch k_5 zum Wassersparventil z, das beim Überschnappen des Hebels x durch den Anschlag der Nase x_1 an den Hebel A unter Spannung der Feder B ebenfalls voll geöffnet wurde. Durch die Leitung k_6 strömt dann das Wasser in die Kühlschlange C des Absorbers a_1 und von da in den Ausguß. Hierdurch tritt in a_1 eine Drucksenkung ein und die arme Lösung fließt von a_2 nach a_1 zurück (Rückverlegung des Niveaus). Die Absorption des in den Verdampferschlangen D entwickelten Ammoniaks findet somit durch die Leitungen b unter der Oberfläche der armen Lösung statt. Im Laufe der Kühlperiode steigt allmählich die Temperatur in den Verdampferschlangen D, wodurch der darin befindliche Thermostat E

* Über Einzelheiten dieser Automatik vgl. U. S. Pat. 1764193 und 1764196.

beeinflußt wird; durch Dehnung der blasebalgartigen Membran F wird der Stift G vorgeschoben und der Hebel x mit der Nase x_1 langsam zurückgedreht. Die Feder B zieht dann den Hebel A ebenfalls entsprechend zurück, wodurch das Wassersparventil z immer mehr geschlossen wird. Da die Verdampfung und Absorption am Anfang der Kühlperiode am stärksten sind und später nachlassen, hat es keinen Zweck, während der ganzen Kühlperiode die gleiche Wassermenge durch den Absorber zu schicken; durch teilweise Schließung des Ventils z wird der Wasserverbrauch erheblich verringert.

Gegen Ende der Kühlperiode steigt die Verdampfungstemperatur in D so hoch an, daß der Stift G des Thermostaten den Hebel x zum Zurückklinken in die gezeichnete Lage zwingt, wodurch das Dreiwegventil m wieder die Leitung k_3 freigibt; das Gasventil o wird durch den Wasserdruck geöffnet, das Gas im Brenner d durch die Zündflamme t entzündet und die neue Kochperiode eingeleitet. Sollte am Schluß einer Kochperiode die automatische Schließung des Gasventils o aus irgend einem Grunde versagen und der Druck im Kocher über 20 at ansteigen, dann wird die Bruchplatte H gesprengt und das Ammoniak strömt aus der Leitung e_3 in die Wasserleitung.

Es ist jetzt nur noch die Wirkungsweise des Verdampfers zu erläutern[1]. Das im Kondensator h verflüssigte Ammoniak tritt über den Teller J in die Verdampfertrommel i, von da durch die Rohre K_1 und K_2 in die Schlangen D und gelangt schließlich durch die kleinen Öffnungen L und M in das Gefäß N. Am Schluß der Kühlperiode sammelt sich in diesem Gefäß der wasserreiche Rest an. Bei der darauffolgenden Kochperiode tritt keine nennenswerte Vermischung der neuen Ladung des Verdampfers mit diesem Rest ein. Bei Beginn der nächsten Kühlperiode setzt mit der Druckentlastung auch eine Dampfbildung im Gefäß N ein, die den wasserreichen Rest von der vorangegangenen Kühlperiode durch das innere Steigrohr O in den Teller J fördert, von dem es durch die Leitung e_4 in den Absorber a_2 bzw. a_1 zurückgesaugt wird, da der Druck im Absorber stets etwas niedriger ist als im Verdampfer[2].

In Abb. 119 bedeuten noch P die Eispfannen im Verdampfer, Q den Füllstutzen am Kocher und R den Hauptgashahn.

Wie man sieht, arbeitet die Maschine vollautomatisch, und zwar werden die Thermostaten nur thermisch und hydraulisch, also nicht elektrisch betätigt. Bei gasgeheizten Maschinen scheint es uns grundsätzlich richtig, von elektrischen Kontrollapparaten abzusehen, da die Aufstellung der Maschine unnötig kompliziert wird, wenn neben dem Gas- und Wasseranschluß auch noch ein Anschluß an den elektrischen Strom verlangt wird.

---

[1] U. S. Pat. 1764195, vgl. auch U S. Pat. 1688377 und 1764192.

[2] Vgl. auch U. S. Pat. 1582882 (1926).

Die „Sorco“-Maschine gehört zweifellos zu den technisch vollkommensten nassen Absorptionsmaschinen. Sie leistet etwa 700 kcal pro Kochung und erhält eine Füllung von 4 kg NH_3. Im Durchschnitt wird zweimal, bei heißem Wetter dreimal täglich gekocht, wenn es sich um die Kühlung eines Schranks von 0,17 cbm Nutzraum (0,25 cbm Gesamtraum) handelt, der mit 5 cm Korksteinplatten isoliert ist. Der tägliche Gasverbrauch stellt sich auf durchschnittlich 2,8 cbm Leuchtgas und der tägliche Wasserverbrauch auf 800 l.

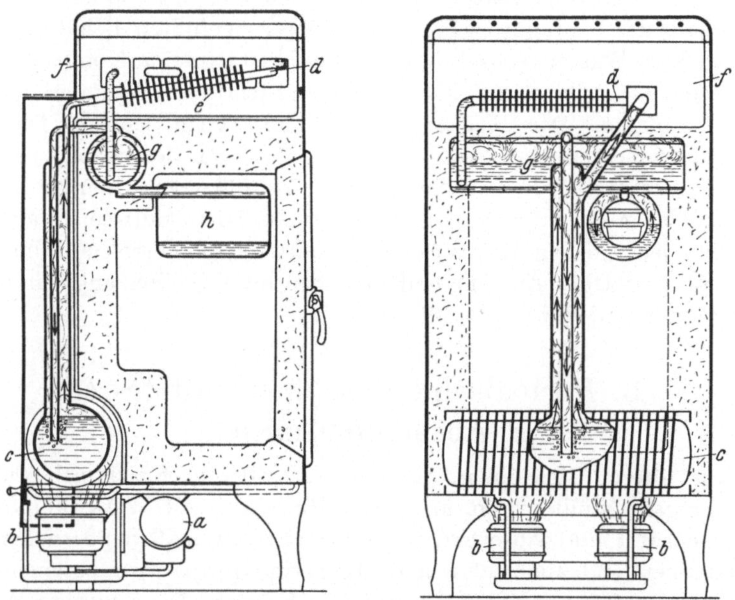

Abb. 120. Periodische Absorptionsmaschine der Gibson Electric Refrigerator Corp. *a* Petroleumbehälter, *b* Brenner, *c* Kocher-Absorber, *d* Kondensator, *e* Dampfkühler, *f* Wasserbehälter, *g* Flüssigkeitssammler, *h* Verdampfer.

Die Vollautomatik wurde von der Detroit Lubricator Comp. entwickelt.

Das neueste Modell der Sorco-Maschine (1933) hat nicht mehr Wasserkühlung, sondern Luftkühlung. Der Dampfkühler und die Kondensatorschlange sind in einen mit Wasser gefüllten Behälter versenkt, dessen Wasserfüllung aber nur in dem Maße ergänzt wird, wie das Wasser verdunstet. Die Kondensationswärme wird also durch Wasser auf die umgebende Luft übertragen. Der Kocher-Absorber ist mit Kühlrippen versehen und von einem mit Jalousieblechen ausgestatteten Gehäuse umgeben. Während der Heizperiode sind die Jalousien geschlossen und es findet nur eine schwache Luftbewegung statt. Bei Beginn der Kühlperiode werden die Jalousien durch einen Thermostaten geöffnet und die Luft kann am Absorber unbehindert vorbeistreichen.

2. Die Gibson Electric Refrigerator Corp. in Greenville, Mich. hat unter der Bezeichnung „Trukold“ eine halbautomatische Haushaltkältemaschine herausgebracht, die mit Petroleum beheizt wird. Die Anordnung der Teile im Kühlschrank ist aus Abb. 120 zu erkennen. Der Vorratsbehälter *a* für Petroleum und die beiden Brenner *b* befinden sich unterhalb des Kühlschranks. Der mit Rippen versehene Kocher-Absorber *c* ist an der Rückseite des Schranks angeordnet. Während der Kühlperiode wird der Absorber nur durch den natürlichen Luftzug gekühlt. Die Kondensatorschlange *d* und der Dampfkühler *e* liegen oberhalb des Schranks in einem mit Wasser gefüllten Behälter *f*, doch findet kein Wasserwechsel und -verbrauch statt. Das Kondensat fließt über einen in der Schrankisolierung eingebetteten Sammler *g* in den Verdampfer *h*. Der Kocher wird einmal täglich beheizt. Die Heizperiode dauert in der Regel 2 Stunden, richtet sich jedoch nach der Menge des täglich in den Behälter *a* einzufüllenden Brennstoffs. Ein im Kühlschrank aufgehängtes Thermometer ist so kalibriert, daß es vor Beginn jeder neuen Heizperiode die notwendige Petroleumfüllung abzulesen gestattet. An sehr heißen Tagen muß die Heizung schon nach 18 Stunden wieder angestellt werden.

B. Periodische Maschinen mit festem Absorptionsmittel.

Die älteren Maschinen, die mit wasserfreiem Kalziumchlorid und Ammoniak gefüllt waren, arbeiteten durchweg mit Wasserkühlung im Kondensator und Absorber, um einerseits mit mäßigen Drücken auszukommen und anderseits den Absorptionsvorgang zu beschleunigen. Sie wurden fast ausschließlich mit Gas beheizt. Die schlechte Wärmeleitfähigkeit und das starke Quellungsvermögen der Ammoniakate erfordert eine Verteilung der Masse in relativ dünnen Schichten im Kocher-Absorber. Die konstruktive Grundform für diesen Apparat ist ein zylindrischer Ringraum, der mit Längs- oder Querrippen versehen ist.

1. In Abb. 121 ist die Bauart „Sicfrigo“ der Maschinenbau Anstalt Humboldt in Köln-Kalk dargestellt. Der als senkrechter Zylinder ausgeführte Kocher-Absorber wurde seitlich an den Kühlschrank angebaut und der Kondensator im Oberteil des Kühlschranks angeordnet. Wie aus Abb. 121 zu ersehen ist, besteht der Kocher-Absorber aus einem Stahlrohr *h* von 83/92 mm im Durchmesser und 900 mm Länge, auf das in Abständen von je 12 mm tellerförmige Radialrippen *i* warm aufgezogen sind. Der äußere Durchmesser dieser Teller, die zur Aufnahme des Kalziumchlorids dienen, beträgt 202 mm. Dieses Rohr mit den Tellern wird von einem zweiten konzentrischen Stahlrohr *k* von 206/216 mm im

Durchmesser umschlossen, und das Ganze wird oben und unten mit ringförmigen Deckeln verschweißt. Im oberen Deckel befindet sich das Verbindungsrohr *l* zum Kondensator. Der Kocher-Absorber wird in einen zweiten konzentrisch ausgebildeten dünnwandigen kupfernen Doppelmantel *m* eingesetzt, durch den Wasser fließt und der dauernd mit Wasser gefüllt bleibt. Dieser Doppelmantel erhält unten einen konischen Ansatz, in den die Flamme des Gasbrenners *n* hereinschlägt; die Verbrennungsgase steigen durch das innere Rohr, das mit Turbulenzstreifen oder Spiralen versehen sein kann, empor und geben ihre Wärme an das Wasser ab. Der Wasserraum steht mit der Atmosphäre in Verbindung, so daß die Siedetemperatur nie über 100° steigen kann. Das hat zwar den Vorteil, daß eine Drucksteigerung nicht möglich ist, und der Wassermantel daher sehr dünn sein kann, es bietet aber der Ausnutzung des eingefüllten Ammoniakats enge Grenzen. Wie aus Abb. 103 zu ersehen ist, wird es dabei kaum möglich sein, den Abbau über die Stufe $CaCl_2 \cdot 4NH_3$ fortzusetzen.

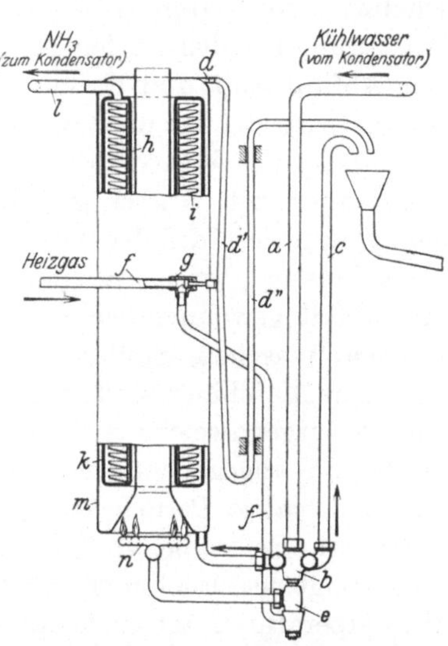

Abb. 121. Trockene periodische Absorptionsmaschine Sicfrigo (Humboldt).
a Wassereintrittsrohr, *b* Verteilungshahn, *c* Wassersteigrohr, *d* Überlaufrohr, *d'* Fallrohr, *d''* Steigrohr, *e* Gasventil, *f* Heizgasleitung, *g* Drosselventil, *h* Inneres Stahlrohr, *i* Teller, *k* äußeres Stahlrohr, *l* Ammoniakleitung, *m* Wassermantel, *n* Gasbrenner.

Die Arbeitsweise der Maschine ist die folgende: das Kühlwasser tritt zunächst in den Doppelrohrkondensator, den es dauernd durchläuft und fließt dann durch das Fallrohr *a* zum Verteilungshahn *b*, aus dem es entweder nach links in den Wassermantel des Kocher-Absorbers oder nach rechts durch das Steigrohr *c* in den Ausguß gelangen kann. Bei Inbetriebsetzung wird zunächst der Wassermantel voll gefüllt, bis das Wasser durch das Überlaufrohr *d* austritt. Das Überlaufrohr besteht aus zwei Teilen: einem schwach eingeknickten Fallrohr *d'* und einem Steigrohr *d''*, das in den Ausguß mündet. Bei der Heizperiode steht der Gasbrenner, wie in Abb. 121, unter dem Kocher-Absorber, und in dieser Stellung ist der Hahn *e* geöffnet. Dabei fließt das Wasser vom Hahn *b* nach rechts in die Leitung *c* ab. Die Wasserfüllung des Kocher-Absorbers erwärmt sich dabei bis auf 100°, und zirkuliert darin wie in einer Schwerkraftwarmwasserheizung. Im Augenblick, wo das Sieden beginnt, tritt ein Strom heißen Dampfes in das Fallrohr *d'*, das oben und unten starr gelagert ist, so daß es keine Wärmedehnung in der Längsrichtung durchführen kann. Es wird daher an der Knickstelle etwas nach links ausweichen und dadurch das in der Heizgasleitung *f* eingebaute Drosselorgan *g* betätigen. Nach Drosselung der Gaszufuhr setzt das Sieden aus, die Temperatur bleibt aber in unmittelbarer Nähe von 100°. Dieses Spiel kann sich während der Kochperiode häufig wiederholen; da im ganzen aber nur sehr wenig Wasser verdampfen kann, bleibt der Wasserraum des Kochers auch bei mehrstündigem Heizen gefüllt. Am Ende der Kochperiode wird der Brenner von Hand oder durch einen Automaten um 90° gedreht, wobei gleichzeitig der Gashahn *e* geschlossen und der Wasserhahn *b* umgeschaltet wird. Damit ist die Kühlperiode eingeleitet; es tritt nun kaltes Wasser unten in den Kocher-Absorber ein und verdrängt das heiße Wasser. Der Abfluß geht nun durch die Rohre *d'*—*d''*. Am Ende der Kühlperiode wird der Brenner wieder in Zündstellung zurückgedreht, wobei gleichzeitig der Wasserzufluß zum Kocher gesperrt wird; der Kocher bleibt aber mit Wasser gefüllt. Der Wassermantel erhöht natürlich den Wasserwert des Kochers und damit die Anheizverluste. Da das heiße Wasser aber zu Beginn der Kühlperiode ohne größeren Temperaturabfall gewonnen werden kann, so läßt es sich im Haushalt zum Kochen, Waschen, Spülen und Baden verwenden.

Solche Maschinen sind in beschränkter Zahl seit 6 Jahren im Betrieb, ohne daß irgendwelche Reparaturen notwendig waren; die Kälteleistung, die für die angegebenen Abmessungen des Kocher-Absorbers etwa 900 bis 1000 kcal je Periode erreicht, hat sich in dieser Betriebszeit nicht verändert. Selbst bei völligem Ausbleiben des Kühlwassers im Kondensator steigt der Druck nicht über 16 bis 17 atü. Bei den niedrigen Kocherendtemperaturen ist jede Zersetzung von Ammoniak völlig ausgeschlossen.

2. System „Faraday" der General Motors Corporation in Dayton, Ohio. Die Entwicklungsarbeit wurde im wesentlichen von H. F. Smith geleistet. Auch hier wird der Kocher durch die Gasflamme indirekt beheizt. Als Zwischenmittel dient aber nicht, wie in Abb. 121 (Humboldt) Wasser, sondern eine leicht siedende Flüssigkeit, z. B. $CFCl_3$ oder C_2H_5Cl. Diese Flüssigkeit wird während der Kochperiode größtenteils aus dem den Kocher-Absorber umgebenden Mantel in einen Hilfskondensator verdrängt, während der Rest durch Verdampfung und Kondensation im Mantel die indirekte Beheizung bewirkt; in der Kühlperiode fließt das flüssige Zwischenmittel aus dem Hilfskondensator in den Mantel des Kocher-Absorbers zurück und bewegt sich nun im Kreislauf, wobei es im Absorber unter Aufnahme der Absorptionswärme verdampft und im Hilfskondensator diese Wärme durch Kondensation abgibt. Auch diese Maschine kommt ohne Kühlwasser nicht aus. Die Automatik ist hier hydraulisch-pneumatisch; sie ist allerdings recht

kompliziert, wie aus der folgenden Beschreibung der Wirkungsweise und aus Abb. 122 zu ersehen ist[1].

Aus dem Kocher-Absorber *1* (Abb. 122), der mit $SrCl_2 \cdot 8NH_3$ gefüllt ist, gelangt das durch Beheizung ausgetriebene Ammoniak durch die Leitung *2* in den NH_3-Kondensator *3*, durch dessen Kühlschlange *4* dauernd Kühlwasser fließt und von dort durch die Leitung *5* in den Verdampfer *6*, bestehend aus einem isolierten Sammelbehälter *7* und aus den Verdampferrohren *8*. Die NH_3-Füllung ist so gewählt, daß die Rohre *8* dauernd mit flüssigem Kältemittel gefüllt sind. Der Kocher-Absorber *1* ist von einem Mantel *9* umgeben, der bis zum Niveau *10* mit dem flüssigen Zwischenmittel (Äthylchlorid) gefüllt ist[2]. Der Mantel *9* steht durch die Leitungen *11* und *12* mit dem Hilfskondensator *13* in Verbindung, durch dessen Kühlschlange *14* ebenfalls dauernd Kühlwasser strömt. Die Leitung *11* führt durch eine Ventilkammer *15*, in der das Ventil *16* angeordnet ist. Dieses Ventil ist zu Beginn der Heizperiode geschlossen. Wird nun der Brenner *17* unter dem Kocher angezündet, so steigt der Druck des Äthylchlorids im Mantel, und die sich entwickelnden Dämpfe drücken den größten Teil des flüssigen Äthylchlorids durch die Leitung *12* in den Hilfskondensator *13*, so daß sich das Niveau im Mantel bis auf den Stand *18* absenkt. Die restliche Flüssigkeit dient der indirekten Beheizung des Kochers, wobei der Druck des Äthylchlorids gegen Ende der Kochperiode auf etwa 13 at. abs. ansteigt. Beim Beginn der Kühlperiode erlischt der Brenner *17* und das Ventil *16* wird geöffnet. Das dampfförmige Äthylchlorid wird dann im Hilfskondensator *13* niedergeschlagen, während die Flüssigkeit

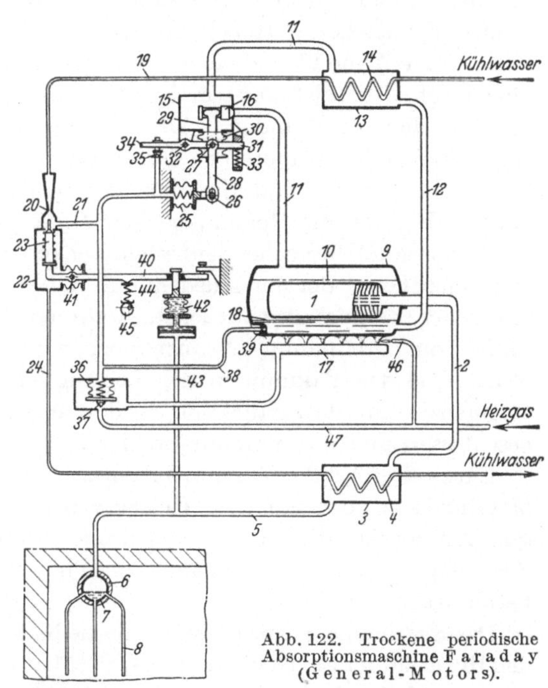

Abb. 122. Trockene periodische Absorptionsmaschine Faraday (General-Motors).

[1] DRP. 545353 (1930). Vgl. auch Buffington, R. M.: a. a. O.

[2] Als Zwischenmittel dient in den praktischen Ausführungen $CFCl_3$.

in den Mantel des Absorbers *1* zurückfließt und hier durch Verdampfung die Absorptionswärme aufnimmt.

Die wesentlichsten Teile der durch das Kühlwasser gesteuerten Automatik sind folgende: das in die Kühlschlange *14* eintretende Kühlwasser fließt durch die Leitung in den Strahlapparat *20*, durch den in der Leitung *21* und in deren Verzweigungen ein Vakuum aufrecht erhalten wird. Das Kühlwasser durchströmt dann die Kammer *22* mit dem durch eine Feder offen gehaltenen Ventil *23* und fließt durch die Leitung *24* und die Kühlschlange *4* des NH_3-Kondensators ab. Ein Ast der Vakuumleitung *21* mündet in einen Metallbalg *25*, der das Ventil *16* mittels des Hebels *26* betätigt. Dieser umfaßt gegabelte, in *27* drehbare Arme *28* und einen mittleren Arm *29*, der in das Gehäuse *15* hineinragt. Der mittlere Arm ist mit dem Gehäuse durch einen Metallbalg *30* dicht verbunden. Die Zapfen *27* sind auf einem zweiten gegabelten Hebel *31* montiert, dessen Drehpunkt *32* mit dem Gehäuse *15* fest verbunden ist und der den Metallbalg *30* umfaßt. Dieser Balg kann sich gegen die Spannung einer Feder *33* unter der Wirkung des im Gehäuse *15* herrschenden wechselnden Drucks ausdehnen und zusammenziehen. Bei der Ausdehnung dieses Balges wird der Hebel *31* die Feder *33* zusammendrücken, während sein Verlängerungsarm *34* (links vom Drehpunkt *32*) angehoben wird, und dabei ein Ventil *35* öffnet, das das Vakuum in der Leitung *21* unterbricht. Bei der Zusammenziehung des Balges *30* wird umgekehrt das Ventil *35* wieder geschlossen und das Vakuum wieder hergestellt.

Ein zweiter Ast der Vakuumleitung *21* mündet in den federbelasteten Metallbalg *36*, der mit dem Heizgasventil *37* verbunden ist. Von diesem Ast zweigt die Sicherheitsleitung *38* ab, deren Ende mit einem Schmelzpropfen *39* verschlossen und im Mantel des Kochers eingebettet ist.

Das durch eine Feder offen gehaltene Kühlwasserventil *23* wird durch den Hebel *40*, der am Gelenkpunkt *41* drehbar angeordnet ist, geschlossen; dieser wird durch den Metallbalg *42* betätigt, der durch die Leitung *43* unter dem Einfluß des Verdampferdruckes steht. Bei zu tiefem Verdampferdruck zieht sich der Balg *42* zusammen und schließt das Wasserventil *23*, wodurch die Strahlwirkung in der Düse *20* und damit das Vakuum unterbrochen wird. Die Teile *40—43* stellen also einen Pressostaten dar. Um den Verdampferdruck und damit auch die Temperatur im Kühlschrank in gewissen Grenzen nach Wunsch einstellen zu können, ist am Hebel *40* eine Hilfsfeder *44* angeordnet, deren Spannung durch den von Hand zu betätigenden Daumen *45* eingestellt wird.

Zur Inbetriebsetzung der Maschine wird die kleine Zündflamme *46*, die von der Hauptgasleitung *47* abzweigt, angesteckt und das Hauptwasserventil geöffnet. Zu dieser Zeit ist der Kocher-Absorber *1* mit

NH_3 gesättigt ($SrCl_2 \cdot 8NH_3$). Der Druck im Mantel *9* ist niedrig, daher ist der Balg *30* zusammengezogen und das Vakuumventil *35* geschlossen. Das durch die Strahlwirkung des Wassers in der Düse *20* hervorgerufene Vakuum in der Leitung *21* bewirkt eine Zusammenziehung der Metallbalge *25* und *36*, wodurch einerseits das Ventil *16* in der Umlaufleitung des Zwischenmittels geschlossen und anderseits das Heizgasventil *37* geöffnet wird. Das Heizgas wird nun am Brenner *17* durch die Zündflamme *46* entzündet, womit die Kochperiode eingeleitet ist. Ihre Dauer ist bei den Faraday-Maschinen auf etwa 45 Minuten bemessen. In der Kochperiode steigt der Druck des Ammoniaks im Kocher und des Äthylchlorids im Mantel rasch an, bis der Kondensationsdruck des Ammoniaks erreicht ist, unter dem dann das Ammoniak aus dem Strontiumchlorid bei der zugehörigen Gleichgewichtstemperatur (Abb. 103) ausgetrieben wird. Die Siedetemperatur des Äthylchlorids im Mantel muß etwas darüber liegen, um die Wärme übertragen zu können, und dadurch ist auch der Dampfdruck im Mantel bestimmt. Erst wenn im Kocher die nächste Abbaustufe ($SrCl_2 \cdot NH_3$) nahezu erreicht, also fast alles ausnutzbare Ammoniak ausgetrieben ist, wird die Temperatur des Äthylchlorids im Mantel und mit ihr auch der Druck weiter rasch ansteigen. Bei Erreichung eines Drucks von etwa 13 at abs. ($t = 105°$) hat sich der Balg *30* gegen den Druck der Feder *33* so stark ausgedehnt, daß das Vakuumventil *35* angehoben und damit das Vakuum zerstört wird. Das hat zur Folge, daß sich das Heizgasventil *37* sofort schließt, und das Ventil *16* und die Umlaufleitung der Zwischenflüssigkeit geöffnet wird. Dadurch ist die Kühlperiode eingeleitet. Das umlaufende Äthylchlorid, dessen Druck nun schnell absinkt, kühlt den Absorber *1*, indem es im Mantel *9* verdampft und im Hilfskondensator *13* kondensiert. Auch der Druck des Ammoniaks im Absorber fällt rasch auf den Verdampferdruck ab, der während der Kühlperiode, deren Dauer etwa $1^1/_4$ Stunde beträgt, auf nahezu konstanter Höhe gehalten wird, da der Zufluß des die Absorptionsgeschwindigkeit regelnden Kühlwassers durch den Balg *42* und das durch ihn beeinflußte Wasserventil *23* geregelt wird.

Wenn am Ende der Kühlperiode das Strontiumchlorid wieder alles Ammoniak absorbiert hat, so daß keine Wärme mehr auf das Äthylchlorid übertragen wird, dann sinkt dessen Druck weiter ab, und der Balg *30* wird durch die Feder *33* wieder so stark zusammengedrückt, daß das Vakuumventil geschlossen wird. Es beginnt dann die nächste Kochperiode.

Tritt aus irgendeinem Grunde eine unzulässige Erhitzung des Kochers ein (z. B. infolge Entweichens von C_2H_5Cl), so schmilzt der Pfropfen *39*, wodurch das Vakuum zerstört und das Ventil *37* geschlossen wird. Eine Beheizung des Kochers ist nur beim Vorhandensein eines Vakuums möglich, das seinerseits nur aufrecht erhalten werden kann, wenn eine bestimmte Menge Kühlwasser durch die Maschine fließt und wenn der Kreislauf des Zwischenmittels vorschriftsmäßig funktioniert.

In der ausgeführten Maschine ist der Ammoniakkondensator *3* mit dem Hilfskondensator *13* konstruktiv zu einem Apparat verbunden. Der Kocher *1* besteht aus einem horizontal angeordneten Rohr (Abb.122), das auf eine Batterie von konischen Tellern aufgeschrumpft ist. Die Teller haben eine Wandstärke von etwa 1,5 mm und lichte Abstände von etwa 3 mm, die mit der Absorptionsmasse gefüllt sind; sie haben in der Mitte eine Kreisöffnung, durch die ein mit Schlitzen versehenes Ammoniakzuführungs- und Abzugsrohr gesteckt wird.

Die Kochperiode dauert bei diesen Maschinen 45 Min., die Kühlperiode etwa $1^1/_4$ Stunde, so daß täglich bis zu 12 Perioden ablaufen können. Man muß ohne weiteres zugeben, daß man es hier mit einer außerordentlich hochwertigen und sinnreichen Erfindung zu tun hat. Gleichzeitig gewinnt man jedoch den Eindruck, daß die Maschine mit ihrer automatischen Regelung sehr kompliziert und kostspielig ist. Die General Motors Corporation hat die Maschine mehrfach auf den Markt gebracht, aber dann wieder zurückgezogen. Die Notwendigkeit der Wasserkühlung muß auch als Nachteil empfunden werden. Das feste Absorptionsmittel bietet die Möglichkeit, die Maschine denkbar einfach zu gestalten und man sollte daher gerade für Haushaltzwecke von dieser Möglichkeit weitgehend Gebrauch machen.

3. System „Protos-Frigor" der Siemens-Schuckertwerke in Berlin (nach Patenten von W. B. Normelli[1]).

Das wesentlichste Merkmal dieser Bauart ist der Verzicht auf das Kühlwasser. Wie im folgenden Abschnitt gezeigt werden wird, mußten die Bemühungen, den Kondensator und Absorber bei den mit Wasser und Ammoniak betriebenen Absorptionsmaschinen nur durch die umgebende Luft zu kühlen, scheitern, weil die Kälteleistung und das Wärmeverhältnis von den äußeren Bedingungen zu stark abhängen. Erst der Übergang zu festen Absorptionsstoffen eröffnete die Möglichkeit, von der Luftkühlung Gebrauch zu machen. Natürlich muß hierbei ein höherer Kondensatordruck und ein größerer Verbrauch an Heizenergie in Kauf genommen werden; diese Nachteile halten sich aber in ähnlichen Grenzen wie bei Kompressionsmaschinen und können die Vorteile, die der völlige Verzicht auf Kühlwasser bedeutet, nicht aufwiegen.

Das zweite Kennzeichen der Protos-Frigor-Maschine ist die ungewöhnliche Einfachheit ihres Aufbaues und ihrer Wirkungsweise, wobei auf alle übertriebenen Feinheiten der Regulierung und der Automatik verzichtet wird. Diese Einfachheit fällt besonders auf, wenn man diese Maschine mit der soeben beschriebenen Faraday-Maschine vergleicht.

[1] DRP. 554766 u. a.

Die in Abb. 123 dargestellte Maschine unterscheidet sich in ihrer Konstruktion und Wirkung durch nichts von dem einfachsten prinzipiellen Schema einer periodisch wirkenden Maschine. Der Kocher-Absorber *a* und der aus zwei Rippenrohren hergestellte Kondensator *b* werden auf der Decke des Kühlschranks montiert. Das Sammelgefäß *c* für das verflüssigte Ammoniak wird in die Deckenisolierung eingebettet, während der Verdampfer *d* mit den Eisfächern und dem Kältespeicher in der üblichen Weise im Innern des Kühlschranks angeordnet wird. Die einzelnen Teile sind durch kurze Rohrleitungen verbunden und bilden eine geschlossene zusammengeschweißte Einheit, die leicht transportiert und in den Kühlschrank eingesetzt werden kann. In Abb. 123 und bei den bisher auf den Markt gebrachten Maschinen ist elektrische Heizung durch Heizpatronen im Innern des Kochers vorgesehen, wobei an die Ausnutzung billiger Nachttarife gedacht ist. Grundsätzlich steht nichts im Wege, diese Maschine auch für Gas- oder Petroleumheizung durchzubilden. Die ganze Automatik besteht aus einer elektrischen Schaltuhr, die den Heizstrom in gewünschten Zeitabständen ein- und ausschaltet. Bei den einperiodigen Maschinen dauert die Kochperiode etwa vier Stunden. Die in Abb. 123 dargestellte Maschine wird jedoch so betrieben, daß täglich 3 volle Perioden ablaufen, wobei jede Kochperiode etwa 80 Minuten dauert. Es ist dadurch nicht nur gelungen, die Abmessungen des Kocher-Absorbers und des Kondensators bedeutend zu verkleinern, sondern auch die Temperaturschwankungen im Kühlschrank zu verringern. Die elektrische Schaltuhr wird durch die größere Zahl der Schaltungen nicht komplizierter. Zwei Kochperioden lassen sich auf die späten Abendstunden und die frühen Morgenstunden innerhalb des Nachttarifs unterbringen, während man die dritte Kochung in die Mittagszeit (zwischen 12 und 14 Uhr) legt, in der viele industrielle Werke eine Arbeitspause einlegen, so daß die Elektrizitätswerke auch hier verbilligten Strompreis einzuräumen bereit sind.

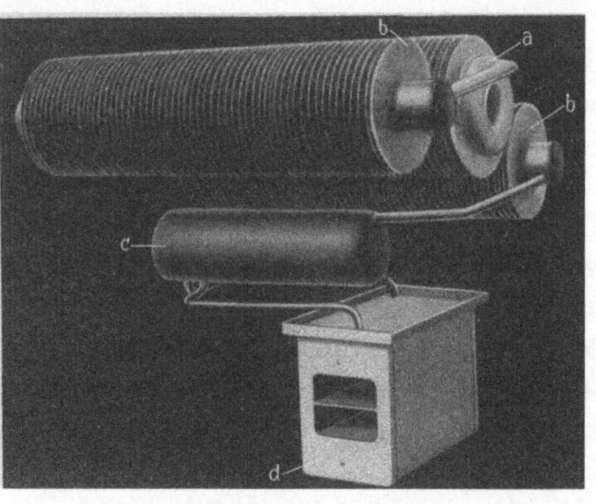

Abb. 123. Trockene periodische Absorptionsmaschine Protos-Frigor (S. S. W.). *a* Kocher-Absorber, *b* Kondensator, *c* Flüssigkeitssammler, *d* Verdampfer.

Die Regelung der Maschine wird nun in einfachster Weise dadurch erreicht, daß man die eine oder andere Heizperiode ganz ausfallen läßt, was durch eine sehr einfache Beeinflussung der Schaltuhr durch einen im Kühlschrank angeordneten Thermostaten geschehen kann. Selbstverständlich ist es aber auch möglich, in der kühleren Jahreszeit oder bei geringerem Kühlbedarf eine kürzere Heizzeit auf der Schaltuhr von Hand einzustellen.

Wird durch irgendein Versagen der Schaltuhr die Heizung nicht ausgeschaltet, dann wird nur unnütz Strom verbraucht, es tritt jedoch kein Gefahrenmoment auf. Die der umgebenden Luft ausgesetzte Oberfläche des Kocher-Absorbers ist so bemessen, daß sich schon lange vor der Erreichung gefährlicher Temperaturen ein thermisches Gleichgewicht einstellt, bei dem die ganze Heizwärme durch Konvektion und Strahlung von der Oberfläche an die Luft abgegeben wird. Die Oberfläche erreicht dabei eine Höchsttemperatur von etwa 150°. Der Druck in der Maschine sinkt dabei sogar bedeutend unter den Höchstdruck der normalen Kochperiode ab, da ja kein weiteres Ammoniak ausgetrieben werden kann.

Als festes Absorptionsmittel können in diesen Maschinen $CaCl_2$, $SrCl_2$ und andere als geeignet befundene Stoffe verwendet werden. Beim Kocher-Absorber ist durch Anordnung zahlreicher gut wärmeleitender Rippen für eine gute Wärmezu- und -ableitung gesorgt. Ein größerer Wärmeverlust durch Wärmeübergang von der Kocheroberfläche während der Heizperiode muß hier natürlich in Kauf genommen werden; auf die Wirtschaftlichkeit der Maschinen hat dieser Verlust aber keinen entscheidenden Einfluß.

Die Protos-Frigor-Kühlschränke werden von einem Nutzinhalt von 60 l aufwärts gebaut.

C. Kontinuierliche Absorptionsmaschinen.

Die älteren periodischen Absorptionsmaschinen, bei denen die Umschaltung von Hand erfolgt, hatten in der Regel nur eine einzige Kochperiode in 24 Stunden. Das bedingt ziemlich große Abmessungen des Kochers und des Verdampfers. Um die Herstellungskosten und den Platzbedarf zu verringern, wird die Maschine so dimensioniert, daß sie mit einer Kochperiode den Kältebedarf an einem normalen Sommertag decken kann. An besonders heißen Tagen muß dann zweimal gekocht werden. Bei Maschinen mit automatischer Umschaltung sind die täglichen Kochperioden viel zahlreicher, aber auch entsprechend kürzer. Damit nähert man sich bereits dem kontinuierlichen Betrieb. Einen weiteren Schritt in dieser Richtung stellen die Anordnungen dar, bei denen mehrere kleine periodische Aggregate miteinander kombiniert, aber in der Phase gegeneinander verschoben sind, so daß stets mindestens ein Aggregat in Kühlstellung ist.

Mit kontinuierlichen Absorptionsmaschinen läßt sich ein etwas höheres Wärmeverhältnis erreichen und es entfallen alle Umschaltvorrichtungen. Es entfällt allerdings bei elektrischer Heizung auch die Möglichkeit der vollen Ausnutzung billiger Nachttarife. Für den Kocher und Absorber sind zwei getrennte Behälter auszuführen, die aber wesentlich kleiner ausfallen als bei periodischem Betrieb. Bevor aber die kontinuierliche Maschine für Haushaltungskühlschränke verwendet werden konnte, mußte die Flüssigkeitspumpe, welche ständig die reiche Lösung aus dem Absorber in den Kocher fördert, durch entsprechende Maßnahmen beseitigt werden. Das Prinzip der Bewegungslosigkeit sollte also erhalten bleiben. Hierfür sind mehrere Wege vorgeschlagen.

Zunächst seien zwei Übergangsformen erwähnt, die man als halbkontinuierliche Maschinen ansprechen könnte: 1. In die Leitung zwischen Kocher und Absorber wird ein mit Abschlußorganen versehener Ausgleichsbehälter eingeschaltet, der wechselweise mit dem Kocher und dem Absorber verbunden werden kann. Bei Verbindung mit dem Absorber fließt ihm die reiche Lösung zu, bei Verbindung mit dem Kocher wird die reiche Lösung in diesen weiter befördert. Das Öffnen und Schließen der Abschlußorgane erfolgt selbsttätig, und zwar entweder mit Hilfe eines Schwimmers durch die reiche Lösung selbst, oder durch ein Kippgefäß oder schließlich unter dem Einfluß der Temperatur im Kocher[1]. 2. Ein wesentlicher Verlust entsteht bei der periodischen Maschine durch das Aufheizen des Kochers zu Beginn einer jeden Kochperiode. In der kontinuierlichen Maschine wird dieser Verlust durch den Einbau eines Temperaturwechslers zwischen Kocher und Absorber größtenteils vermieden. Es ist nun vorgeschlagen worden, periodische Maschinen mit getrenntem Kocher und Absorber zu bauen und dazwischen einen Wärmespeicher (Regenerator) einzubauen[2]. Man arbeitet mit sehr kurzen Koch- und Kühlperioden bis herunter zu $^1/_2$ Minute und kommt dann mit ganz kleinen Regeneratoren aus. Die Bewegung der Lösung zwischen dem Kocher und Absorber kann dabei durch den Temperaturzustand im Innern der Maschine gesteuert werden.

Ein sehr sinnreicher Gedanke stammt von Geppert (1899). Er führte in die Ammoniak-Absorptionsmaschine von Carré ein indifferentes, nicht kondensierendes Gas ein, das durch die Heizung aus dem Kocher ausgetrieben wurde und sich nur im Verdampfer und Absorber ansammelte, wo sein Partialdruck den sonst zwischen Kocher und Absorber vorhandenen Druckunterschied ausglich. Danach herrscht in der ganzen Apparatur derselbe Gesamtdruck, und die Rückführung der reichen Lösung in den Kocher erfordert keine Pumpenarbeit. Als indifferentes Gas wählte Geppert Luft. Der Vorgang im Verdampfer ist von demjenigen in der Carréschen Maschine insofern verschieden,

[1] Vgl. Brit. Pat. 235195, U. S. Pat. 943040, DRP. 430488.

[2] Szilard, L.: DRP. 494810 (1928).

als auf der verdampfenden Flüssigkeit jetzt nicht nur der Sättigungsdruck des Ammoniaks, sondern noch der zwei- bis dreimal größere Luftdruck lastet. Es handelt sich also nicht mehr um eine Verdampfung, sondern um eine Verdunstung, die etwa mit der Verdunstung von 70-gradigem Wasser in einem unter Atmosphärendruck stehenden Behälter verglichen werden kann. Die Verdunstung geht wesentlich langsamer vor sich als die Verdampfung, weil die gebildeten Dämpfe durch das indifferente Gas hindurchdiffundieren müssen. Die Verdunstungsgeschwindigkeit war bei Geppert so gering, daß er zur Erzielung nennenswerter Kälteleistungen die Luft durch einen Hilfsventilator in Umlauf setzen mußte, wodurch aber das Prinzip der Bewegungslosigkeit durchbrochen wurde.

Die Diffusionsgeschwindigkeit und damit die Verdunstungsgeschwindigkeit kann wesentlich gesteigert werden, wenn man als indifferentes Gas nicht Luft, sondern Wasserstoff wählt. Nach der kinetischen Gastheorie muß die Diffusion um so schneller vor sich gehen, je größer die mittlere Weglänge und die mittlere Geschwindigkeit der Moleküle ist. Diese beiden Größen sind aber der Quadratwurzel aus der Dichte umgekehrt proportional; die mittlere Weglänge ist außerdem noch der Zähigkeit des Gases proportional. Es ergibt sich daraus, daß beim Wasserstoff die mittlere Weglänge etwa doppelt so groß und die mittlere Molekulargeschwindigkeit etwa viermal so groß ist wie bei Luft.

1. System „Elektrolux". Die Verwendung von Wasserstoff als indifferentem Gas wurde zuerst von v. Platen und Munters in Stockholm vorgeschlagen[1], denen unzweifelhaft das Verdienst gebührt, den längst vergessenen Gedanken Gepperts aufgegriffen zu haben. Maschinen dieses Systems werden jetzt von der A. B. Elektrolux, Stockholm, gebaut.

Die Wirkungsweise ist aus Abb. 124 zu erkennen, in der zunächst alle für das Verständnis unwesentlichen Einzelheiten fortgelassen sind. Dieses Schema entspricht den älteren Modellen, die inzwischen durch zahlreiche Verbesserungen überholt sind. Der Kocher *b* wird durch den elektrischen Heizkörper *c* beheizt. Die aus dem Kocher aufsteigenden Dämpfe treten zunächst durch den Wasserabscheider (Dampfkühler) *d*, der aus einem einfachen Rippenrohr besteht und durch die umgebende Luft gekühlt wird. Die Dämpfe gelangen dann in den Kondensator *e*, wo sie durch Kühlwasser niedergeschlagen werden. Nun tritt das verflüssigte Ammoniak in den Verdampfer *f*, der neben dem Absorber *h*, jedoch etwas höher als dieser angeordnet ist. Während des Betriebes

---

[1] Platen, B. v., u. C. G. Munters: Teknisk Tidskrift Stockh. Heft 12 (1925) S. 89. — Vgl. auch Krause, M.: Z. VDI. Bd. 70 (1926) S. 597 und Z. ges. Kälteind. Bd. 33 (1926) S. 106. Als Kältemittel wird vorzugsweise NH_3 verwendet, doch kommt z. B. auch Methylamin in Frage, vgl. U. S. Pat. 1915584.

wird die Wasserstoffüllung aus dem Kocher verdrängt und sammelt sich im Verdampfer und Absorber, wodurch in allen Teilen der Maschine ein Druckausgleich entsteht. Das verflüssigte Ammoniak rieselt im Verdampfer auf Kaskaden herab, die zwecks Erhöhung der Verdunstungsgeschwindigkeit vorgesehen sind. Der Partialdruck des Ammoniaks nimmt mit fortschreitender Verdampfung zu; während er im oberen Teil des Verdampfers nur etwa 1,2 at. abs. beträgt, steigt er in dem unteren bis zu einem Wert, der der vorgeschriebenen Verdampfungstemperatur entspricht, also z. B. auf 3,6 at. abs. bei —5°. Entsprechend der Druckzunahme findet auch eine Temperaturzunahme statt, die kältesten Teile des Verdampfers liegen also oben, die wärmsten unten. Davon kann man in der Weise Gebrauch machen, daß man den oberen Teil des Verdampfers zur Eiserzeugung heranzieht und vom unteren für die Schrankkühlung Gebrauch macht[1]. Der Umlauf des Ammoniak-Wasserstoffgemisches zwischen dem Verdampfer und dem Absorber erfolgt im Sinne der Pfeile durch die Wirkung der Schwerkraft, weil im Absorber *h* das Ammoniak von der aus dem Kocher zurückfließenden armen Lösung absorbiert wird. Das Gewicht der ammoniakreichen Gassäule im Verdampfer ist also größer als das der wasserstoffreichen Säule im Absorber. Zur Überwindung der Strömungswiderstände beim Gasumlauf zwischen dem Verdampfer und Absorber in den Elektroluxapparaten genügt nach C. G. Munters[2] ein Druckunterschied von nur 0,2 bis 0,4 mm Wassersäule. Das Kühlwasser fließt zuerst durch den Mantel *i* des Absorbers und dann durch den Kondensator.

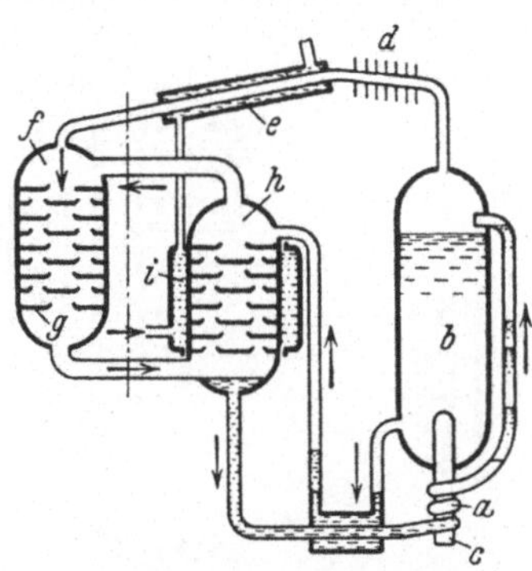

Abb. 124. Kontinuierliche Absorptionsmaschine von Elektrolux (älteres Modell).
a Steigrohr, *b* Kocher, *c* Heizkörper, *d* Dampfkühler, *e* Kondensator, *f* Verdampfer, *g* Kaskaden, *h* Absorber, *i* Kühlmantel.

Die im Absorber erzeugte reichte und relativ kalte Lösung wird in üblicher Weise zunächst in einem Wärmeaustauscher im Gegenstrom durch die vom Kocher abfließende arme heiße Lösung vorgewärmt. Die arme Lösung kühlt sich dadurch ab und fließt unter dem Einfluß der Flüssigkeitssäule im Kocher selbsttätig in den Absorber. Die Rückführung der reichen Lösung in den Kocher erfolgt durch elektrische Beheizung der diese Lösung führenden Rohrleitung *a*. Durch die Beheizung tritt in der Steigleitung eine Dampfbildung ein, durch die die Flüssigkeit gefördert wird. Diese Thermosyphonwirkung ist zwar allgemein bekannt, es gebührt jedoch E. Altenkirch das Verdienst, sie

[1] Z. B. im U. S. Pat. 1823456.

[2] Z. ges. Kälteind. Bd. 39 (1932) S. 197.

erstmalig für den Lösungsumlauf in Absorptionsmaschinen vorgeschlagen zu haben. Erst dadurch ist es möglich geworden, kontinuierliche Absorptionsmaschinen ohne jeden bewegten Teil herzustellen. Es hat sich eingebürgert, solche Maschinen, die Kälte nur aus Wärme, ganz ohne Anwendung von mechanischer Arbeit erzeugen, als Kryothermen zu bezeichnen.

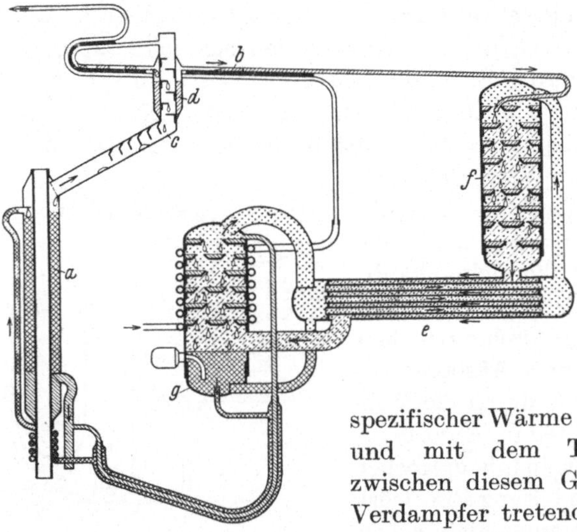

Kälteverluste. Der im Absorber erwärmte Wasserstoff tritt in den Verdampfer und wird dort immer wieder abgekühlt. Der Kälteverlust berechnet sich aus der umlaufenden Menge des aus dem Absorber tretenden ammoniakarmen Gases, multipliziert mit dessen spezifischer Wärme bei konstantem Druck und mit dem Temperaturunterschied zwischen diesem Gas und dem aus dem Verdampfer tretenden Gemisch. Es liegt nun nahe, in den Gasumlauf zwischen Verdampfer und Absorber einen eben-

Abb. 125. Kontinuierliche Absorptionsmaschine von Elektrolux (neues Modell).

Abb. 125. Kontinuierliche Absorptionsmaschine von Elektrolux (neues Modell).

a Kocher, *b* Kondensator, *c* Dampfkühler, *d* Ammoniak-Mantel des Dampfkühlers, *e* Wärmeaustauscher, *f* Verdampfer, *g* Absorber.

nun nahe, in den Gasumlauf zwischen Verdampfer und Absorber einen eben-solchen Wärmeaustauscher einzufügen, wie im Lösungsumlauf zwischen Absorber und Kocher. Durch den Einbau eines solchen Wärmeaustauschers *e* (Abb. 125) ist es tatsächlich gelungen, in den Elektroluxapparaten 80% der durch den Gasumlauf bedingten Verluste zu vermeiden.

In dieser Abbildung ist noch eine weitere wesentliche Verbesserung zu erkennen: der Dampfkühler wird nicht mehr, wie in Abb. 124 durch die umgebende Luft gekühlt, sondern durch verflüssigtes Ammoniak unter Kondensatordruck. Die Kühlung des Dampfkühlers durch Luft hatte den Nachteil, daß der Grad der Wasserausscheidung mit wechselnder Raumtemperatur großen Schwankungen unterworfen war. An warmen Tagen war die Kühlung ungenügend und es wurde viel Wasserdampf mitgerissen; an kalten Tagen war umgekehrt die Kühlung zu intensiv, so daß im Dampfkühler neben dem Wasserdampf auch merkliche Ammoniakmengen heraus kondensierten und in den Kocher ungenutzt zurückkehrten. Bei der in Abb. 125 dargestellten Lösung ist der Dampfkühler *c* mit dem Kondensator *b* organisch vereinigt. Das im ersten Teil der Kondensatorschlange durch Kühlwasser verflüssigte Ammoniak fließt durch den Mantel *d* des Dampfkühlers, wird darin teilweise wiederverdampft, und in dem letzten Teil der Kondensatorschlange wieder verflüssigt. Dadurch ist verbürgt, daß das Dampfgemisch im Dampfkühler stets bis nahe an die Kondensationstemperatur des Ammoniaks abgekühlt wird, ohne sie jedoch jemals erreichen oder gar unterschreiten zu können.

Um eine wirksame Wasserausscheidung zu erzielen, kann man natürlich auch eine Rektifikationskolonne über dem Kocher anbringen, in der das aufsteigende Dampfgemisch mit einer kalten und reichen Lösung in enge Berührung gebracht wird. Solche Kolonnen sind in großen Absorptionsmaschinen allgemein im Gebrauch; bei kleinen Maschinen hat man aber bisher davon abgesehen, wohl um mit geringer Bauhöhe auszukommen. Elektrolux hat jedoch neuerdings vorgeschlagen, im Flüssigkeitsraum des Kochers selbst eine Rektifikationswirkung dadurch hervorzubringen, daß durch Füllkörper (z. B. Raschigringe) eine Durchmischung der Lösung im Kocher verhindert wird; die oberen Schichten bleiben dann dauernd viel kälter als die untersten und die aufsteigenden Dämpfe kommen zuletzt mit der kältesten und reichsten Lösung in Berührung[1].

Der Kocher *a* in Abb. 125 ist für Gasheizung eingerichtet.

Durch die Mitarbeit amerikanischer Ingenieure ist es gelungen, die Elektroluxmaschine vollautomatisch zu machen. Die Herstellung der Vollautomatik ist bei einer kontinuierlichen Maschine natürlich einfacher und billiger als bei einer periodischen, da die Umschaltung von der Koch- auf die Kühlperiode und umgekehrt sowie die Umsteuerung der Ammoniakwege fortfällt. Trotzdem bietet die Automatik auch hier manches Interessante und wir wollen sie daher bei der wassergekühlten Elektroluxmaschine für den wirtschaftlich wichtigsten Fall der Beheizung mit Gas etwas ausführlicher beschreiben. Die Automatik erstreckt sich auf folgende drei Teile:

α) Den Sicherheitsbrenner, der bei unbeabsichtigter Unterbrechung der Gaszufuhr das Gasventil schließt und dessen Wirkungsweise wir schon auf S. 23 (Abb. 26) beschrieben haben.

β) Das Hauptgasventil (Abb. 126), dessen Durchgangsquerschnitt von einem im Kühlschrank angeordneten Thermostaten *a* mit Pentanfüllung beeinflußt wird. Steigt die Temperatur im Kühlschrank, dann wächst der Dampfdruck in *a* und *b*, und die Membran *c* vergrößert die Öffnung des Tellerventils *d*; bei stärkerer Beheizung des Kochers wächst dann die Kälteleistung, und die Temperatur im Kühlschrank sinkt

[1] DRP. 574279 (1930).

wieder. Das Heizgas tritt bei *e* durch ein Gasrohr von $^1/_4''$ Durchmesser in den Ventilkörper *f* ein; neben dem Tellerventil *d* ist noch ein Umgehungsweg *g* vorgesehen, dessen Durchgangsquerschnitt abhängig vom Gasdruck durch das Schräubchen *h* so einreguliert wird, daß die zur Aufrechterhaltung des Flüssigkeitsumlaufes notwendige Gasmenge von 0,035 cbm/h (bezogen auf einen Heizwert des Gases von 5000 kcal/cbm) gerade hindurchtreten kann. Durch das Tellerventil *d* wird dann Zusatzgas in Abhängigkeit von der Temperatur im Kühlschrank eingelassen. Die Menge dieses Zusatzgases hängt ebenfalls vom Druck und Heizwert des Gases ab. Um sich verschiedenen Verhältnissen anpassen zu können, ist die Ventilspindel *i* an ihrem Ende mit Gewinde versehen und der Ventilteller *d* kann durch den Hebel *k* und den Mitnehmer *l* verdreht werden, wodurch bei gegebener Stellung der Membran *c* der Durchgangsquerschnitt für das Heizgas verändert wird. Der gesamte Hub des Tellerventils beträgt kaum mehr als 1 mm. Das Gas tritt bei *m* aus dem Ventilkörper heraus und wird durch ein $^1/_4$-zölliges Rohr dem Sicherheitsbrenner zugeführt. Dieses thermostatische Gasventil wird von der Firma C. T. Tagliabue Mfg. Co. in Brooklyn, N. Y. hergestellt.

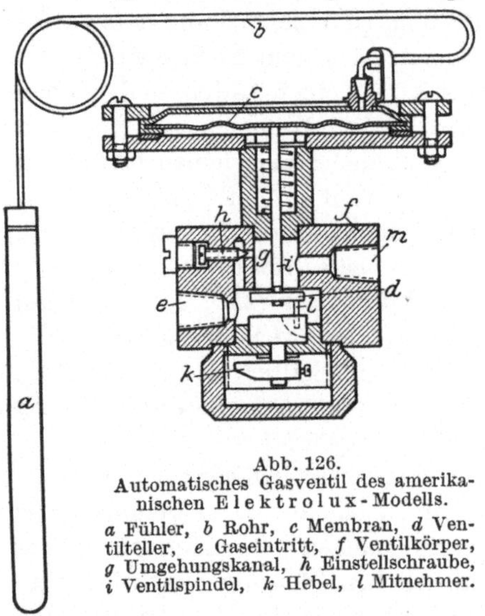

Abb. 126.
Automatisches Gasventil des amerikanischen Elektrolux-Modells.
a Fühler, *b* Rohr, *c* Membran, *d* Ventilteller, *e* Gaseintritt, *f* Ventilkörper, *g* Umgehungskanal, *h* Einstellschraube, *i* Ventilspindel, *k* Hebel, *l* Mitnehmer.

γ) Das Wasserventil (Abb. 127). Es ist klar, daß die Wasserstofffüllung der Maschine, deren Partialdruck den Druckunterschied zwischen Kocher und Absorber bzw. Kondensator und Verdampfer ausgleichen soll, nur für einen bestimmten Kondensatordruck genau richtig gewählt werden kann. Bei verschiedenen Kühlwassertemperaturen wird aber der Kondensatordruck sehr verschieden ausfallen und damit wird die Wasserstoffüllung mehr oder weniger verdichtet werden. Bei Überschreitung gewisser Grenzen kann es dann vorkommen, daß die in der Maschine umlaufenden Flüssigkeiten und Gase falsche Wege einschlagen. Es ist daher erwünscht, die Maschine stets bei dem gleichen Kondensatordruck arbeiten zu lassen, was hier dadurch erreicht wird, daß man die Temperatur des ablaufenden Kühlwassers auf einer konstanten Höhe und zwar (für amerikanische Verhältnisse) auf 32° hält. Bei verschiedenen Eintrittstemperaturen muß also die Kühlwassermenge automatisch so geregelt werden, daß das Wasser immer mit 32° abläuft.

Das besorgt das automatische Ventil (Abb. 127). Das Wasser tritt durch ein $^1/_4$-zölliges Rohr bei *a* ein. Eine bestimmte minimale Wassermenge wird durch den Umgehungsweg *b* stets hindurchgelassen, dessen Durchgangsquerschnitt in Abhängigkeit vom Wasserdruck durch die Stellschraube *c* einreguliert wird. Das Zusatzwasser wird auf dem Wege *d* durch den Steuerkolben *e* dosiert, der sich unter dem Einfluß der kupfernen blasebalgartigen Membran *f*, die mit einer leicht siedenden Flüssigkeit gefüllt ist, verschiebt. Das bei *g* durch ein $^1/_4$-zölliges Rohr austretende Kühlwasser umspült dauernd den unteren Teil dieses Balges. Läuft das Kühlwasser zu heiß ab, dann dehnt sich der Balg, verschiebt den Steuerkolben *e* nach unten und läßt mehr Kühlwasser eintreten. Umgekehrt wird bei zu kaltem Wasserablauf der Steuerkolben hochgezogen und die Zusatzwassermenge verringert. Die Lage des Steuerkolbens kann je nach der Höhe des Wasserdrucks mit Hilfe des Gewindeteils *h* eingestellt werden.

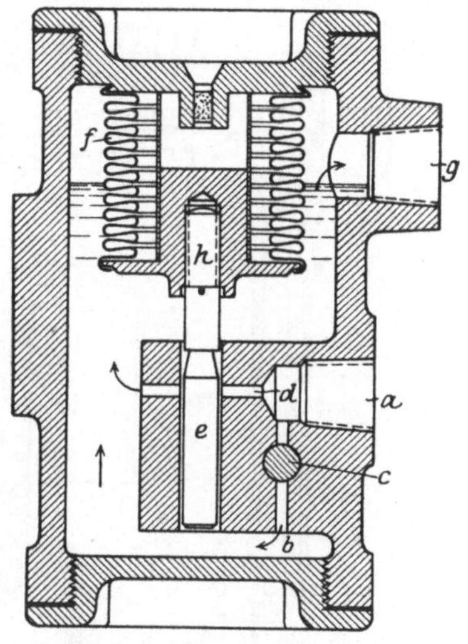

Abb. 127. Automatisches Wasserventil des amerikanischen Elektrolux-Modells. *a* Wassereintritt, *b* Umgehungskanal, *c* Stellschraube, *d* Zusatzwasserkanal, *e* Steuerkolben, *f* Metallbalg, *g* Wasseraustritt, *h* Verschraubung.

Die Beschreibung anderer Bauarten automatischer Vorrichtungen für wassergekühlte und gasgeheizte Elektrolux-Apparate findet man in einem Aufsatz von R. Stückle und W. Emendörfer[1].

Es wird behauptet, das selbst bei völligem Ausbleiben des Kühlwassers keine gefährliche Drucksteigerung eintreten kann, weil die Oberflächen der einzelnen Apparate und Verbindungsleitungen genügend Wärme an die umgebende Luft abzugeben vermögen. Trotzdem besitzt der Apparat eine Schmelzsicherung, die bei Feuergefahr bei 120° schmilzt und die Füllung herausläßt.

Die weiteren Bemühungen der Firma Elektrolux galten der Schaffung einer luftgekühlten Maschine, deren Schema in Abb. 128 dargestellt ist. Das Wärmeverhältnis wird dabei zwar wesentlich schlechter, aber doch nicht in so hohem Maße wie bei den periodischen Wasserammoniakmaschinen, so daß die mit dem Fortfall des Kühlwassers verbundenen Vorteile überwiegen. Besonders wird auch die Automatik vereinfacht. Dampfkühler, Kondensator und Absorber sind mit Kühlrippen versehen. Das kondensierte Ammoniak wird vor dem Eintritt in den Verdampfer

[1] Z. ges. Kälteind. Bd. 40 (1933) S. 19.

mit den vom Verdampfer abziehenden kalten Dämpfen im Gas-Wärmeaustauscherapparat in leitende Verbindung gebracht und dadurch unterkühlt. Beachtenswert ist ferner das Vorhandensein einer direkten Verbindung zwischen Kondensator und Absorber (unter Umgehung des Verdampfers) durch ein senkrechtes Röhrchen (Abb. 128), das folgenden Zweck erfüllt: wenn bei längerem Stillstand Wasserstoff in den Kondensator übertreten sollte, wird er, nach Anstellung der Heizung, aus dem Kondensator auf dem kürzesten Weg in den Absorber zurückgetrieben. Um zu vermeiden, daß auch flüssiges Ammoniak auf diesem Weg in

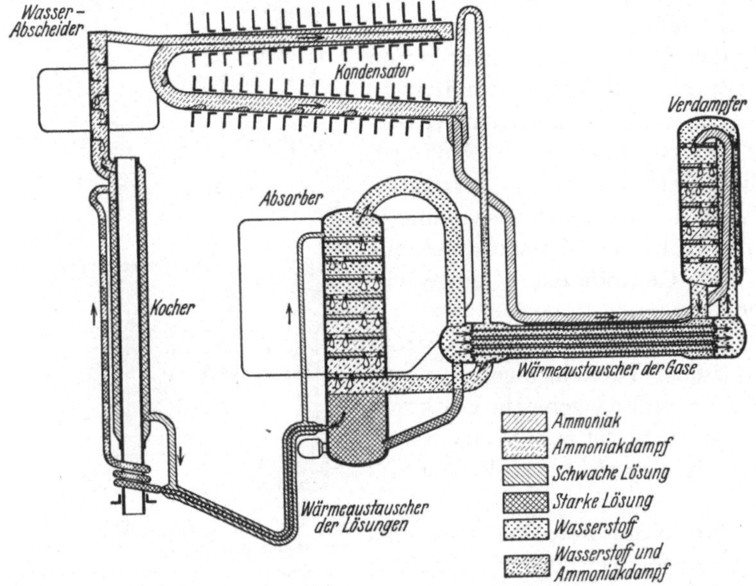

Abb. 128. Luftgekühlte kontinuierliche Absorptionsmaschine von Elektrolux.

den Absorber gelangt, ist das erwähnte Verbindungsröhrchen U-förmig ausgebildet und es ragt über die höchste Stelle des Kondensators hinaus. Der wirkliche Zusammenbau aller Teile einer luftgekühlten Apparatur ist aus Abb. 129 zu ersehen.

Die Elektroluxschränke werden für Haushaltzwecke in Größen von 30, 60, 90 und 120 l Nutzinhalt gebaut; für Kleingewerbezwecke bis 125 0l. Mit Luftkühlung des Kondensators und Absorbers ist in Europa vorerst nur der elektrisch betriebene Schrank von 30 l versehen. In Amerika ist es jedoch der Elektrolux-Servel-Corp. nach jahrelanger Arbeit neuerdings gelungen, auch bei größeren Einheiten ohne Kühlwasser auszukommen[1]. Es sind dabei 2 luftgekühlte Rippenrohrkondensatoren ohne Ventilator vorgesehen: in dem einen kondensiert

[1] Electr. Refr. News vom 15. März 1933, S. 1.

das aus dem Kocher ausgetriebene Ammoniak, während in dem zweiten Methylchlorid verflüssigt wird, durch dessen Verdampfung in einem den Absorber umgebenden Mantel die Absorptionswärme abgeführt wird. Methylchlorid dient hier also als Zwischenmittel, ähnlich wie $CFCl_3$ bei der Faraday-Maschine (S. 148).

2. System Altenkirch. Ein völlig anderes Prinzip für eine bewegungslose kontinuierliche Absorptionsmaschine hat Altenkirch angegeben[1]. Dabei wird der Druckunterschied zwischen dem Kocher und Absorber durch die Flüssigkeitssäule der reichen Lösung überwunden; es wird also der Absorber so hoch über dem Kocher angeordnet, daß der Druck der Flüssigkeitssäule in der Verbindungsleitung ausreicht, um die reiche Lösung in den Kocher zu befördern. Es ist klar, daß auf diese Weise nur relativ kleine Druckunterschiede überwunden werden können. Ammoniakmaschinen mit mehreren Atmosphären Druckdifferenz können nach diesem Prinzip nicht ausgeführt werden, es sei denn, daß man sie in Gestalt von Resorptionsmaschinen (S. 129) baut. Dagegen lassen sich Wasserdampfmaschinen mit Schwefelsäure oder Kalilauge als Absorbens (Vakuummaschinen) leicht ausführen, denn hier beträgt die Druckdifferenz nur 0,03 bis 0,04 at. Bei so kleinen Druckdifferenzen genügt nach Altenkirch auch schon die Anwendung der bereits bei der Elektroluxmaschine erwähnten Thermosyphonwirkung, also die Anordnung eines kommunizierenden Rohres, dessen aufsteigender Ast unter starker Dampfentwicklung geheizt wird. Eine solche Maschine ist in Abb. 130 dargestellt; die Wahl geeigneter Konstruktionsmaterialien bereitet hier erhebliche Schwierigkeiten, man hat auch schon daran gedacht, keramische Stoffe zu verwenden. Bei dieser Maschine spielt sich die ganze Entgasung (Wasserdampfaustreibung) in dem um einen elektrischen Heizkörper gewickelten Steigrohr *b* ab. Der Behälter *c* wirkt hier nur als Abscheideraum, aus dem die arme Lösung durch eine enge Kapillare mit entsprechendem Druckabfall in den Absorber *a* zurückgelangt. Der entwickelte Wasserdampf gelangt durch die Leitung *d* in den Kondensator *e*, wo er durch das von *l* eintretende Kühlwasser verflüssigt wird. Die Flüssigkeit tritt durch eine Kapillare mit ent-

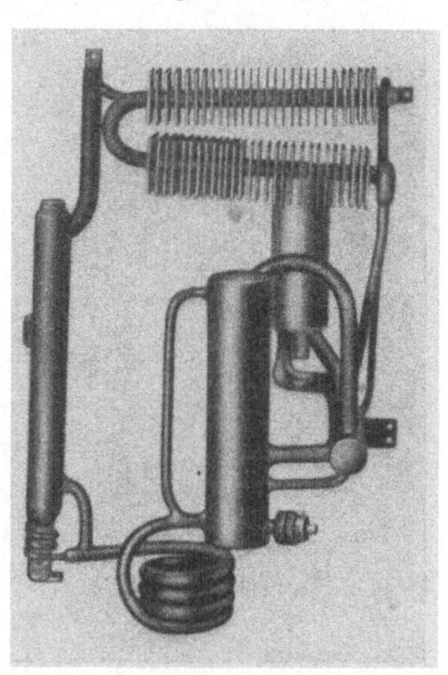

Abb. 129. Luftgekühlte kontinuierliche Absorptionsmaschine von Elektrolux.

[1] DRP. 395421 und 427278, vgl. auch M. Krause a. a. O. Die Patente werden von den Siemens-Schuckert-Werken in Berlin verwertet.

sprechendem Druckabfall in den Verdampfer *f*. Durch Verdampfung unter niedrigem Druck wird der durch das Rohr *g* zirkulierenden Sole Wärme entzogen und die gebildeten kalten Dämpfe treten in den Absorber; etwa mitgerissene Schwefelsäure fließt durch das Röhrchen *h* ebenfalls in den Absorber zurück. Die Gefäße *i* und *k* verhindern, daß bei stoßweisem Sieden Wasserdampf in den Absorber zurückgedrängt wird. Um allgemein zu verhindern, daß überschüssige Gasmengen auf falschem Weg aus Räumen höheren Druckes entweichen und Flüssigkeitssäulen, die den Druckunterschied aufrecht erhalten, zerstören, werden diese überschüssigen Gasmengen in ein besonderes Drucksicherungsgefäß unterhalb eines Flüssigkeitsspiegels geleitet. Dieses Drucksicherungsgefäß ist mit der Niederdruckseite verbunden[1].

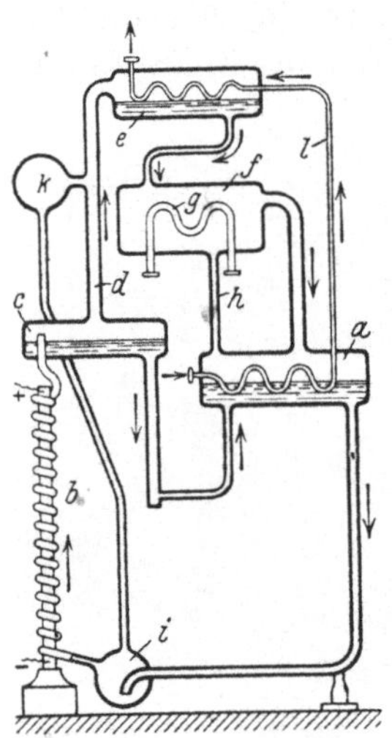

Abb. 130. Kontinuierliche Absorptionsmaschine von Altenkirch. *a* Absorber, *b* Steigrohr, *c* Abscheider, *d* Dampfleitung, *e* Kondensator, *f* Verpampfer, *g* Soleschlange, *h* Rückführungsrohr für Schwefelsäure, *i*, *k* Druckausgleichgefäße.

Schließlich ist es auch möglich, den Druckausgleich in der ganzen Maschine teils durch Beimischung eines inerten Fremdgases nach dem Vorschlag von Geppert-Elektrolux, teils durch Flüssigkeitssäulen zu bewirken. Die Fremdgasbeimischung und die mit ihr verbundenen thermischen Verluste werden dabei um so kleiner sein, je niedriger der Dampfdruck des Kältemittels ist. Auf Grund dieser Überlegung schlug Altenkirch[2] vor, das System Wasser-Ammoniak durch das System Paraffinöl-Toluol zu ersetzen (S. 117).

Anderseits kann es manchmal zweckmäßig sein, die Fremdgasbeimischung so groß zu wählen, daß der Druck im Verdampfer und Absorber sogar höher ist als im Kondensator und Austreiber, und diesen Druckunterschied dauernd aufrechtzuerhalten. Man erhält dann bei Wasser-Ammoniakmaschinen einen ganz selbsttätigen Umlauf der Lösung zwischen dem höher stehenden Austreiber und dem tiefer angeordneten Absorber. Es ist auch vielfach erwünscht, den Kondensator oberhalb des Verdampfers anzuordnen[3].

3. Vorschläge der Siemens-Schuckert-Werke in Berlin. Die unter 1 und 2 geschilderten Bemühungen, die Flüssigkeitspumpe entbehrlich zu machen, entsprangen der Erkenntnis, daß diese kleine Pumpe eine Quelle von Betriebsstörungen sein wird. Abgesehen vom schlechten Wirkungsgrad, ist der Antrieb einer solchen Pumpe

[1] DRP. 439209. [2] Vgl. z. B. DRP. 546507 (1929).
[3] Vgl. hierzu DRP. 549508 (1924).

schwer durchzuführen und die Abdichtung wird nicht von Dauer sein. Gelingt es dagegen, eine Pumpe zu erfinden, die die geschilderten Nachteile nicht hat, so wird man gegen ihre Verwendung auch in Haushaltmaschinen keinen Einspruch erheben.

Die Siemens-Schuckert-Werke haben vorgeschlagen, eine kleine Kolbenpumpe zu verwenden, die ihren Antrieb durch die Wandung hindurch von zwei Magnetspulen erhält, durch deren abwechselnde Ein- und Ausschaltung die Bewegung des Kolbens gesteuert wird. Die Flüssigkeitsleitung braucht dabei überhaupt nicht durchbrochen zu werden[1]. Die Pumpe (Abb. 131) ist in einen erweiterten Teil *a* der vom Absorber *b* zum Kocher *c* führenden Leitung *d* eingebaut. Sie besteht aus einem Kolben *e* aus magnetisch leitendem Material mit einem Rückschlagventil *f*. Die außerhalb des erweiterten Teils angeordnete Magnetspule *g* hebt, sobald sie stromdurchflossen ist, den Kolben an und fördert die über dem Kolben liegende arme Lösung durch das Druckventil *h*. Eine zweite Magnetspule *i* bringt nach Umschaltung des elektrischen Stroms den Kolben wieder in seine tiefste Stellung, wobei die Lösung durch das Ventil *f* nach oben strömt. Die Umschaltung des Stroms wird in sehr einfacher Weise durch die Bewegung eines im Stromkreis liegenden Bimetallstreifens *k* erhalten, der zunächst am Kontakt *l* anliegt und den Stromkreis der Spule *i* schließt. Durch seine Erwärmung wird der Bimetallstreifen seitwärts abgelenkt, bis die Kontaktbrücke *m* die Kontakte *n* berührt und den Stromkreis der Spule *g* schließt; der Streifen kühlt sich dann ab und bewegt sich zurück.

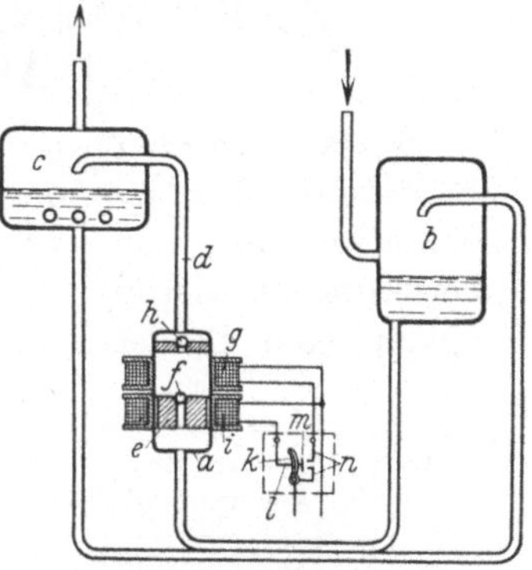

Abb. 131. Elektromagnetische Lösungspumpe (S. S. W.).
a Pumpe, *b* Absorber, *c* Kocher. *d* Rohrleitung, *e* Kolben, *f* Rückschlagventil, *g*, *i* Magnetspulen, *h* Druckventil, *k* Bimetallstreifen, *l*, *n* Kontakte, *m* Kontaktbrücke.

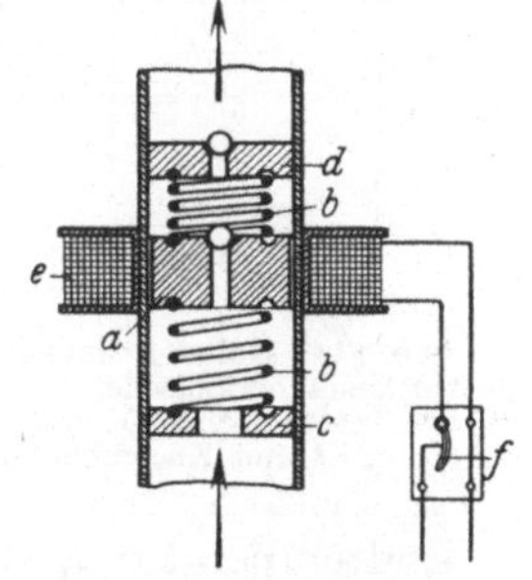

Abb. 132. Elektromagnetische Lösungspumpe (S.S.W.).
a Kolben, *b* Federn, *c* Federteller, *d* Druckventil-Teller, *e* Spule, *f* Bimetallstreifen.

Es wurde ferner von den Siemens-Schukkert-Werken vorgeschlagen[2], nur die Aufwärtsbewegung des Kolbens *a* (Abb. 132) elektromagnetisch zu steuern, die Abwärtsbewegung dagegen durch die Federn *b* zu bewirken, die zwischen dem Kolben und dem Federteller *c* einerseits und dem Druckventilteller *d* anderseits eingebaut sind. Die Ein- und Ausschaltung des Stroms in der Spule *e* erfolgt hier in gleicher Weise durch einen Bimetallstreifen *f*.

[1] Gebrauchsmuster 1263350 (1930). [2] Gebrauchsmuster 1263351 (1930).

5. Betriebseigenschaften und Leistungen der Absorptionsmaschinen.

A. Periodische Maschinen mit flüssigem Absorptionsmittel.

Es sei zunächst noch einmal daran erinnert, daß bei allen kleinsten Kältemaschinen eine hohe Wirtschaftlichkeit nicht entfernt so wesentlich erscheint wie in großen Kühlanlagen. Betriebssicherheit, Einfachheit, Automatisierung, Geräuschlosigkeit, geringer Platzbedarf und Billigkeit sind Forderungen, die vor der höchsten Wirtschaftlichkeit stehen. Trotzdem wird man, ceteris paribus, natürlich der wirtschaftlicheren Maschine den Vorzug geben.

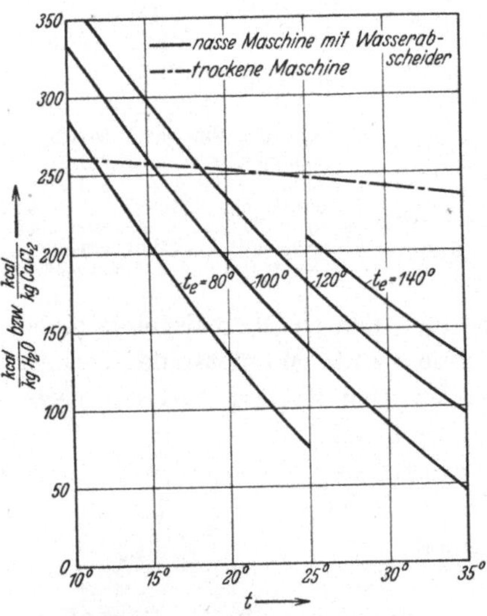

Abb. 133. Kälteleistungen von nassen und trockenen periodischen Absorptionsmaschinen bei verschiedenen Kondensationstemperaturen t und Kocherendtemperaturen t_e.

Wichtig ist zunächst die Frage, wie sich die Kälteleistung einer gegebenen Maschine ändert, wenn sie unter verschiedenen Bedingungen betrieben wird. Wir setzen eine bestimmte Wasserfüllung des Kocher-Absorbers voraus und können uns daher darauf beschränken, die Kälteleistung für 1 kg Wasser mit der dazugehörigen für die höchstmögliche Sättigung notwendigen Ammoniakmenge anzugeben. Ferner setzen wir eine bestimmte Verdampfungstemperatur, etwa —10° voraus. Als veränderliche Größen betrachten wir einerseits die Kondensationstemperatur (die sich nach der Kühlwassertemperatur richtet), andererseits die Endtemperatur t_e des Kochers. Es ist ferner vorausgesetzt, daß die Maschine einen wirksamen Wasserabscheider besitzt, so daß der Dampf aus dem Kocher mit dem mindest möglichen Wassergehalt in den Kondensator tritt.

K. Linge[1] berechnete für die verlustfreie Maschine bei einer Verdampfungstemperatur von —10° die in Abb. 133 wiedergegebenen Kälteleistungen (ausgezogene Linien). Daneben zeigt die strichpunktierte Linie vergleichsweise den Verlauf der Kälteleistung einer verlustfreien trockenen Absorptionsmaschine, in deren Kocher 1 kg wasserfreies $CaCl_2$ gefüllt ist (S. 170). Man erkennt, daß die Kälteleistung

[1] Linge, K.: Beih. Z. ges. Kälteind. Reihe 2, Heft 1 (1929).

der nassen Maschine mit wachsender Kondensationstemperatur rasch abnimmt. Bei hohen Kondensationstemperaturen muß man die Endtemperatur t_e des Kochers erhöhen. Da hierbei aber der Wassergehalt des aus dem Kocher aufsteigenden Dampfes zunimmt, geht man mit t_e nicht gern über 130°, keinesfalls aber über 140°. Man sieht aus Abb. 133, daß es sehr bedenklich ist, die Kondensationstemperatur über 40° ansteigen zu lassen. Es hat sich häufig gezeigt, daß nasse periodische Absorptionsmaschinen, die im gemäßigten Klima eine vollbefriedigende Kälteleistung besaßen, bei der Aufstellung in den Tropen völlig versagten. Die Erklärung für dieses Verhalten liefert der Verlauf der Dampfdruckkurven der Ammoniak-Wassergemische (Abb. 134). Dabei ist angenommen, daß die Verdampfung bei —10° erfolgen soll, und daß die Endtemperatur im Kocher 120° beträgt. Bei günstigen Kühlwasserverhältnissen kann dann die Kondensation bei +25° unter einem Druck von etwa 10 at. abs. erfolgen, und auch der Absorber kann am Ende der Kühlperiode auf +25° abgekühlt werden. Man arbeitet dann zwischen der höchsten NH_3-Konzentration von etwa 48% und der tiefsten von etwa 22%[1]. Die Austreibung im Kocher verläuft (Abb. 134) von 1 nach 2, die Absorption im Absorber von 3 nach 4. Soll nun dieselbe Maschine, bei viel wärmerem Kühlwasser betrieben werden, wobei die Kondensation bei +40° und 16 at. abs. erfolgt und auch der Absorber nur auf 40° gekühlt werden kann, dann schrumpft die mögliche Entgasungsbreite stark zusammen: die reiche Lösung enthält jetzt nur noch 39% und die arme 30% NH_3. Dieser Prozeß ist durch den Linienzug 1′ 2′ 3′ 4′ dargestellt. Bei noch etwas höherem Kondensatordruck wird die Entgasungsbreite Null und es kann keine Kälte mehr erzeugt werden.

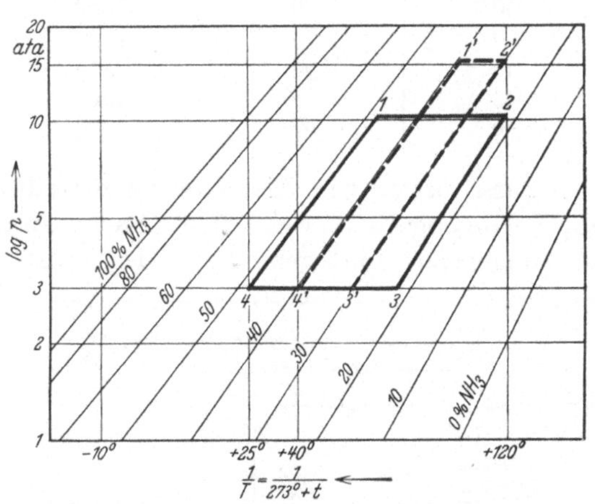

Abb. 134. Prozesse der mit Ammoniak und Wasser betriebenen Absorptionsmaschinen bei verschiedenen Kondensationstemperaturen.

Direkte Messungen an ausgeführten Maschinen bestätigten durchaus diese theoretischen Voraussagen. Aus den Versuchswerten von H. R. Mannesmann an einer Absorptionsmaschine der Mannesmann-

[1] Die Prozentgehalte bedeuten Gewichtsteile NH_3 in 100 Gewichtsteilen der Lösung.

Kälteindustrie A.-G. (nach Abb. 112) mit einer Wasserfüllung des Kocher-Absorbers von 10,3 kg ergeben sich beispielsweise die in Tabelle 15 angegebenen Kälteleistungen je Periode[1] (Verdampfungstemperatur im Mittel —5°, Endtemperatur im Kocher 120°, Kühlwassermenge beim Heizen 180 l/h, beim Kühlen 60 l/h).

Tabelle 15.

Anfangskonzentration der Lösung im Kocher %	Kühlwasser-Eintrittstemperatur °C	Gemessene Kälteleistung je Periode kcal
55	10	2530
55	15	2330
55	20	2150
50	15	2030
50	20	1880
50	25	1730
45	20	1500
45	25	1300
45	30	1085

Die Kälteleistung sinkt also mit der Erschwerung der äußeren Bedingungen außerordentlich rasch ab.

Man erkennt insbesondere, daß es sehr schwierig sein wird, eine nasse periodische Maschine zu betreiben, wenn kein Kühlwasser zur Verfügung steht, wenn also Kondensator und Absorber nur durch die umgebende Luft gekühlt werden müssen. Da aber alle kleinsten Kompressionsmaschinen ohne Kühlwasser auskommen und die nur durch Luft gekühlte Maschine die unbedingten Vorzüge größerer Einfachheit und Sicherheit besitzt, so können die Aussichten der nassen periodischen Maschinen in der Zukunft nicht sehr günstig beurteilt werden.

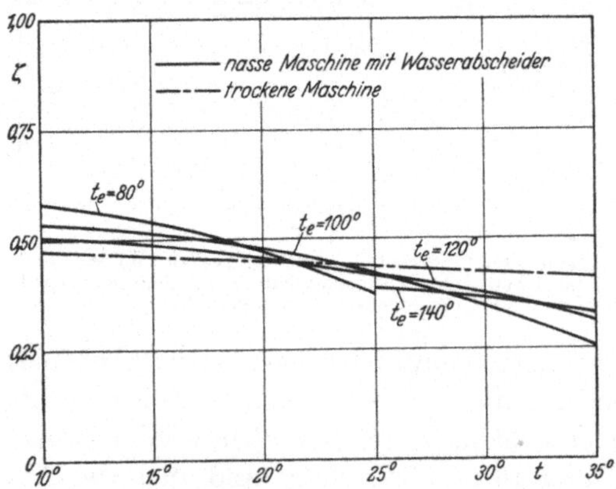

Abb. 135. Wärmeverhältnisse ζ von nassen und trockenen periodischen Absorptionsmaschinen bei verschiedenen Kondensationstemperaturen t und Kocherendtemperaturen t_e.

Als Maß für die thermische Beurteilung einer Absorptionsmaschine dient das Wärmeverhältnis ζ. Man versteht darunter das Verhältnis der Kälteleistung Q_0 zu dem Wärmeverbrauch Q. Das Wärmeverhältnis läßt sich für eine verlustlose Maschine leicht berechnen, es ist selbstverständlich auch von den Betriebsverhältnissen abhängig und verschlechtert sich mit sinkender Verdampfungstemperatur t_0 und steigender Kondensationstemperatur t. Einen wesentlichen Einfluß übt auch die

[1] Mannesmann, H. R.: a. a. O. Die Werte der Kälteleistungen sind den Abb. 49—51 entnommen.

Temperatur t_e der Lösung am Ende der Kochperiode aus. Bei hohen Verdampfungs- und niedrigen Kondensationstemperaturen arbeitet man wirtschaftlicher mit niedrigen Endtemperaturen des Kochers. Wird aber eine tiefe Verdampfungstemperatur (z. B. unter $-10°$) verlangt oder ist die Kondensationstemperatur hoch, dann erhält man bei höheren Endtemperaturen des Kochers ein besseres Wärmeverhältnis. K. Linge[1] hat das Wärmeverhältnis der verlustlosen Maschine berechnet, seine Ergebnisse sind in Abb. 135 durch die ausgezogenen Kurven wiedergegeben. Vergleichsweise ist auch in diese Abbildung noch eine strichpunktierte Linie gezeichnet, die sich auf eine Maschine mit festem Absorptionsmittel ($CaCl_2$) bezieht (S. 170). Wie man sieht, läßt sich bei den üblichen Betriebsbedingungen im gemäßigten Klima ($t_0 = -10°$, $t = +25°$) bestenfalls ein Wert $\zeta = 0{,}4$ erreichen.

Bei der wirklichen Maschine sind Verluste unvermeidlich und man erreicht daher praktisch nur ein kleineres Wärmeverhältnis ζ'. Das Verhältnis

$$\eta_g = \frac{\zeta'}{\zeta}$$

nennt man den Gütegrad der Maschine. Er ist ebenfalls von den Betriebsbedingungen abhängig, denn auch die Verluste wachsen mit steigendem t und sinkendem t_0. Unter normalen Bedingungen wird man mit $\eta_g = 0{,}6$ zufrieden sein. Bei hoher Kondensationstemperatur sinkt aber η_g auf 0,5 und darunter. H. R. Mannesmann[1] erhielt bei seinen eingehenden Messungen an der erwähnten elektrisch geheizten Absorptionsmaschine die in Tabelle 16 enthaltenen Werte. Dabei war die Verdampfungstemperatur im Mittel etwa $-5°$.

Tabelle 16.

Anfangskonzentration d. Lösung im Kocher	Kühlwassertemperatur	Günstigste Endtemperatur im Kocher	Wärmeverhältnis		Gütegrad η_g
			praktischer Höchstwert	theoretisch	
%	°C	°C	ζ'	ζ	%
55	10	93	0,328	0,507	64,7
55	15	95	0,310	0,496	62,5
55	20	97	0,297	0,489	60,7
50	15	102	0,266	0,425	62,6
50	20	105	0,255	0,416	61,3
50	25	109	0,239	0,408	58,5
45	20	114	0,213	0,348	61,2
45	25	117	0,200	0,338	59,2
45	30	120	0,180	0,327	55,1

Das praktische Wärmeverhältnis erreicht also im gemäßigten Klima etwa 25%. In den Tropen wird man sich aber mit 15% begnügen müssen.

[1] a. a. O.

B. Periodische Maschinen mit festem Absorptionsmittel.

Über diese Maschinen liegen erst wenige zuverlässige Versuchswerte vor. Auf Grund der thermischen Eigenschaften der Kalziumchlorid-Ammoniakate (S. 119) läßt sich zunächst die Kälteleistung und das Wärmeverhältnis einer mit dieser komplexen chemischen Verbindung betriebenen verlustlosen Maschine für 1 kg $CaCl_2$ berechnen. Diese Berechnungen sind von K. Linge für verschiedene Kondensations- und Verdampfungstemperaturen durchgeführt. Die Ergebnisse sind in den Abb. 133 und 135 durch je eine strichpunktierte Linie dargestellt. Man erkennt zunächst, daß besonders die Kälteleistung, aber auch das Wärmeverhältnis von den äußeren Bedingungen viel weniger abhängen, als es bei „nassen" Maschinen der Fall ist. Praktisch treten natürlich auch bei den trockenen Maschinen noch verschiedene Verluste auf, und der sie berücksichtigende Gütegrad sinkt mit zunehmender Kondensations- und abnehmender Verdampfungstemperatur. Das grundsätzliche thermische Verhalten der Ammoniakate läßt sie jedenfalls bei hohen Kondensations- und Absorberendtemperaturen geeigneter erscheinen als Wasser-Ammoniakgemische. Das gilt besonders auch für den Fall, daß man auf das Kühlwasser ganz verzichtet und den Kondensator und Absorber nur durch die umgebende Luft kühlt. Die praktischen Folgerungen aus diesen Tatsachen wurden erstmalig in konsequenter Weise von W. B. Normelli gezogen[1].

Versuche an den älteren wassergekühlten „Sicfrigo"-Maschinen von Humboldt (S. 146) zeigten, daß bei einer Kälteleistung von $Q_0 = 950$ kcal je Periode ein Gasverbrauch von 1,6 m^3 bei einem unteren Heizwert von etwa 3500 kcal/m^3 notwendig war. Bei einer Kühlwassertemperatur von $+15°$ betrug der Wasserverbrauch für eine volle Periode von 24 Stunden etwa 750 l. Nimmt man den Wirkungsgrad der Heizung mit 80% an, so findet man für das praktische Wärmeverhältnis den Wert

$$\zeta' = \frac{950}{1{,}6 \cdot 3500 \cdot 0{,}8} = 0{,}212 \quad \text{oder} \quad 21{,}2\,\% .$$

Dieser Wert ist nicht übermäßig hoch, was einerseits auf die niedrige Kocherendtemperatur von knapp 100° und anderseits auf den hohen Wasserwert bei dieser Kocherbauart zurückzuführen ist.

Viel wichtiger sind die Versuchsergebnisse an den neuen luftgekühlten „Protos-Frigor"-Apparaten der Siemens-Schuckert-Werke (S. 152). Die Versuche wurden unter sehr schweren äußeren Bedingungen in Räumen mit einer Lufttemperatur von $+30°$ durchgeführt. Im Dauerbetrieb wurde dabei im Kühlschrank eine Temperatur von $+5°$

[1] DRP. 554766.

erreicht. Bei den Einperiodenmaschinen (in 24 Stunden) wurde eine gesamte Kälteleistung von rund 600 kcal je Periode gemessen, bei einem Verbrauch an elektrischer Heizenergie von 3,9 kWh. Bei elektrischer Heizung muß man den Wirkungsgrad der Heizung mit 100% annehmen, da die Heizpatronen vollständig in den Kocher hineinragen. Das Wärmeverhältnis ist also

$$\zeta' = \frac{600}{3{,}9 \cdot 860} = 0{,}179 = 17{,}9\,\% \,.$$

Für eine größere Einheit betrug die Kälteleistung 900 kcal je Periode und der Energieverbrauch 5,5 kWh. Daraus erhält man $\zeta' = 19\%$.

Versuche an dreiperiodigen Maschinen mit entsprechend kleineren Abmessungen des Kochers und Kondensators ergaben Wärmeverhältnisse von nahezu gleicher Höhe.

Unter den vorerwähnten Bedingungen würde eine „nasse" Absorptionsmaschine kaum noch eine Kälteleistung hervorbringen.

C. Kontinuierliche Absorptionsmaschinen.

Sehr zahlreiche und zuverlässige Versuche wurden mit Elektrolux-Maschinen (S. 156) durchgeführt.

α) Mit Wasserkühlung. Die Messungen von R. Stückle und W. Emendörfer[1] an einem gasgeheizten Kühlschrank von etwa 70 l Nutzinhalt ergaben bei einer Außentemperatur der Luft von $+20°$, einer Kühlwassereintrittstemperatur von $+18°$ und einem Kühlwasserverbrauch von 250 bis 300 l in 24 Stunden die Betriebswerte der Tabelle 17.

Tabelle 17.

Temperatur im Kühlschrank °C. . .	+ 3,65	+ 4,5	+ 5,6	+ 8,4
Ges. Kälteleistung Q_0 kcal/h	23,9	27,6	32,4	38,6
Gasverbrauch m³/Tag (unterer Heizwert $H_u = 3288$ kcal/m³).	1,135	1,140	1,310	1,390
Wärmeverbrauch $Q = \frac{H_u}{24} \cdot 0{,}80$* kcal/h	132,2	132,8	152,6	161,9
Wärmeverhältnis $\zeta' = \frac{Q_0}{Q} \cdot 100\%$ . . .	19,2	22,1	22,6	25,3

Bei Messungen an amerikanischen Maschinen der Elektrolux-Servel Corp. wurden noch etwas höhere Wärmeverhältnisse festgestellt.

β) Mit Luftkühlung. Versuche im Kältetechnischen Institut in Karlsruhe an einem elektrisch betriebenen Kühlschrank von etwa 30 l Nutzinhalt erstreckten sich auf die 3 von der Baufirma vorgesehenen Belastungsstufen der Heizung. Bei verschiedenen Außentemperaturen t_a zwischen 20 und 30° wurde die sich im leeren Kühlschrank einstellende Innentemperatur t_i gemessen und daraus die Kälteleistung und das

[1] a. a. O.

* Der Wirkungsgrad der Gasheizung ist zu 80% angenommen.

Wärmeverhältnis berechnet. Die Schrankkonstante, das ist das Produkt aus der mittleren Oberfläche F und der Wärmedurchgangszahl k, wurde durch besondere Versuche ermittelt und hierfür der Wert 0,70 kcal/°Ch gefunden. Die stündliche Kälteleistung ist dann

$$Q_0 = k \cdot F\,(t_a - t_i) = 0{,}70\,(t_a - t_i)\,.$$

Die Versuchsergebnisse sind in Tabelle 18 zusammengefaßt.

Tabelle 18.

Heizstellung	1			2			3	
Heizwärme Q kcal/h	71,3			81,7			120,4	
Außentemperatur t_a °C	20	25	30	20	25	30	25	30
Temp. im Schrank t_i °C	+4,0	+11,2	+18,4	0,0	+6,0	+12,0	+0,4	+6,5
Temperaturdifferenz $t_a - t_i$ °C	16,0	13,8	11,6	20,0	19,0	18,0	24,6	23,5
Ges. Kälteleistung Q_0 kcal/h	11,2	9,65	8,1	14,0	13,0	12,6	17,2	16,45
Wärmeverhältnis $\zeta' = \frac{Q_0}{Q} \cdot 100\%$	15,7	13,5	11,4	17,1	16,3	15,4	14,3	13,7

Das höchste Wärmeverhältnis wird also in der Heizstellung 2 erreicht, während die höchste Kälteleistung bei der Stellung 3 liegt. Aus dem Vergleich der Tabellen 17 und 18 erkennt man, daß die Luftkühlung mit einer nicht unerheblichen Einbuße an Wirtschaftlichkeit gegenüber der Wasserkühlung erkauft ist. Trotzdem liegt in der Durchführung der Luftkühlung ein erheblicher technischer Fortschritt.

Die Absorptionsmaschinen mit Gasumlauf haben gewisse Betriebseigenarten. Die Menge des umlaufenden Fremdgases muß mit der Menge des ausgetriebenen Kältemittels so abgestimmt sein, daß das inerte Gas diese Menge aus dem Verdampfer mitführen kann. Ferner läßt sich bei bestimmten äußeren Bedingungen eine berechenbare tiefste Verdampfungstemperatur nicht unterschreiten. Berechnungen dieser Art hat K. Nesselmann durchgeführt[1], der verfügbare Raum gestattet uns jedoch nicht, näher darauf einzugehen.

V. Sonderbauarten von Kältemaschinen.

1. Der Membran-Kompressor.

Ein im Kältemaschinenbau neuartiger konstruktiver Gedanke ist in dem Kompressor von Henri Corblin, Paris verwirklicht (Abb. 136)[2]. Eine dünnwandige kreisrunde Metallmembran c ist zwischen zwei kreis-

[1] Nesselmann, K.: Z. ges. Kälteind. Bd. 35 (1928) S. 197 und Bd. 40 (1933) S. 117.

[2] Vgl. C. R. Acad. Sci., Paris Bd. 172 (1921) S. 46. (Vorgelegt durch Maurice Leblanc.)

runde Platten a und b eingeklemmt und kann in den kugelförmigen Aussparungen dieser Platten eine Schwingungsbewegung von geringer Amplitude ausführen. Die Schwingungen der Membran bedingen das Ansaugen des Kältemittels durch das Saugplattenventil e und das Ausstoßen nach erfolgter Kompression durch das Druckplattenventil f. Die Schwingungsbewegung der Membran c wird durch den Auf- und Abwärtsgang des Kolbens h in dem mit Öl gefüllten Zylinder i hervorgerufen, wobei das Öl durch die Öffnungen b_1 in der unteren Platte b bis zur Membran c vordringen kann und die Membran an die obere Platte a fest anpreßt; dadurch schrumpft der schädliche Raum fast auf Null zusammen. Die geringen Ölmengen, die durch Undichtigkeiten zwischen Zylinder und Kolben nach unten in das Gehäuse entweichen, werden durch die kleine Kompensationsölpumpe l* mit Kolben m, Saugventil k und Druckventil n durch die Leitung l_1 ersetzt. Überschüssiges Öl wird durch das Sicherheitsventil h_1 beseitigt, das mit Hilfe des Nockens t eingestellt werden kann und das jede unzulässige Drucksteigerung verhindert. Sämtliche Lager sind als Kugellager ausgebildet. Der Antrieb erfolgt durch die Riemenscheibe v.

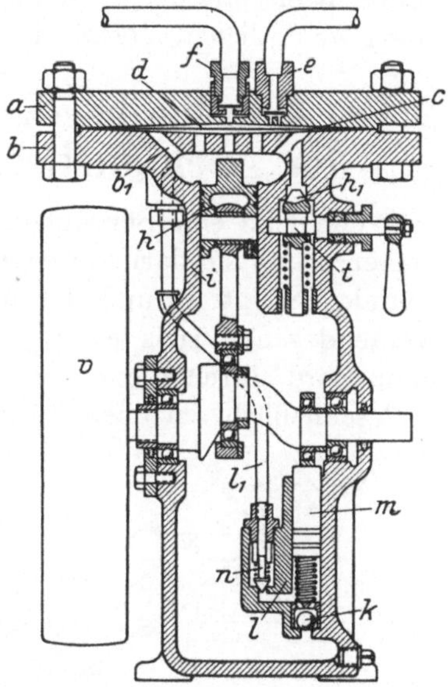

Abb. 136.
Membran-Kompressor von Corblin.
a, b Platten, b_1 Ölkanäle, c Membran, d Hubraum, e Saugventil, f Druckventil, h Kolben der Ölpumpe, h_1 Sicherheitsventil, i Pumpenzylinder, k Saugventil der Kompensationspumpe l, l_1 Ölleitung, m Kolben, n Druckventil, t Nocken, v Riemenscheibe.

Der Hauptvorteil dieser Bauart liegt darin, daß das Kältemittel mit dem Öl überhaupt nicht in Berührung kommt. Die inneren Oberflächen des Kondensators und Verdampfers bleiben daher stets rein und jeder Ölabscheider ist entbehrlich. Ein weiterer, nicht zu unterschätzender Vorteil ist der Fortfall der Stopfbüchse. Die Abnutzung und Reibungsarbeit zwischen Kolben und Zylinder ist sehr gering, da der Kolben vollständig in Öl läuft.

Dieser Kompressor, der sich in Frankreich bewährt hat, wurde ursprünglich für Kälteleistungen von 500 bis 6000 kcal/h für Ammoniak gebaut und mit 200 bis 380 U/min. betrieben. Später ist eine kleinere Type für einen Haushaltkühlschrank mit einer Kälteleistung von 200 kcal/h gebaut worden. Der Leistungsverbrauch beträgt für 500 kcal/h 0,3 PS und für 200 kcal/h $^1/_6$ PS. Während die Schwingungsamplitude

* Diese Ölpumpe liegt bei den ausgeführten Maschinen außerhalb des Gehäuses.

der Membran, gemessen in der Zylinderachse, bei größeren Maschinen bis 4 mm beträgt, ist man bei den kleinsten Modellen bis auf 1 mm zurückgegangen; je geringer der Hub, um so geräuschloser der Gang. Die Lebensdauer der Membran erreicht bei den größeren Maschinen etwa 2000 Arbeitsstunden. Bei den kleinen Maschinen mit geringerer Schwingungsamplitude hofft man eine wesentlich längere Lebensdauer zu erreichen. In Haushaltmaschinen würde sich der Bruch der Membran besonders unangenehm bemerkbar machen, da der Ersatz, so einfach und billig er auch sein mag, nicht vom Hauspersonal bewerkstelligt werden kann. Jeder Bruch bringt außerdem eine Vermischung des Kältemittels mit dem Schmieröl mit sich, dessen Vermeidung gerade einen wesentlichen Vorteil dieser Bauart darstellt.

2. Der Quecksilber-Kompressor nach dem Prinzip der Archimedischen Schrauben-Pumpe.

Wenn man eine Schraubenfläche durch einen zylindrischen Mantel begrenzt und sie darin rotieren läßt, wobei die Achse gegen die Horizontale geneigt ist und das untere offene Ende der Schraubenfläche während eines Teils einer jeden Umdrehung unter Wasser taucht, dann wird durch diese Vorrichtung (Abb. 137) das Wasser gehoben und schließlich am oberen Ende der Schraubenfläche in einen Hochbehälter gefördert. Das ist das Prinzip der Archimedischen Schraubenpumpe. Außer dem Wasser wird aber auch die zwischen den einzelnen Wasserkolben eingeschlossene Luft gefördert und wenn man sich vorstellt, daß das obere Rohrende in einen abgeschlossenen Behälter mündet, dann würde der Druck darin allmählich steigen. Man kann nun das geförderte Wasser wieder zum unteren Wasserspiegel zurückströmen lassen, so daß sich im geschlossenen Behälter nur verdichtete Luft ansammelt.

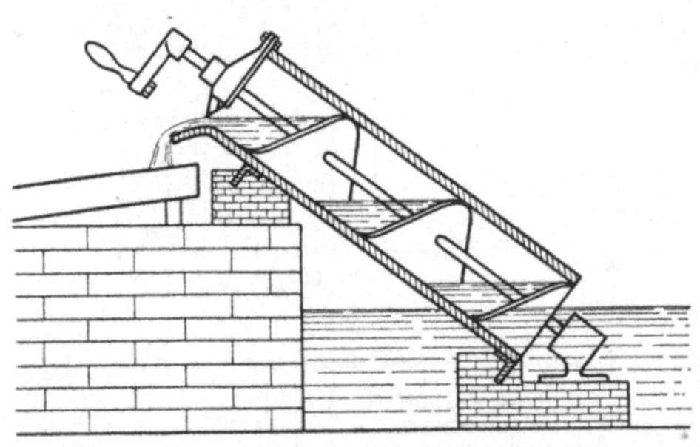

Abb. 137. Prinzip der archimedischen Spirale.

Von diesem Prinzip hat J. G. De Remer in New York Gebrauch gemacht, um die Dämpfe eines Kältemittels mit Hilfe von Quecksilber zu verdichten[1]. Die Kompressionswirkung kann wesentlich gesteigert werden, wenn man den Zylinder mit der darin angeordneten Schraubenfläche um eine außerhalb des Zylinders liegende Achse rasch rotieren

[1] De Remer, J. G.: Refr. Eng. Bd. 13 (1926) S. 156, Bd. 14 (1927) S. 169 und Bd. 26 (1933) S. 307. DRP. 382828 (1924).

läßt, wobei erhebliche Zentrifugalkräfte wirksam werden. Praktisch ist es zweckmäßig, die Zylinderachse gegen die Rotationsachse geneigt anzuordnen, also die Bewegung eines konischen Pendels nachzuahmen, weil sich dann der Rückfluß des Quecksilbers von der Druckseite zur Saugseite leicht erreichen läßt.

In Abb. 138 ist die doppelgängige Schraubenfläche auf einen schwach konischen Stahlblock *1* geschnitten und über die Schraubengänge ist das Rohr *2* aufgeschrumpft. Innerhalb des Blocks *1* liegt das Rohr *3*, welches in seinem unteren Teil aus dem Block herausragt und in die Druckkammer *4* mündet. Durch dieses Rohr *3* fließt das Quecksilber von der Druckkammer *4* in die Saugkammer *5* zurück. In die obere trichterförmige Erweiterung des Rohres *3* ist der Druckrohrstutzen *6* eingeschweißt, der dann in das eigentliche Druckrohr *7* für das verdichtete Kältemittel ausmündet. Als Saugleitung wirkt der Ringraum zwischen den konzentrischen Rohren *7* und *8*. Der ganze Apparat rotiert um die senkrechte Achse *A*-*A*. Die Anschlüsse der Saug- und Druckleitungen bei *9* und *10* müssen elastisch und biegsam sein, worauf wir noch zurückkommen werden. Bei richtiger Füllung mit Quecksilber wird sich der Quecksilberspiegel in den Kammern *4* und *5* bei der Rotation etwa in den in Abb. 138 angedeuteten Lagen *B*-*B* und *C*-*C* einstellen und das Quecksilber wird unter der Wirkung der Dampfdruckdifferenz des Kältemittels in beiden Kammern im Sinne der ausgezogenen Pfeile strömen.

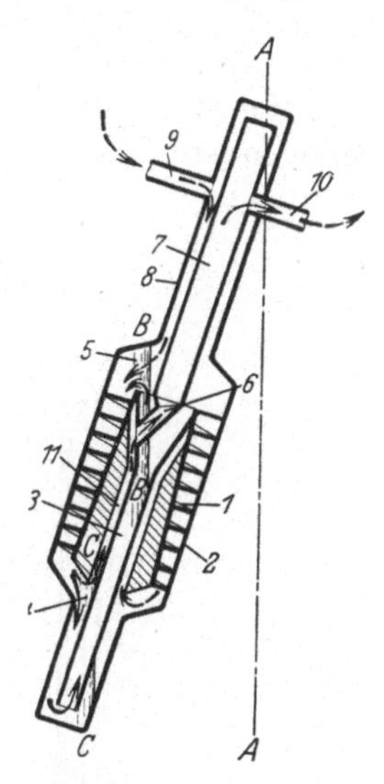

Kompresser von de Remer. *1* Konischer Stahlblock mit Schraubengängen, *2* Außenrohr, *3* Innenrohr, *4*, *5* Druck- und Saugkammer, *6*, *7* Druckrohr, *7* Saugrohr, *9*, *10* Anschlüsse der Saug- und Druckleitungen, *11* Ringraum.

In der Druckkammer *4* findet nach dem Austritt aus der untersten Schraubenwindung eine Trennung des Quecksilbers vom Kältemittel statt. Das Kältemittel tritt durch den Ringraum *11* in die Druckleitung *6-7-10*. Der Umlauf des Kältemittels ist durch die gestrichelten Pfeile angedeutet. Der mit dieser Maschine erzielbare höchste Kompressionsdruck ist dann erreicht, wenn der Quecksilberspiegel *C*-*C* in der Kammer *4* gerade das untere offene Ende des Rohres *3* erreicht, weil dann die Saug- und Druckkammern kurz geschlossen sind.

Die schwach konische Ausbildung des Blocks *1* hat zur Folge, daß das Volumen der Schraubenwindung von oben nach unten, also in Richtung der Kompression abnimmt. Dadurch wird der Kompressionsgrad in jeder Windung erhöht, da der prozentuale Raumanteil des nicht kompressiblen Quecksilbers von Windung zu Windung zunimmt. Nimmt beispielsweise das Volumen der Windungen von oben nach unten im Verhältnis von 2:1 ab, und beansprucht das Quecksilber $^1/_3$ des Raumes in der obersten Windung, dann wird der Dampf des Kältemittels beim Durchgang durch die Schraube auf $^1/_4$ seines Volumens verdichtet. Bei einem Exponenten $n = 1{,}3$ für die Polytrope $P v^n =$ konst entspricht das bereits einer 6fachen Drucksteigerung.

Ein wichtiges Element sind die biegsamen Verbindungsleitungen zwischen dem rotierenden Kompressor und dem feststehenden Kondensator und Verdampfer. Diese werden beispielsweise als biegsame, spiralig in einer Ebene gewundene Metallrohre ausgeführt (Abb. 139)[1], deren innere Enden mit dem Kompressor und die äußeren Enden mit

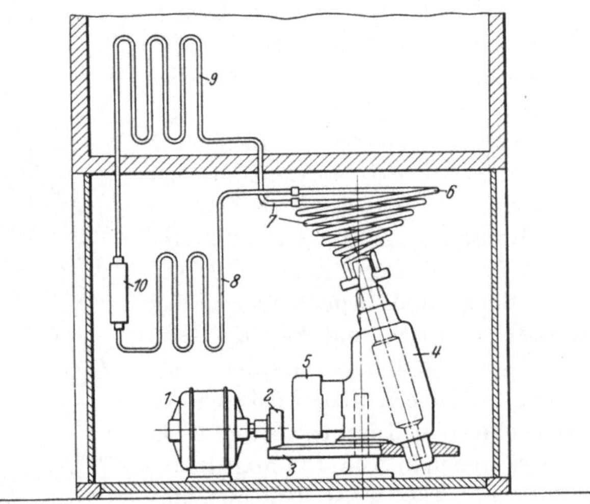

Abb. 139. Kühlaggregat von de Remer.
1 Elektromotor, *2*, *3* Kegelräder, *4* Kompressor, *5* Gegengewicht, *6*, *7* biegsame Spiralrohre, *8* Kondensator, *9* Verdampfer, *10* Regulierventil.

den Apparaten verbunden sind. Die Abbildung zeigt auch den Gesamtaufbau einer älteren Maschine in Verbindung mit einem Kühlschrank. Der Elektromotor *1* treibt über die Kegelräder *2*, *3* den Kompressor *4* an, der durch das Gegengewicht *5* ausbalanciert ist und der durch die biegsamen Spiralrohre *6* und *7* mit dem Kondensator *8* und dem Verdampfer *9* verbunden ist; zwischen diesen liegt das Regulierventil *10*. Diese älteren Maschinen (1926) waren ziemlich schwer und liefen geräuschvoll. Die minutliche Drehzahl erreichte etwa 300 und der Neigungswinkel der Zylinderachse zur senkrechten Drehachse betrug 20°. Inzwischen (1932) ist die Maschine wesentlich verbessert worden. Der Kompressor rotiert um eine waagrechte Achse, gegen die er nur um 8°

[1] U. S. Pat. 1597182, DRP. 453689 (1926).

geneigt ist, und ist mit dem Elektromotor direkt gekuppelt, wobei Drehzahlen bis 1725/min erreicht werden. Das für Haushaltkühlschränke bestimmte Modell leistet bei —10° Verdampfungstemperatur und bei einer Lufttemperatur von +27° 90 kcal/h bei einer Stromaufnahme von 200 Watt. Der luftgekühlte Kondensator ist um die Laufbahn des Kompressors herumgewickelt. Der Kompressor erscheint äußerlich als zylindrisches Rohr von $1^3/_{16}''$ im Durchmesser. Die Schraube hat einen äußeren Durchmesser von 1″ und besitzt 10 Windungen. Kompressor, Motor und Kondensator sind auf der Decke des Kühlschranks montiert und wiegen zusammen 18 kg. Die Quecksilberfüllung beträgt 600 g. Als Kältemittel dient Methylchlorid, doch werden auch mit CF_2Cl_2 Versuche gemacht.

Als Vorteile dieser Bauart, die noch nicht großindustriell hergestellt wird, sind zu nennen: der Fortfall des Kolbens, der Ventile, der Stopfbüchse und der inneren Schmierung, so daß das Kältemittel nicht mit Schmieröl in Berührung kommt und die Kühlflächen des Kondensators und Verdampfers stets rein bleiben. Eine übermäßige Drucksteigerung ist nicht möglich. Als Nachteile sehen wir den verhältnismäßig hohen Stromverbrauch, die Ermüdungserscheinungen in den biegsamen Verbindungsleitungen und den immer noch nicht ganz geräuschfreien Gang.

3. Das elektrodynamische Prinzip.

Die Untersuchungen von A. Einstein und L. Szilard haben zu der Erfindung einer Vorrichtung geführt, in der es gelingt, eine den elektrischen Strom leitende Flüssigkeit, z. B. Quecksilber, in einem schmalen ringförmigen Spalt auf elektrodynamischem Wege in strömende Bewegung zu versetzen. Diese Bewegung kann in mannigfaltiger Weise zur Kälteerzeugung herangezogen werden, sei es durch Verdichtung von Gasen und Dämpfen in Kompressionsmaschinen, durch Förderung einer Lösung in Absorptionsmaschinen oder durch Strahlwirkung.

Die Fortbewegung des flüssigen Metalls wird durch die in Abb. 140 dargestellte Vorrichtung erzielt[1].

In das Rohr *a* aus magnetischem oder unmagnetischem elektrisch schlecht leitenden Material ist ein Eisenkern *b* eingesetzt, der radial lamelliert oder mit radialen Schlitzen versehen ist. Im Ringspalt *c* zwischen dem Rohr *a* und dem Eisenkern *b* befindet sich beispielsweise Quecksilber, das in diesem Spalt in Richtung der Rohrachse bewegt werden soll. Das Rohr *a* ist in gewissen Abständen mit achteckigen Blechpaketen *d* umgeben, die senkrecht zur Rohrachse lamelliert sind. Die einzelnen Bleche sind geschlitzt oder sie bestehen aus zwei vonein-

[1] Szilard, L.: DRP. 543214 (1929).

ander isolierten Blechen (vgl. Schnitt *e-f*, oben). Zwischen den Blechpaketen *d* liegen die Spulen *g*, die ebenfalls das Rohr *a* umgeben. An die Blechpakete stoßen außen die Joche *h*, die ebenfalls aus Blechpaketen bestehen, die aber parallel zur Rohrachse lamelliert sind. Die magnetischen Kraftlinien umschließen die Spulen *g*; sie fließen eine Strecke in einem der Joche *h*, gelangen dann über eines der Blechpakete *d* in den Luftspalt *c*, treten in den Eisenkern *b* über, durchsetzen dann wieder den Luftspalt *c* und kehren durch das benachbarte Blechpaket in das Joch zurück. In Abb. 140 ist eine solche magnetische Kraftlinie angedeutet.

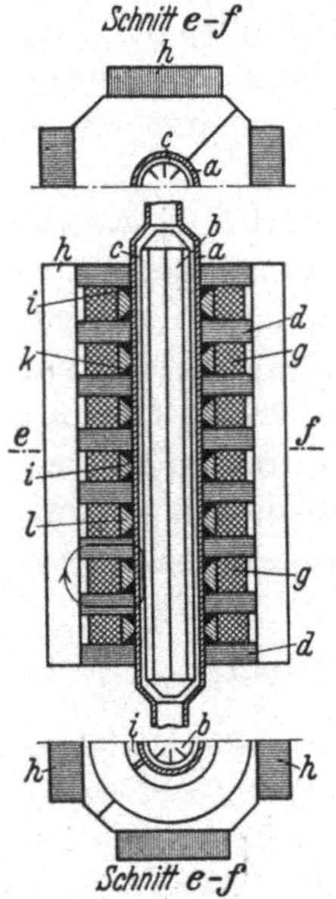

Abb. 140. Schema der elektrodynamischen Pumpe. *a* Rohr, *b* Eisenkern, *c* Ringspalt, *d* Blechpakete, *g* Spulen, *h* Joche, *i*, *k* Eisenringe, *l* Isolierringe.

Zwischen den Spulen *g* und dem Rohr *a* sind zwei magnetische Eisenringe *i* und *k* angeordnet, welche zur Vermeidung von Ringströmen geschlitzt sind (vgl. den Eisenring *i* im Schnitt *e-f*, unten); zwischen den beiden Eisenringen liegt vor jeder Spule ein Ring *l* aus Isoliermaterial, z. B. Holz. Durch die Eisenringe *i* und *k* entstehen halbgeschlossene Nuten, und die magnetischen Kraftlinien können aus den Blechpaketen *d* über diese Eisenringe in den Ringspalt *c* eintreten, so daß vor der Spule kein ausgedehnter feldfreier Raum im Spalt *c* vorhanden ist.

In dem den Spalt *c* ausfüllenden flüssigen Metall werden Ringströme induziert, die den Eisenkern *b* umschließen. Die ganze Schaltung entspricht derjenigen eines Ein- oder Mehrphasen-Asynchronmotors. Man muß sich vorstellen, daß der Stator eines solchen Motors in eine Ebene abgewickelt ist und diese Ebene dann wieder zu einem Zylinder aufgerollt wird, dessen Achse zur Achse des ursprünglichen Stators senkrecht steht. Das Drehfeld verwandelt sich dabei in ein axial gerichtetes Feld, das auf das flüssige Metall im Ringspalt eine Kraft ausübt und seine Bewegung einleitet und aufrecht erhält.

Der Wirkungsgrad dieser elektrodynamisch hervorgerufenen Bewegung und Kraftwirkung wird einerseits von der elektrischen Leitfähigkeit des flüssigen Metalls und anderseits von seinem Widerstand bei der Strömung durch den Spalt abhängen. In diesem Sinn erscheint die Verwendung von Quecksilber wenig günstig. Seine elektrische Leitfähigkeit ist gering, so daß ein großer Teil der Energie in Joulesche Wärme verwandelt wird. Man hat daher vorgeschlagen, das Quecksilber durch Amalgame zu ersetzen[1]. Durch einen Zusatz von 9 Ge-

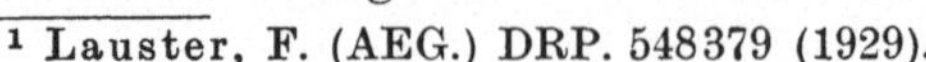

[1] Lauster, F. (AEG.) DRP. 548379 (1929).

wichtsprozenten Zinn zum Quecksilber wird die elektrische Leitfähigkeit um 25% verbessert. An Stelle von Zinn kann man auch andere Metalle, z. B. Kadmium, Kalzium, Tellur, Blei oder Wismuth oder auch mehrere Metalle in Quecksilber lösen. Anderseits kommt auch die Verwendung tiefschmelzender Legierungen von Ka und Na durchaus in Frage[1]. Die höchste elektrische Leitfähigkeit hätte reines Kalium, doch liegt sein Schmelzpunkt so hoch (63°), daß die Vorrichtung vor jeder Inbetriebsetzung erst über diese Temperatur vorgewärmt werden müßte. Bei hohen Temperaturen könnten die elektrischen Wicklungen der Spulen Schaden leiden. Um diese Nachteile zu vermeiden, haben A. Einstein und L. Szilard eine besondere Vorrichtung ersonnen, die dafür sorgt, daß die Wärmeabgabe des Aggregats bei seltener Benutzung klein bleibt, bei häufiger oder dauernder Verwendung dagegen groß wird[1]. Diese Vorrichtung besteht darin, daß man das elektrodynamische Aggregat in ein Flüssigkeitsbad taucht, dessen flüssige Substanz etwas oberhalb des Schmelzpunktes des bewegten Metalls erstarrt.

Der Strömungswiderstand nimmt mit dem spezifischen Gewicht und mit der Zähigkeit des flüssigen Metalls zu. Quecksilber ist wegen seines sehr hohen spezifischen Gewichtes ungünstig, obgleich seine Zähigkeit klein ist. Die Zähigkeit der Amalgamen ist etwas größer. Sehr günstig sind die spezifisch viel leichteren Kalium-Natriumlegierungen.

α) Das bewegte flüssige Metall kann als Flüssigkeitskolben in einem Kompressor verwendet werden, um den Dampf eines Kältemittels zu verdichten[2]. Haushaltkältemaschinen mit Quecksilber als Betriebsflüssigkeit und Pentan als Kältemittel sind versuchsweise gebaut worden und haben anstandslos funktioniert. Als Vorteil ist der nahezu reibungslose Kolben, der Fortfall der Stopfbüchse und des Gestänges, die geringe Abnutzung und der völlig geräuschlose Gang hervorzuheben. Die Saug- und Druckventile wurden zunächst beibehalten. Für die praktische Verwendung dieser Bauart wird es vor allem notwendig sein, den Energiebedarf noch wesentlich herabzusetzen, um mit dem heute gebräuchlichen elektromotorischen Antrieb konkurrieren zu können.

β) Das durch elektrodynamische Kräfte in Bewegung gesetzte flüssige Metall kann den Dampf eines Kältemittels in einer Flüssigkeitsstrahlpumpe verdichten. Das flüssige Metall muß dann hinter der Strahlpumpe in einem besonderen Abscheideraum von den verdichteten Dämpfen des Kältemittels getrennt werden. Eine zur Durchführung dieser Vorgänge geeignete Vorrichtung haben A. Einstein und L. Szilard angegeben[3]. Gegen die praktische Verwendung bestehen aber

[1] Einstein, A., und L. Szilard: DRP. 561904 (1930).
[2] Szilard, L.: DRP. 533945 (1929).
[3] DRP. 562300 (1930).

unseres Erachtens erhebliche Bedenken, da neben dem vorerst noch unzureichenden Wirkungsgrad der elektrodynamischen Energieumwandlung auch noch der bekanntlich sehr geringe Wirkungsgrad einer Flüssigkeitsstrahlpumpe in Kauf genommen werden muß.

4. Die Dampfstrahl-Kältemaschine.

Die bekannte Wasserdampfstrahl-Kältemaschine nach Westinghouse-Leblanc, Josse-Gensecke und Follain[1] kommt für die Erzeugung so kleiner Kälteleistungen, wie sie in Haushaltkühlschränken gebraucht werden, nicht in Frage, weil die Durchmesser der Strahlapparate dabei auf Bruchteile eines Millimeters zusammenschrumpfen. Es wäre auch kaum möglich, ohne Kühlwasser auszukommen, weil neben der Menge des Kaltdampfes noch ein Vielfaches dieser Menge an Betriebsdampf kondensiert werden muß. Die Gesellschaft Comstock und Wescott, Inc., in Boston, Mass., hat eine Strahlkältemaschine entwickelt, die auch für Haushaltkühlschränke geeignet ist, und bei der Quecksilber als Betriebsdampf und Wasser oder eine nicht gefrierende wässerige Lösung (z. B. von Äthylenglykol) als Kältemittel verwendet wird. Diese Maschine ist zunächst für Gasheizung ausgebildet, sie kann aber auch mit flüssigen Brennstoffen oder elektrisch beheizt werden[2].

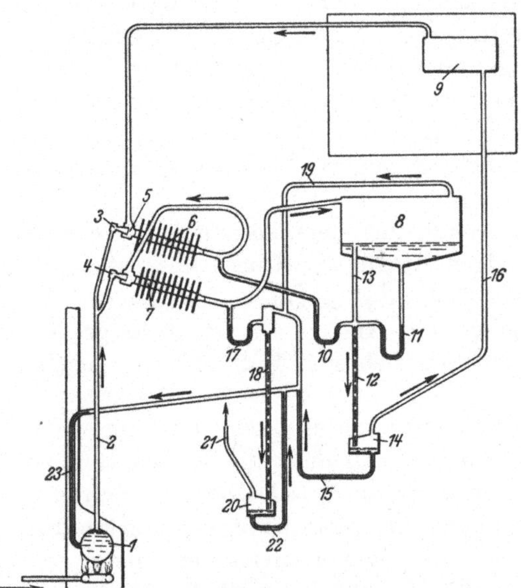

Abb. 141. Quecksilberstrahl-Kältemaschine von Comstock und Wescott.
1 Kessel, *2* Quecksilberdampf-Leitung, *3*, *4* Strahlapparate, *5* Mischraum, *6*, *7* Diffusor, *8* Kondensator, *9* Verdampfer, *10*, *11* U-Rohre, *12* Tropfpumpe. *13* Wasserabflußrohr, *14* Abscheidegefäß, *15* Quecksilberrücklauf, *16* Wasser-Steigrohr, *17* U-Rohr, *18* Tropfpumpe, *19* Entlüftungsleitung, *20* Luftausscheidegefäß, *21* Entlüftung, *22*, *23* Quecksilberrücklauf.

In Abb. 141 ist eine Maschine mit zweistufigem Strahlapparat und Luftkühlung dargestellt. In dem kleinen, in Isoliermasse eingebetteten Kessel *1*, der nur etwa 1,5 kg Hg faßt, wird das Quecksilber auf etwa

[1] Vgl. Ostertag, P.: Kälteprozesse, 2. Aufl., S. 97. Berlin: Julius Springer 1933.

[2] Vgl. Whitney, L. F.: Refr. Eng. Bd. 24 (1932) S. 143.

350° C erwärmt, wobei der Dampfdruck knapp 1 at. abs. erreicht[1]. Das ist der höchste in der Maschine vorkommende Druck. Durch das ebenfalls isoliert verlegte Rohr *2* gelangt der Quecksilberdampf zu den Expansionsdüsen *3* und *4* der beiden Strahlapparate. In der ersten Düse *3* expandiert der Dampf auf etwa 0,0043 at. abs. (entsprechend dem Dampfdruck der wäßrigen Lösung bei der gewünschten Verdampfungstemperatur von —5° C), wobei seine Temperatur auf etwa 155° C sinkt und sein Wärmeinhalt in kinetische Strömungsenergie verwandelt wird. Im Mischraum *5* stößt der Quecksilberdampf auf den Kaltdampf und reißt diesen in den Diffusor *6*, in welchem sich die erste Kompressionsstufe abspielt. Während der Kompression schlägt sich der größte Teil des Quecksilberdampfs an der Innenwand des Diffusors nieder. Da die Temperaturdifferenz zwischen dem Quecksilberdampf und der Raumluft weit über 100° beträgt, genügt zur Kondensation eine sehr kleine Kühlfläche, die durch einfache Berippung des Diffusorrohres hergestellt wird. Dadurch werden folgende sehr wesentliche Vorteile erreicht: leichte Trennung des Quecksilbers vom hoch überhitzten Wasserdampf, Entlastung des Kondensators und bedeutende Ersparnis an Kompressionsarbeit.

Der im ersten Strahlapparat auf etwa 0,02 at. abs. vorverdichtete Wasserdampf mit einem Rest von Quecksilberdampf wird nun durch die Strahlwirkung der zweiten Düse *4* im zweiten Diffusor *7* bis auf den Kondensatordruck verdichtet, der bei luftgekühltem Kondensator *8* etwa 0,1 at. abs. erreichen kann. Im zweiten, ebenfalls mit Rippen versehenen Diffusor wird wieder die größte Menge des Quecksilberdampfes niedergeschlagen, so daß nur noch ein kleiner Rest in den Kondensator *8* gelangt. Das flüssige Wasser wird vom Kondensator in den Verdampfer *9* entspannt, während das kondensierte Quecksilber durch die eigene Schwere in den Kessel *1* zurückfließt. Bei diesem Zurückfließen erfüllt das Quecksilber aber noch manche nützliche Funktionen, die für ein betriebssicheres Arbeiten der Maschine wichtig sind:

Das aus dem ersten Diffusor *6* und aus dem Kondensator *8* abfließende Quecksilber kann z. B. dazu verwendet werden, das Wasser aus dem Kondensator in einen viel höher liegenden Verdampfer zu fördern; dazu läßt man das Quecksilber aus den beiden U-Rohren *10* und *11* tropfenweise in das Kapillarrohr *12* eintreten, in welches auch das Wasserabflußrohr *13* aus dem Kondensator mündet. Im Abscheidegefäß *14* trennt sich das Quecksilber vom Wasser und fließt durch das Rohr *15* in den Kessel, während das Wasser im Rohr *16* hochsteigt.

[1] Dampftabellen und Diagramme für Quecksilber findet man in Z. Engineering 1923, S. 663 (in engl. Einheiten), bei Gumz, W.: Entwicklungsrichtung der Ein- und Mehrstoffdampfmaschine Halle, W. Knapp 1928, und bei Eck, H.: Z. Forschung Bd. 4 (1933) S. 21.

Das aus dem zweiten Diffusor abfließende Quecksilber verwendet man, um aus der Apparatur die Fremdgase abzusaugen. Bei einer Vakuummaschine ist die vollständige Abscheidung der Fremdgase sehr wichtig, da ihr Partialdruck gegenüber dem niedrigen Wasserdampfdruck stark ins Gewicht fällt. Aus dem U-Rohr *17* fließt das Quecksilber tropfenweise in das Kapillarrohr *18*; zwischen zwei aufeinanderfolgenden Tropfen werden die Fremdgase eingeschlossen, die aus dem Oberteil des Kondensators *8* durch das Rohr *19* abgesaugt werden. Die Entlüftungskapillare *18* ist so lang, daß die Fremdgase darin bis über den Atmosphärendruck verdichtet werden. Sie werden dann im Gefäß *20* abgeschieden und entweichen durch das Rohr *21*, während das Quecksilber durch das Rohr *22* in den Kessel zurückkehrt. Das zurückfließende Quecksilber kann vor dem Eintritt in den Kessel noch durch die Abgase der Heizung im Rohr *23* vorgewärmt werden.

Da die Verdampfungswärme des Quecksilbers und sein adiabatisches Wärmegefälle in der Düse viel kleiner sind als bei Wasser, so braucht man bei einer Quecksilber-Dampfstrahlkältemaschine viel größere Betriebsdampfgewichte als bei einer Wasserdampf-Strahlkältemaschine. Die Berechnung ergibt, daß man für 1 kg Kaltdampf (H_2O) etwa 30 bis 35 kg Betriebsdampf (Hg) braucht. Dadurch werden die Durchmesser der Düsen viel größer, man erhält z. B. für eine Kälteleistung von 100 kcal/h einen Durchmesser im engsten Querschnitt der Düse von knapp 2 mm, während er bei einer Wasserdampf-Strahlmaschine nur 0,4 mm betragen würde.

Die Austrittsgeschwindigkeit des Quecksilberdampfes aus den Düsen beträgt bei zweistufiger Anordnung nur etwa 300 m/sec., so daß man auch im Diffusor Energieumsetzungen mit relativ hohem Wirkungsgrad erwarten kann. Vor allem sind aber die Stoßverluste im Mischraum viel geringer als bei einer Wasserdampf-Strahlmaschine, denn diese Verluste sinken um so mehr, je größer das Gewicht G_1 des Arbeitsdampfes im Verhältnis zum Gewicht G_0 des Kaltdampfes ist. Setzt man $G_1/G_0 = x$, so erhält man aus dem Satz von der Erhaltung des Impulses beim unelastischen Stoß für den Wirkungsgrad η des Stoßvorganges den einfachen Ausdruck $\eta = \frac{x}{x+1}$. Während bei Wasserdampf als Betriebsmittel mit $x = 4{,}5$ $\eta = 0{,}82$ erhalten wird, wächst bei Quecksilberdampf mit $x = 30$ η auf 0,97.

Die Messungen an ausgeführten Versuchsmaschinen lieferten unter den angegebenen Betriebsbedingungen ein Wärmeverhältnis $\zeta' = 0{,}25$, was als ein recht beachtenswertes Ergebnis anzusehen ist.

Buchdruckerei Otto Regel G. m. b. H., Leipzig.

Die Kältemaschine. Grundlagen, Ausführung, Betrieb, Untersuchung und Berechnung von Kälteanlagen. Von Dipl.-Ing. **M. Hirsch**, Berat. Ing. VBI. Zweite, verbesserte und vermehrte Auflage. Mit 390 Textabbildungen. XVI, 657 Seiten. 1932. Gebunden RM 36.—

Schon die erste Auflage dieses Werkes bildete die beste Darstellung des behandelten Fachgebietes in deutscher Sprache und vereinigte gründliche Wissenschaftlichkeit mit lebendiger Anwendung. In den verflossenen acht Jahren haben sich Theorie und Praxis mit Riesenschritten weiter entwickelt, und es ist in höchstem Maße anzuerkennen, daß der Verfasser dieser Entwicklung in vollem Maße Rechnung trägt. Durch die neue Auflage hat sich das Werk die führende Stellung nicht nur erhalten, sondern sie noch gestärkt. Es ist für jeden unentbehrlich, der sich vertieft in das Gebiet der Kältetechnik, einarbeiten und ihre neueste Entwicklungsrichtung kennen lernen will. *„Die chemische Fabrik"*

Die Technik des Kühlschrankes. Einführung in die Kältetechnik für Käufer und Verkäufer von Kühlschränken, Gas- und Elektrizitätswerke, Architekten und das Nahrungsmittelgewerbe. Von Dipl.-Ing. **P. Scholl**, Berlin. Mit 41 Abbildungen im Text. IV, 66 Seiten. 1932. RM 2.80

Eine klare und allgemeinverständliche Darstellung aller Fragen, die das aktuelle Problem des Kühlschrankes betreffen. Das Buch behandelt die physikalischen Grundlagen der Kältetechnik, die praktische Durchbildung der Kühlschränke, bringt allgemeine Gesichtspunkte der Nahrungsmittelkühlung und geht in objektiver Weise auf die besonderen Ausführungen von Kühlschränken — Vor- und Nachteile der einzelnen Konstruktionen und Firmenfabrikate — ein. Die Darstellung ist sachkundig und wird von zahlreichen Abbildungen unterstützt. Jedem, der sich beruflich mit Kühlschränken befassen muß, werden hier mühelos und ohne viele Voraussetzungen die benötigten Kenntnisse vermittelt. *„Architektur u. Bautechnik"*

***Diagramme und Tabellen zur Berechnung der Absorptions-Kältemaschinen.** Von Professor Dr.-Ing. **Fr. Merkel**, Dresden, und Dr.-Ing. **Fr. Bošnjaković**, Dresden. Mit 30 Textabbildungen und 4 Diagrammen auf Tafeln. V, 43 Seiten. 1929. RM 12.—

***Ix-Tafeln feuchter Luft** und ihr Gebrauch bei der Erwärmung, Abkühlung, Befeuchtung, Entfeuchtung von Luft, bei Wasserrückkühlung und beim Trocknen. Von Dr.-Ing. **M. Grubenmann**, Zürich. Mit 45 Textabbildungen und 3 Diagrammen auf zwei Tafeln. IV, 46 Seiten. 1926. RM 10.50

Der Wärme- und Stoffaustausch. Dargestellt im Mollierschen Zustandsdiagramm für Zweistoffgemische. Von Dr.-Ing. **Adolf Busemann**, Privatdozent für Strömungslehre und Thermodynamik an der Sächs. Techn. Hochschule zu Dresden. Mit 51 Textabbildungen. VIII, 76 Seiten. 1933. RM 6.—

***Die Entropietafel für Luft** und ihre Verwendung zur Berechnung der Kolben- und Turbo-Kompressoren. Von Professor Dipl.-Ing. **P. Ostertag**, Winterthur. Dritte, verbesserte Auflage. Mit 21 Textabbildungen und 2 Diagrammtafeln. IV, 48 Seiten. 1930. RM 6.—

***Thermodynamische Grundlagen der Kolben- und Turbo-Kompressoren.** Graphische Darstellungen für die Berechnung und Untersuchung. Von **Adolf Hinz**, Oberingenieur der Frankfurter Maschinenbau-A.-G. vorm. Pokorny & Wittekind. Zweite, verbesserte Auflage. Mit 73 Abbildungen und 20 graphischen Berechnungstafeln sowie 19 Zahlentafeln. VI, 68 S. 1927. Gebunden RM 25.—

* *Auf die Preise der vor dem 1. Juli 1931 erschienenen Bücher wird ein Notnachlaß von 10 % gewährt.*

Kälteprozesse, dargestellt mit Hilfe der Entropietafel von Dipl.-Ing. Professor **P. Ostertag,** Winterthur. Zweite, verbesserte Auflage. Mit 72 Textabbildungen und 6 Tafeln. IV, 112 Seiten. 1933.
RM 7.50; gebunden RM 8.80

Der Aufbau des rühmlichst bekannten Buches ist unverändert geblieben, ebenso die Darstellungsweise, nur daß außer dem T-s-Diagramm jetzt auch das p-i-Diagramm benutzt wird. Hinzu gekommen sind Dampftafeln für Aethylchlorid (C_2H_5Cl), Methylenchlorid (CH_2Cl_2) und Aethylbromid (C_2H_5Br). Die lose beigegebenen Tafeln zeigen ein s-T- und ein i-log/p-Diagramm für NH_3, ein s-T- und ein i-p-Diagramm für CO_2, T-s-Diagramm für SO_2 und C_2H_5Br. Die mehrstufige Maschine ist ausführlicher behandelt als früher; der Abschnitt über die Voorhees-Maschine ist neu bearbeitet. Neu eingefügt ist ein Kapitel über Turbokompressoren. — Die zweite Auflage hat die Vorzüge der ersten, die sich im Kreise der Fachgenossen überaus zahlreiche Freunde erworben hat.

„Zeitschrift für die gesamte Kälteindustrie“

***Verdampfen, Kondensieren und Kühlen.** Von **E. Hausbrand** †. Siebente Auflage, unter besonderer Berücksichtigung der Verdampfanlagen vollständig neu bearbeitet von Dipl.-Ing. **M. Hirsch,** Beratender Ingenieur VBI. Mit 218 Textabbildungen. XVI, 359 Seiten. 1931. Gebunden RM 29.—

Die Trockentechnik. Grundlagen, Berechnung, Ausführung und Betrieb der Trockeneinrichtungen. Von Dipl.-Ing. **M. Hirsch,** Beratender Ingenieur VBI. Zweite, verbesserte und vermehrte Auflage. Mit 336 Textabbildungen, 1 schwarzen und 2 zweifarbigen i-x-Tafeln für feuchte Luft. XVI, 484 Seiten. 1932. Gebunden RM 36.—

Der in der ersten Auflage unternommene Versuch einer wissenschaftlichen Behandlung der Trockentechnik und einer systematischen Darstellung ihrer Verfahren und Ausführungsformen hat eine fast ausnahmslos freundliche Beurteilung gefunden. In der Neuauflage hat der Verfasser die wissenschaftlichen Grundlagen verbreitert, um die Verständlichkeit zu erleichtern. Die letzten Fortschritte der Trockentechnik finden weitgehende Berücksichtigung. Neben Vertiefung der wissenschaftlichen Fragen kommt die Fühlung mit der Praxis durch reichen Erfahrungsstoff zum Ausdruck. Der immer wieder herangezogene Vergleich zwischen dem Ergebnis der Vorausberechnung und der tatsächlichen Beobachtung liefert einen wertvollen Maßstab für den Geltungsbereich der Theorie. Der Abschnitt über Ausführung der Trockenvorrichtungen in Anpassung an das Trockenverfahren ist mit dem Ziel einer schärferen Gruppierung vollständig umgearbeitet. Die Gesichtspunkte für Anpassung der Trockenvorrichtungen an die Erfordernisse des Trockenguts sind gegenüber der ersten Auflage weiter ausgebaut und auf neue Gutsarten ausgedehnt.

***Das Trocknen mit Luft und Dampf.** Erklärungen, Formeln und Tabellen für den praktischen Gebrauch. Von **E. Hausbrand** †. Fünfte, stark vermehrte Auflage. Mit 6 Textfiguren, 9 lithographischen Tafeln und 35 Tabellen. VIII, 185 Seiten. 1920. Unveränderter Neudruck 1924. Gebunden RM 10.—

**Auf die Preise der vor dem 1. Juli 1931 erschienenen Bücher wird ein Notnachlaß von 10% gewährt.*

***Thermodynamik.** Die Lehre von den Kreisprozessen, den physikalischen und chemischen Veränderungen und Gleichgewichten. Eine Hinführung zu den thermodynamischen Problemen unserer Kraft- und Stoffwirtschaft. Von Dr. W. Schottky, Wissenschaftlichem Berater der Siemens & Halske A.-G., früher ordentlichem Professor für Theoretische Physik an der Universität Rostock. In Gemeinschaft mit Dr. H. Ulich, Privatdozent und Assistent für Physikalische Chemie an der Universität Rostock, und Dr. C. Wagner, Privatdozent und Assistent am Chemischen Laboratorium der Universität Jena. Mit 90 Abbildungen und einer Tafel. XXV, 619 Seiten. 1929. RM 56.—; gebunden RM 58.80

***Lehrbuch der Thermochemie und Thermodynamik.** Von Otto Sackur †. Zweite Auflage von Cl. v. Simson. Mit 58 Abbildungen. XVI, 347 Seiten. 1928. RM 18.—

[W] **Thermodynamik und die freie Energie chemischer Substanzen.** Von Gilbert Newton Lewis und Merle Randall, Berkeley, Kalifornien. Übersetzt und mit Zusätzen und Anmerkungen versehen von Otto Redlich, Wien. Mit 64 Textabbildungen. XX, 598 Seiten. 1927. RM 45.—; gebunden RM 46.80

Die Grundgesetze der Wärmeübertragung. Von Professor Dr.-Ing. H. Gröber, Berlin, und Regierungsrat Dr.-Ing. S. Erk, Berlin. Zugleich zweite, völlig neubearbeitete Auflage des Buches: H. Gröber, Die Grundgesetze der Wärmeleitung und des Wärmeüberganges. Mit 113 Textabbildungen. XI, 259 Seiten. 1933. Gebunden RM 22.50

***Die Wärmeübertragung.** Ein Lehr- und Nachschlagebuch für den praktischen Gebrauch. Von Professor Dipl.-Ing. M. ten Bosch, Zürich Zweite, stark erweiterte Auflage. Mit 169 Abbildungen, 69 Zahlentafeln und 53 Anwendungsbeispielen. VIII, 304 Seiten. 1927. Gebunden RM 22.50

***Technische Wärmelehre der Gase und Dämpfe.** Eine Einführung für Ingenieure und Studierende. Von Dipl.-Ing. Franz Seufert, Oberingenieur für Wärmewirtschaft. Vierte, verbesserte Auflage. Mit 27 Textabbildungen und 5 Zahlentafeln. IV, 86 Seiten. 1931. RM 3.—

***Leitfaden der Technischen Wärmemechanik.** Kurzes Lehrbuch der Mechanik der Gase und Dämpfe und der mechanischen Wärmelehre von Professor Dipl.-Ing. W. Schüle. Fünfte, vermehrte und verbesserte Auflage. Mit 132 Textfiguren und 6 Tafeln. VIII, 323 Seiten. 1928. RM 7.50 gebunden RM 9.—

Elemente der Chemie-Ingenieur-Technik. Wissenschaftliche Grundlagen und Arbeitsvorgänge der chemisch-technologischen Apparaturen. Von Professor Walter L. Badger und Assistent Warren L. McCabe, Michigan. Berechtigte deutsche Übersetzung von Dipl.-Ing. K. Kutzner. Mit 304 Abbildungen im Text und auf einer Tafel. XVI, 489 Seiten. 1932. Gebunden RM 27.50

* *Auf die Preise der vor dem 1. Juli 1931 erschienenen Bücher des Verlages Julius Springer - Berlin wird ein Notnachlaß von 10 % gewährt. (Die mit [W] bezeichneten Werke sind im Verlag Julius Springer - Wien erschienen.)*

Luftbehandlung in Industrie- und Gewerbebetrieben. Be- und Entfeuchten, Heizen und Kühlen. Von Dipl.-Ing. **L. Silberberg.** Mit 96 Abbildungen im Text und einer Tafel. VI, 174 Seiten. 1932. RM 16.50; gebunden RM 18.—

***Die Ventilatoren.** Berechnung, Entwurf und Anwendung. Von Dr. sc. techn. **E. Wiesmann,** Ingenieur. Zweite, verbesserte und erweiterte Auflage. Mit 227 Abbildungen, 23 Zahlentafeln und zahlreichen Berechnungsbeispielen. VIII, 309 Seiten. 1930. Gebunden RM 24.—

***Zentrifugal-Ventilatoren.** Ihre Berechnung und Konstruktion. Von Ingenieur **Erich Gronwald.** Mit 108 Textabbildungen. VIII, 178 Seiten. 1925. Gebunden RM 12.60

Amerikanische Heizungs- und Lüftungspraxis. Von Ing. **Karl R. Rybka.** Mit 139 Abbildungen im Text und auf einer Tafel. VI, 174 Seiten. 1932. Gebunden RM 18.—

***Die Heiz- und Lüftungsanlagen in den verschiedenen Gebäudearten** einschließlich Warmwasserversorgungs-, Befeuchtungs- und Entnebelungsanlagen. Von **M. Hottinger,** Dozent für Heizung und Lüftung an der Eidgenössischen Technischen Hochschule Zürich, und **W. v. Gonzenbach,** Professor für Hygiene an der Eidgenössischen Technischen Hochschule, Zürich. IX, 191 Seiten. 1929. Gebunden RM 10.—

***Die Berechnung der Anheizung und Auskühlung ebener und zylindrischer Wände** (Häuser und Rohrleitungen). Theorie und vereinfachte Rechenverfahren. Von Dr.-Ing. **W. Esser,** M.-Gladbach, und Dr.-Ing. **O. Krischer,** Darmstadt. Mit 22 Textabbildungen und 2 Tafeln. IV, 88 Seiten. 1930. RM 15.—

***Prioform-Handbuch.** Herausgegeben von den **Deutschen Prioformwerken Bohlander & Co.,** G. m. b. H., Köln. Zweite, vollkommen neu bearbeitete und erheblich erweiterte Auflage. Erster Teil: Die theoretischen Grundlagen der Wärmeschutztechnik und ihre praktische Auswertung. Zweiter Teil: Zusammenstellungen, Tabellen und Diagramme. Mit 16 Figuren und 13 Seiten Schreibpapier. 283 Seiten. 1930. Gebunden RM 15.—

***Der Wärme- und Kälteschutz in der Industrie.** Von Privatdozent Dr.-Ing. **J. S. Cammerer,** Berlin. Mit 94 Textabbildungen und 76 Zahlentafeln. VIII, 276 Seiten. 1928. Gebunden RM 21.50

***Wärme- und Kälteschutz in Wissenschaft und Praxis.** Herausgegeben von den **Deutschen Prioformwerken Bohlander & Co.,** G. m. b. H., Köln. Mit 46 Abbildungen. XIII, 186 Seiten. 1928. Gebunden RM 16.—

**Auf die Preise der vor dem 1. Juli 1931 erschienenen Bücher wird ein Notnachlaß von 10% gewährt.*